TECHNOSUP

Les FILIÈRES TECHNOLOGIQUES des ENSEIGNEMENTS SUPÉRIEURS

TÉLÉCOMMUNICATIONS 1

Transmission de l'information

Philippe FRAISSE
Maître de conférences
IUT de Béziers

Raphaël PROTIÈRE
Agrégé
IUT d'Annecy

Didier MARTY-DESSUS
Maître de conférences
IUT de Mont-de-Marsan

ellipses

Dans la collection Technosup :

mathématiques et modélisation

- **Analyse harmonique** Mathématiques pratiques Cours et exercices (BC) — Bruno ROSSETTO
- **Modélisation et analyse des systèmes linéaires** (C) — J.-F. MASSIEU, Ph. DORLÉANS

automatique

- **Signaux et systèmes continus et échantillonnés** Automatique 1 (BC) — Michel VILLAIN
- **Systèmes asservis linéaires** Automatique 2 (BC) — Michel VILLAIN

éléctronique

- **Modulation d'amplitude** Cours et exercices (B/C) — Francis BIQUARD
- **Des clés pour l'électronique** Travaux dirigés illustrés par simulation (AB) — Bernard GIRAULT

télécommunications

- **Transmission de l'information** Télécoms 1 (B) — Ph. FRAISSE, R. PROTIÈRE, D. MARTY-DESSUS
- **Traitement du signal analogique** Cours (B) — Tahar NEFFATI

génie chimique

- **Réactions thermiques en phase gazeuse** Modélisation (C) — Guy-Marie CÔME
- **Thermodynamique et cinétique chimique** Résumés de cours, exercices (B) — Paul-Louis FABRE

génie mécanique

- **Dimensionnement des structures** Résistance des matériaux (B) — Claude CHÈZE
- **Actions mécaniques, Statique, Inertie** Génie mécanique (B) — C. CHÈZE, F. BRONSARD

méthodes

- **Méthodes, productique et qualité** (B) — Jean-Marie CHATELET
- **Management de projet technique** (B) — C. CAZAUBON, G. GRAMACIA, G. MASSARD

informatique

- **Interfaces graphiques ergonomiques** Conception, modélisation (B) — Jean-Bernard CRAMPES
- **Gestion des processus industriels temps réel** (B) — Jean-Jacques MONTOIS

informatique industrielle

- **Circuits logiques programmables** Mémoires, PLD, CPLD, FPGA (B.C) — Alexandre NKETSA

thermique

- **Transferts thermiques, application à l'habitat** Méthode nodale (C) — H. CORTÈS, J. BLOT

maintenance industrielle

- **Analyse et maintenance des automatismes industriels** (B) — Alain REILLER

sciences économiques

- **Statistique sans mathématique** (A) — J. BADIA, R. BASTIDA, J.-R. HAÏT

ISBN 2-7298-7839-4

PREFACE

Si la communication est l'échange d'informations, la télécommunication est un échange d'informations à distance, quasi instantané.
Communiquer a de tous temps été une nécessité, et communiquer à distance était possible pour peu que l'on soit patient. Les progrès dans ce domaine visaient donc à rechercher une réduction des délais de transmission par l'amélioration des véhicules utilisés comme supports. Atteindre une quasi-instantanéité pouvait donc apparaître comme le progrès ultime. En fait, ce fut un début, celui d'une ère nouvelle précisément caractérisée par la banalisation de l'usage de moyens technologiques sophistiqués nouveaux, sans cesse renouvelés et multipliés, dont la mise en œuvre a fait apparaître des métiers eux-mêmes nouveaux.

L'étude des divers moyens de télécommunication et la formation aux métiers correspondants sont très complexes. Elles doivent intégrer des apports aussi divers que des emprunts à la théorie de l'information, aux mathématiques, à l'informatique, à l'électronique, au traitement du signal, à l'électromagnétisme, à l'optique ... Elles doivent aussi suivre au plus près des évolutions extrêmement rapides. Elles doivent enfin réaliser une synthèse cohérente en fonction d'objectifs ciblés. Ainsi, peut-on considérer qu'est née, sous le nom générique de Télécommunications une véritable nouvelle discipline (comme ce fut le cas pour l'informatique).

Depuis la fin du monopole de France -Télécom sont apparues de nombreuses structures de formation, à tous les niveaux, du technicien à l'ingénieur. Pour les niveaux intermédiaires des Techniciens Supérieurs, ce sont essentiellement les sections de T.S. des Lycées, les I.U.T., et les I.U.P..
C'est à leur intention qu'a été réalisée la présente nécessaire synthèse de ces enseignements par trois jeunes enseignants dynamiques qui se sont investis dans la mise en place et le développement des Départements *Génie des Télécommunications et Réseaux* des I.U.T.

Philippe FRAISSE, Maître de Conférences, est ancien élève de l'Ecole Normale Supérieure de Cachan. Il est Agrégé de Génie électrique, et Docteur de l'Université de Montpellier en automatique. Il effectue des recherches au Laboratoire d'informatique, de robotique et de microélectronique de Montpellier, et il dirige le Département G.T.R. de l'I.U.T. à Béziers.

Didier MARTY-DESSUS, Maître de Conférences, est Docteur de l'Université Paul Sabatier à Toulouse. Il effectue des recherches au Laboratoire d'électronique des gaz et des plasmas de l'Université de Pau et des Pays de l'Adour, et il dirige le Département G.T.R. de l'I.U.T. à MONT de MARSAN.

Raphaël PROTIERE, Professeur agrégé de physique appliquée, est Ingénieur de l'Ecole Nationale Supérieure des Télécommunications (Télécom. Paris).
Il est responsable de l'enseignement des télécommunications au Département G.T.R. de l'I.U.T. d'Annecy.

Mettant en commun les fruits de leurs expériences innovantes, P. FRAISSE, D. MARTY-DESSUS et R. PROTIERE proposent un ouvrage pédagogique où les Télécommunications sont traitées comme une discipline unique dans laquelle se fondent sans distinction les apports nécessaires de l'électronique, du traitement du signal ou de l'informatique.

L'ouvrage expose, en termes accessibles à tous les étudiants des premiers cycles universitaires, les techniques complexes des Télécommunications.

Il rassemble en deux volumes tous les éléments et outils de base nécessaires à la compréhension des technologies et à leur mise en œuvre. Il est très complet :

- Le premier tome est consacré à la *transmission de l'information.* On y trouve en particulier l'étude des signaux à temps continu et discret, du filtrage, des supports de transmission, de la transmission en bande de base et sur fréquence porteuse

- Le second tome développera les *systèmes de transmission :* téléphonie, radiocommunications, télévision, réseaux numériques et techniques de compression de données.

Il faut souligner que l'ouvrage tient compte des dernières évolutions techniques dans de nombreux domaines (téléphonie, modems, transmission numérique, fibres optiques ..)

Si les développements théoriques sont quelquefois simplifiés, c'est pour mettre essentiellement l'accent sur les applications pratiques qui sont très largement développées (avec indication des normes internationales en vigueur).

Enfin, l'ouvrage comprend de nombreux exercices d'application originaux, corrigés et commentés.

Ainsi, dans une discipline difficile où se mêlent des concepts et des techniques variées et complexes, P. FRAISSE, D. MARTY-DESSUS et R. PROTIERE ont parfaitement réussi à composer l'ouvrage de base attendu, à la fois accessible, complet et pratique.

Claude CHEZE
Professeur des Universités
ancien Directeur d'Ecole d'Ingénieurs et d'I.U.T.

Table des matières

Chapitre 1

Signaux à temps continu

Le signal est la grandeur physique utilisée pour la transmission d'une information. Il dépend généralement du temps. Celui-ci est une variable qui peut-être discrète ou continue. C'est ce dernier cas qui sera étudié ici.

1. Signaux déterministes

1.1. Présentation

a) Définition

Les signaux déterministes sont les signaux dont on connaît la valeur à chaque instant. Ils sont généralement décrits mathématiquement sous la forme $s(t)$ où la variable t est associée au temps. Pour cette raison, ces signaux sont faciles à reproduire, à représenter et à analyser. On les rencontre souvent. Ils sont utilisés dans le transport de l'énergie électrique (secteur à 50 Hz), dans les modulations (porteuse sinusoïdale par exemple), comme signaux de tests dans les appareils de laboratoire... Cependant, dans le cadre des télécommunications, ces signaux possèdent un défaut majeur : ils ne transportent aucune information !

Pour simplifier, nous traiterons ici le cas des signaux électriques (variations de tension sur une ligne par exemple). Les cas des ondes radio et celui des ondes lumineuses seront traités dans des chapitres ultérieurs.

b) Propriétés

- *Période*

Un signal $s(t)$ est dit périodique s'il existe une période T telle que pour tout instant t :

$$s(t+T)=s(t) \qquad (1\text{-}1)$$

- *Valeur moyenne*

La valeur moyenne (moyenne temporelle) d'un signal $s(t)$ est donnée par :

$$< s(t) >= \lim_{T \to +\infty} \frac{1}{T} \int_{-T/2}^{T/2} s(t) dt \qquad (1\text{-}2)$$

- *Valeur efficace*

La valeur efficace S_{eff} (ou valeur *RMS* pour *Root Mean Square*) d'un signal $s(t)$ est donnée par :

$$S_{eff}^2 =< s^2(t) >= \lim_{T \to +\infty} \frac{1}{T} \int_{-T/2}^{T/2} s(t)^2 dt \qquad (1\text{-}3)$$

1.2. Puissance – Energie

Ces notions permettent de différencier deux familles de signaux : les signaux à *puissance finie* (et à énergie infinie) et les signaux à *énergie finie*.

a) Puissance

En électricité, la puissance instantanée dissipée par un dipôle soumis à une différence de potentiel $v(t)$ et parcouru par un courant $i(t)$ s'exprime de la façon suivante :

$$p(t) = v(t).i(t) \qquad (1\text{-}4)$$

La puissance moyenne vaut alors :

$$P = \lim_{T \to +\infty} \frac{1}{T} \int_{-T/2}^{T/2} v(t).i(t) dt \qquad (1\text{-}5)$$

Cette puissance est exprimée en watts (W).
En télécommunications, on utilise souvent la *puissance normalisée* du signal $s(t)$. C'est, par définition, le carré de sa valeur efficace :

$$P = \lim_{T \to +\infty} \frac{1}{T} \int_{-T/2}^{T/2} s(t)^2 dt = S_{eff}{}^2 \qquad (1\text{-}6)$$

Appliquée à un signal de tension $v(t)$, cette définition correspond à la puissance qui serait dissipée dans une résistance R égale à 1 Ω. En effet, la loi d'Ohm permet d'écrire dans ce cas :

$$P = \lim_{T \to +\infty} \frac{1}{T} \int_{-T/2}^{T/2} \frac{v(t)^2}{R} dt = V_{eff}^2 \qquad (1\text{-}7)$$

P est en volts^2 (V^2). Cette définition permet d'évaluer la puissance d'un signal à un coefficient multiplicatif près qui est la charge. Nous l'utiliserons par la suite lorsque nous évoquerons la *puissance du signal* $v(t)$.

b) Rapport de puissances – décibels

Pour les calculs de puissance, on utilise souvent une définition à base de logarithmes. Les principales raisons sont les suivantes :
- Les puissances (du signal utile comme des perturbations) mesurées tout au long d'une transmission varient dans des proportions importantes (par exemple du watt au nanowatt) et deviennent ainsi plus accessibles.
- La représentation du comportement en fréquence de tout système linéaire possède des asymptotes rectilignes en coordonnées logarithmiques (diagrammes de Bode). L'étude des filtres, par exemple, en est alors simplifiée.

- L'utilisation des décibels permet de combiner les gains et atténuations rencontrés au cours d'une transmission par simple addition.

Les décibels servent avant tout d'unité à des mesures de *gain* (ou d'*atténuation*) entre les puissances P_e à l'entrée d'un système et P_s à la sortie.

$$G_{dB} = 10\,log\left(\frac{P_e}{P_s}\right) \tag{1-8}$$

Il est fréquent d'exprimer en décibels des niveaux *relatifs* de puissance. Soit P_{ref} une puissance de référence. La puissance P d'un signal exprimée en décibels (dB) par rapport à cette référence est, par définition :

$$P_{dB} = 10\,log\left(\frac{P}{P_{ref}}\right) \tag{1-9}$$

P_{ref} peut être choisie égale à 1 watt. Il est fréquent, cependant, d'utiliser le milliwatt. Dans ce cas, on ajoute le suffixe *m* au symbole dB.

$$P_{dBm} = 10\,log\left(\frac{P}{10^{-3}}\right) \tag{1-10}$$

P est en watts.

Dans le cas du signal électrique $v(t)$ de valeur efficace V, appliqué à une résistance R, la puissance P peut s'exprimer à partir d'une valeur efficace de référence V_{ref}. Si V_{ref} vaut 1 volt, on ajoute le suffixe V au symbole dB pour écrire :

$$P_{dBV} = 10\,log\left(\frac{V^2 / R}{V_{ref}^{\;2} / R}\right) = 20\,log(V) \tag{1-11}$$

V est exprimé en volts.

Enfin, lorsqu'on évalue la qualité d'une transmission, on exprime généralement en décibel le rapport « signal sur bruit », noté $\left(\frac{S}{N}\right)$, entre la puissance P_S du signal utile et puissance P_N du bruit venant perturber la transmission :

$$\left(\frac{S}{N}\right)_{dB} = 10\log\left(\frac{P_S}{P_N}\right) \tag{1-12}$$

c) Energie

L'énergie normalisée d'un signal à valeurs complexe $s(t)$ est par définition :

$$E = \int_{-\infty}^{+\infty} s(t).s^*(t)dt \tag{1-13}$$

$s^*(t)$ est le nombre complexe conjugué de $s(t)$.

Si l'intégrale converge, alors le signal est dit à *énergie finie*. Dans le cas particulier d'un signal à valeurs réelles :

$$E = \int_{-\infty}^{+\infty} s(t)^2\,dt \tag{1-14}$$

Dans le cas d'un signal de tension $v(t)$, l'énergie du signal peut s'écrire :

$$E = \int_{-\infty}^{+\infty} v(t)^2 dt \qquad (1\text{-}15)$$

Il s'agit, dans ce cas, de l'énergie qui serait dissipée par une résistance de 1 Ω.

1.3. Exemples de signaux

Différents signaux seront utilisés dans la suite de ce chapitre. Les exemples donnés ci-dessous sont utiles à la définition des différentes notions de la théorie du signal. Ils peuvent correspondre à des signaux réels sous certaines approximations.

a) Echelon unitaire

L'échelon unitaire $u(t)$ est défini par :

$$u(t) = \begin{cases} 1 \text{ si } t > 0 \\ 0 \text{ si } t < 0 \end{cases} \text{ (cette fonction n'est pas définie en 0)}$$

Ce signal est utilisé en analyse des systèmes (réponse indicielle). Il permet également de définir les fonctions causales.

Quelle que soit la fonction $f(t)$, la fonction $g(t)$ est causale si elle peut s'écrire sous la forme $g(t) = f(t).u(t)$.

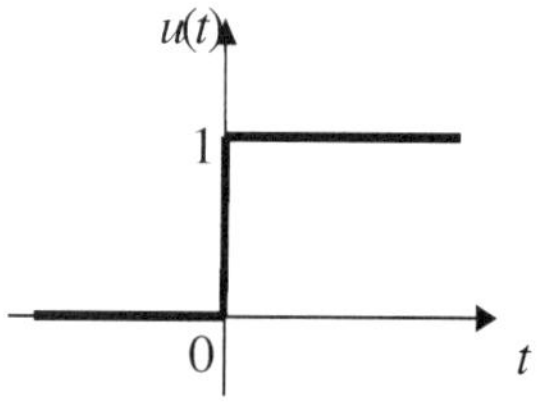

Figure 1-1

b) Fonction porte

La fonction porte $p(t)$ est définie par :

$$p(t) = \begin{cases} 1 \text{ si } |t| < \dfrac{1}{2} \\ 0 \text{ si } |t| > \dfrac{1}{2} \end{cases}$$

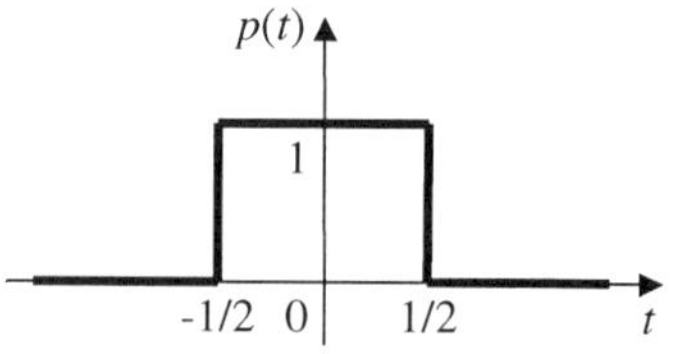

Figure 1-2

Il est possible d'exprimer cette fonction à l'aide de l'échelon unitaire :

$$p(t) = u\left(t + \frac{1}{2}\right) - u\left(t - \frac{1}{2}\right) \qquad (1\text{-}16)$$

Ce signal est très utilisé en traitement du signal, notamment à travers les notions de filtrage, de fenêtrage, d'échantillonnage...

c) Impulsion de Dirac

Mathématiquement, l'impulsion de Dirac $\delta(t)$ n'est pas une fonction mais une distribution. Elle peut être définie par la relation suivante, valable quelle que soit la fonction $s(t)$ continue en 0 :

$$\int_{-\infty}^{+\infty} s(t).\delta(t) dt = s(0) \qquad (1\text{-}17)$$

Considérons la fonction impulsion $i_T(t)$ (Figure 1-3). L'aire située sous la courbe est égale à 1. Une manière pratique de représenter l'impulsion de Dirac est de considérer la limite de la fonction $i_T(t)$ lorsque t tend vers l'infini.

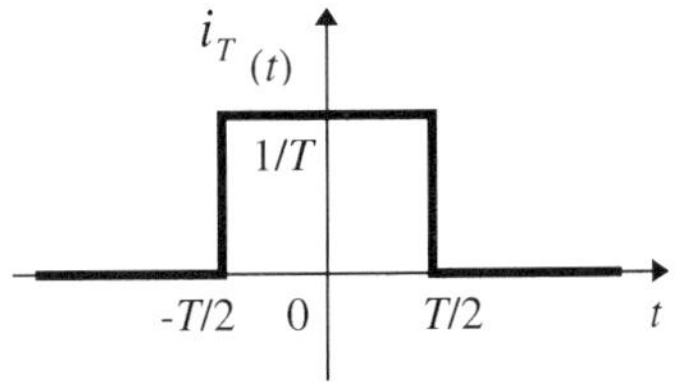

Figure 1-3

Autrement dit, l'impulsion de Dirac peut se représenter sous la forme d'une impulsion d'amplitude infinie, de largeur nulle et dont l'aire reste égale à 1.

La représentation symbolique de l'impulsion de Dirac est présentée figure 1-4.

Différentes propriétés peuvent être déduites de la définition. Elles sont à considérer dans l'espace des distributions et non des fonctions.

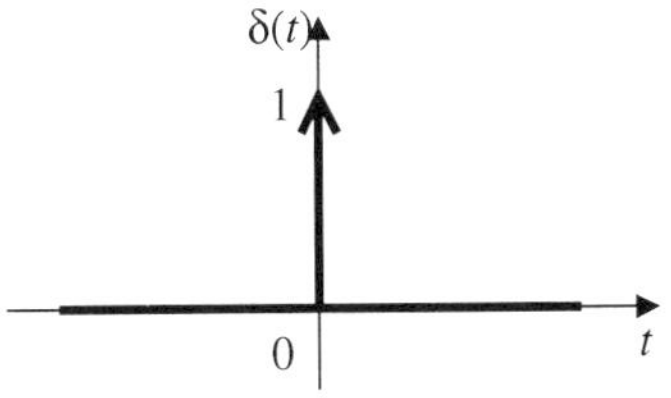

Figure 1-4

$$\int_{-\infty}^{+\infty} s(t)\cdot\delta(t-t_0)dt = s(t_0) \tag{1-18}$$

$$\delta(at) = \frac{1}{|a|}\delta(t) \tag{1-19}$$

$$s(t)\cdot\delta(t-t_0) = s(t_0)\cdot\delta(t-t_0) \tag{1-20}$$

$$\delta(t) = u'(t) = \frac{d}{dt}u(t) \tag{1-21}$$

1.4. Convolution

a) Définition

Le produit de convolution de deux signaux continus à énergie finie $s_1(t)$ et $s_2(t)$ vaut par définition :

$$s_1(t) * s_2(t) = \int_{-\infty}^{+\infty} s_1(\tau)\cdot s_2(t-\tau)d\tau \tag{1-22}$$

Il vérifie les propriétés de commutativité, associativité et distributivité.
Par exemple, le produit de convolution d'un signal $s(t)$ et d'une impulsion de Dirac centrée en t_0 s'écrit :

$$s(t) * \delta(t-t_0) = \int_{-\infty}^{+\infty} s(\tau)\delta(t-t_0-\tau)d\tau \tag{1-23}$$

On en déduit, d'après l'équation (1-18) :

$$s(t) * \delta(t-t_0) = s(t-t_0) \tag{1-24}$$

Ce résultat est illustré figure 1-5 :

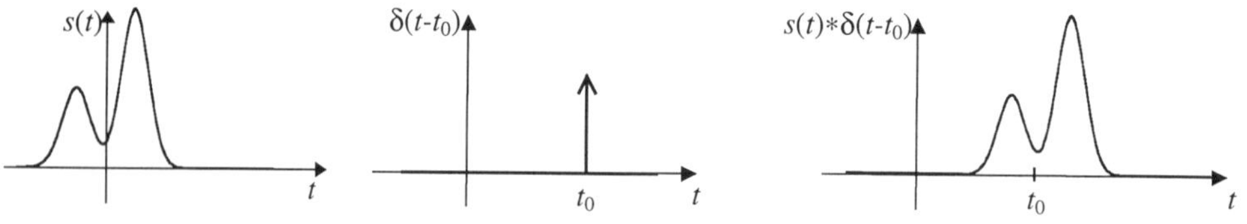

Figure 1-5

b) Convolution et réponse impulsionnelle

Soit le système linéaire (filtre linéaire, Figure 1-6). On appelle réponse impulsionnelle la réponse notée $h(t)$ du filtre lorsque le signal d'entrée est une impulsion de Dirac $\delta(t)$.

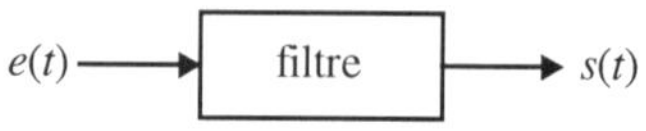

Figure 1-6

Soit un signal d'entrée quelconque $e(t)$. D'après l'équation (1-18), $e(t)$ peut s'écrire :

$$e(t)=\int_{-\infty}^{+\infty} e(\tau).\delta(\tau-t)d\tau \qquad (1\text{-}25)$$

La réponse à $\delta(t)$ est $h(t)$ (par définition). De plus, $\delta(\tau-t) = \delta(t-\tau)$. Puisque $e(\tau)$ ne dépend pas du temps, si le système est linéaire (et stationnaire), la réponse $s(t)$ au signal $e(t)$ peut s'écrire :

$$s(t)=\int_{-\infty}^{+\infty} e(\tau).h(t-\tau)d\tau \qquad (1\text{-}26)$$

Par conséquent, la réponse $s(t)$ à un signal quelconque $e(t)$ est le produit de convolution de $e(t)$ avec la réponse impulsionnelle $h(t)$ du filtre.

$$s(t)=e(t)*h(t) \qquad (1\text{-}27)$$

Cette relation est fondamentale et montre que tout filtre linéaire est entièrement défini par la connaissance de sa réponse impulsionnelle.

1.5. Fonction d'autocorrélation

a) Définition

La fonction de corrélation $C_{S_1S_2}(\tau)$ des deux signaux à énergie finie à valeurs réelles $s_1(t)$ et $s_2(t)$ vaut par définition :

$$C_{S_1S_2}(\tau)=\int_{-\infty}^{+\infty} s_1(t)s_2(t-\tau)dt \qquad (1\text{-}28)$$

Il est important de noter qu'il ne s'agit pas, dans le cas général, du produit de convolution des signaux $s_1(t)$ et $s_2(t)$. La relation qui lie produit de convolution et fonction de corrélation est la suivante :

$$C_{S_1S_2}(\tau)=s_1(t)*s_2(-t) \qquad (1\text{-}29)$$

On appelle *fonction d'autocorrélation* du signal $s(t)$ la fonction de corrélation du signal $s(t)$ avec lui-même. Elle s'écrit donc :

$$C_{SS}(\tau)=\int_{-\infty}^{+\infty} s(t)s(t-\tau)dt \qquad (1\text{-}30)$$

b) Energie et autocorrélation :

Le calcul de la fonction d'autocorrélation du signal $s(t)$ en $\tau = 0$ donne :

$$C_{SS}(0) = \int_{-\infty}^{+\infty} s(t)^2 dt = E \tag{1-31}$$

E est l'énergie du signal.

c) Cas des signaux à puissance finie

Dans le cas des signaux à puissance finie, la fonction d'autocorrélation s'écrit :

$$C_{ss}(\tau) = \lim_{T \to +\infty} \frac{1}{T} \int_{-T/2}^{T/2} s(t)s(t-\tau)dt \tag{1-32}$$

Dans ce cas, si on note P la puissance du signal $s(t)$, la valeur de la fonction d'autocorrélation en 0 vaut :

$$C_{ss}(0) = \lim_{T \to +\infty} \frac{1}{T} \int_{-T/2}^{T/2} s(t)^2 dt = P \tag{1-33}$$

2. Signaux aléatoires

L'importance des signaux aléatoires dans l'étude des systèmes de télécommunications provient des deux observations suivantes. D'une part, les bruits et perturbations ont très souvent un caractère aléatoire (bruit thermique, de grenaille, perturbations électromagnétiques autres que celles issues du secteur...). D'autre part, par principe, l'information contenue dans le signal transmis par un système de télécommunications n'est pas connue à l'avance du récepteur. Par conséquent, vu du récepteur, ce signal est aléatoire. Autrement dit, tout signal transportant effectivement de l'information est un signal aléatoire.

L'étude des signaux aléatoires n'est possible que par l'intermédiaire de leurs propriétés statistiques. Sous certaines hypothèses (ergodicité, stationnarité...), il est ainsi possible de déterminer la valeur moyenne, la puissance, le comportement spectral de tels signaux.

Deux hypothèses sont utilisées ici.

- La propriété de stationnarité au sens large (ou d'ordre 2) implique que les moments d'ordre 2 du signal (et, par conséquent, sa loi de probabilité) soient indépendants du temps.
- La propriété d'ergodicité permet, de plus, d'identifier moments temporels et moments statistiques.

2.1. Notions de probabilités

a) Variable aléatoire discrète

Soit un signal aléatoire $s(t)$ dont les valeurs possibles sont distinctes et dénombrables. On dit que $s(t)$ est une variable aléatoire discrète. Par exemple, l'information binaire présente sur une liaison numérique ne peut prendre que 2 valeurs distinctes ("0" ou "1"). Il s'agit d'une variable aléatoire discrète.

Nous noterons S_k les différentes valeurs possibles du signal $s(t)$, le nombre de ces valeurs étant, a priori, quelconque.

L'espérance mathématique $E[s(t)]$ représente la moyenne statistique de la variable aléatoire $s(t)$. Sa définition est :

$$\langle s(t)\rangle = E[s(t)] = \sum_k S_k \cdot p(s(t) = S_k) \qquad (1\text{-}34)$$

$p(s(t) = S_k)$ représente la probabilité d'apparition de la valeur S_k à l'instant t. Dans le cas général, cette loi de probabilité (et toutes les propriétés qui en découlent) dépend de l'instant t considéré.
Le moment d'ordre 2 du signal $s(t)$ est défini par

$$\langle s^2(t)\rangle = E\left[s(t)^2\right] = \sum_k S_k^2 \cdot p(s(t) = S_k) \qquad (1\text{-}35)$$

Cas particulier des signaux stationnaires et ergodiques :

La moyenne statistique d'un signal aléatoire *stationnaire* $s(t)$ ne dépend pas du temps. Si, de plus, $s(t)$ est *ergodique*, on peut identifier moyenne temporelle et moyenne statistique.
Notons $\overline{s(t)}$ la moyenne temporelle du signal $s(t)$ et $\langle s(t)\rangle$ sa moyenne statistique :

$$\overline{s(t)} = \lim_{T\to+\infty} \frac{1}{T} \int_{-T/2}^{T/2} s(t)dt = E(s) = \langle s(t)\rangle \qquad (1\text{-}36)$$

On appelle *stationnarité large*, le cas pour lequel le moment d'ordre 2 est également indépendant du temps. Si on note P la puissance du signal aléatoire $s(t)$:

$$P = \overline{s^2(t)} = \lim_{T\to+\infty} \frac{1}{T} \int_{-T/2}^{T/2} s^2(t)dt = E\left[s(t)^2\right] = \langle s^2(t)\rangle \qquad (1\text{-}37)$$

On définit, comme pour les signaux déterministes, une fonction d'autocorrélation qui ne dépend que du décalage temporel τ :

$$C_{ss}(\tau) = E[s(t).s(t-\tau)] = \sum_k \sum_l S_k \cdot S_l \cdot p(s(t) = S_k\ ,\ s(t-\tau) = S_l) \qquad (1\text{-}38)$$

Dans ce cas, comme pour les signaux déterministes :

$$P = C_{ss}(0) \qquad (1\text{-}39)$$

b) Variable aléatoire continue

Soit un signal aléatoire $s(t)$ dont l'ensemble des valeurs possibles est continu. On dit que $s(t)$ est une variable aléatoire continue. Par exemple, le signal de tension présent sur une ligne téléphonique analogique lors d'une conversation est une variable aléatoire continue.
On note S les valeurs possibles du signal $s(t)$. S appartient à un ensemble de valeurs a priori quelconque noté **S**.

L'espérance mathématique $E[s(t)]$ s'écrit :

$$\langle s(t)\rangle = E[s(t)] = \int_{\mathbf{S}} S \cdot p(s(t) \in [S\ ;\ S + dS])dS \qquad (1\text{-}40)$$

La valeur $p(s(t) \in [S\ ;\ S + dS])$ représente la probabilité pour que la valeur du signal $s(t)$ soit comprise dans l'intervalle $[S\ ;\ S + dS]$. Pour cette raison, la fonction p est appelée densité de probabilité du signal $s(t)$. Là encore, dans le cas général, cette loi de probabilité dépend de l'instant t considéré.
Le moment d'ordre 2 du signal $s(t)$ est défini par :

$$\langle s^2(t)\rangle = E\left[s(t)^2\right] = \int_S S^2 \cdot p(s(t) \in [S\ ,\ S + dS])dS \qquad (1\text{-}41)$$

Cas particulier des signaux stationnaires et ergodiques

Comme dans le cas des signaux aléatoires discrets, les propriétés de stationnarité (au sens large) et d'ergodicité conduisent aux égalités suivantes :

$$\overline{s(t)} = \lim_{T \to +\infty} \frac{1}{T} \int_{-T/2}^{T/2} s(t)dt = E(s) = \langle s(t) \rangle \qquad (1\text{-}42)$$

$$P = \overline{s^2(t)} = \lim_{T \to +\infty} \frac{1}{T} \int_{-T/2}^{T/2} s^2(t)dt = E\left[s(t)^2\right] = \langle s^2(t) \rangle \qquad (1\text{-}43)$$

On définit, comme pour les signaux déterministes, une fonction d'autocorrélation qui ne dépend que du décalage temporel τ :

$$C_{ss}(\tau) = E[s(t).s(t-\tau)] = \int_S \int_{S'} S.S'\, p(s(t) \in [S, S+dS], s(t-\tau) \in [S', S'+dS'])dSdS' \qquad (1\text{-}44)$$

La probabilité $p(s(t) \in [S, S+dS], s(t-\tau) \in [S', S'+dS'])$ est la probabilité d'avoir simultanément $s(t)$ appartenant à l'intervalle $[S, S+dS]$ et $s(t-\tau)$ appartenant à l'intervalle $[S', S'+dS']$. Comme pour les signaux déterministes :

$$P = C_{ss}(0) \qquad (1\text{-}45)$$

3. Analyse spectrale

3.1. Séries de Fourier

a) Définition

Tout signal $s(t)$ périodique de période $T_0 = 1/f_0$ peut se décomposer en une somme (éventuellement infinie) de signaux sinusoïdaux de fréquences multiples entières de f_0. On peut écrire cette décomposition en série de Fourier de la façon suivante :

$$s(t) = \sum_{n=-\infty}^{+\infty} c_n e^{j2\pi n f_0 t} \qquad (1\text{-}46)$$

f_0 est la fréquence fondamentale du signal. Les fréquences $n.f_0$ correspondent aux harmoniques de rang n. Les coefficients de Fourier c_n sont généralement complexes. On les calcule de la façon suivante :

$$c_n = \int_{t_0}^{t_0+T_0} s(t) e^{-j2\pi n f_0 t} dt \qquad (1\text{-}47)$$

t_0 est un instant quelconque. On remarque que le coefficient c_0 est la valeur moyenne ou *composante continue* du signal $s(t)$.

b) Représentation spectrale

Dans le cas où le signal $s(t)$ est réel, on peut montrer :

$$c_n = c_{-n}^{*} \qquad (1\text{-}48)$$

Les tracés de $|c_n|$ et de $arg(c_n)$ en fonction de $f = n.f_0$ sont appelés respectivement *spectre d'amplitude* et *spectre de phase* du signal $s(t)$. Les valeurs de n étant entières, il s'agit de spectres de raies.

Le spectre d'amplitude d'un signal réel est toujours symétrique par rapport à l'axe vertical (correspondant à $f = 0$). Le spectre de phase est toujours symétrique par rapport à l'origine. Pour ces raisons, il est fréquent de ne représenter que la partie droite (correspondant à $f \geq 0$) du spectre d'un signal. On appelle harmonique de rang n la composante du signal de fréquence $f = \pm nf_0$ ($n \neq 0$). Elle s'écrit :

$$c_n e^{j2\pi n f_0 t} + c_{-n}^{\ *} e^{-j2\pi n f_0 t} \tag{1-49}$$

En notant c_n sous la forme $c_n = |c_n| e^{j\varphi_n}$, on déduit :

$$s(t) = c_0 + \sum_{n=1}^{+\infty} 2|c_n| cos(2\pi n f_0 t + \varphi_n) \tag{1-50}$$

En conclusion, l'harmonique de rang n est une sinusoïde d'amplitude $2.|c_n|$ et de phase $\varphi_n = arg(c_n)$.

c) Théorème de Parseval

Les signaux périodiques sont, par définition, des signaux à énergie infinie. Dans le cas d'un signal à puissance finie, le théorème de Parseval signifie l'égalité entre la puissance du signal $s(t)$ et la somme des puissances de chacun de ses harmoniques :

$$\frac{1}{T_0} \int_0^{T_0} |s(t)|^2 dt = \sum_{n=-\infty}^{+\infty} |c_n|^2 \tag{1-51}$$

3.2. Transformée de Fourier

a) Définition

La transformée de Fourier représente une extension aux signaux non périodiques de la notion de développement en séries de Fourier. Il est possible de considérer tout signal non périodique comme un signal périodique dont la période tend vers l'infini. A tout signal $s(t)$ on fait alors correspondre la fonction $S(f)$ définie (sous réserve de convergence) par l'intégrale :

$$S(f) = \int_{-\infty}^{+\infty} s(t) e^{-j2\pi f t} dt \tag{1-52}$$

$S(f)$ est la transformée de Fourier du signal $s(t)$. On écrit :

$$S(f) = TF[s(t)] \tag{1-53}$$

De même, à toute fonction $S(f)$ on peut faire correspondre le signal temporel $s(t)$ appelé transformée inverse de $S(f)$ défini par :

$$s(t) = TF^{-1}[S(f)] = \int_{-\infty}^{+\infty} S(f) e^{j2\pi f t} dt \tag{1-54}$$

On trouvera en annexe les propriétés de la transformée de Fourier ainsi que les transformées de Fourier des fonctions usuelles.

b) Représentation spectrale

La transformée de Fourier $S(f)$ d'un signal non périodique réel $s(t)$ est généralement une fonction complexe. Les représentations graphiques des fonctions $|S(f)|$ et $arg[S(f)]$ sont appelées respectivement spectre d'amplitude et spectre de phase du signal $s(t)$. Ces fonctions étant à variable continue, on parle de spectres continus.

c) Théorème de Parseval

Comme dans le cas de la puissance des signaux périodiques (équation (1-51)), il y a égalité entre l'énergie calculée dans le domaine temporel et l'énergie calculée dans le domaine fréquentiel :

$$\int_{-\infty}^{+\infty} |s(t)|^2 dt = \int_{-\infty}^{+\infty} |S(f)|^2 df \qquad (1\text{-}55)$$

La grandeur $|S(f)|^2$ correspond à l'énergie du signal dans la bande de fréquence $[f ; f + df]$. Pour cette raison, elle est appelée *densité spectrale d'énergie* à la fréquence f. Le graphe de la densité spectrale d'énergie est fréquemment appelé *spectre d'énergie* du signal $s(t)$.

3.3. Propriétés de la transformée de Fourier

a) Transformée de Fourier de signaux périodiques

Les signaux périodiques n'étant pas à énergie finie, l'intégrale de l'équation (1-52) ne converge pas. Néanmoins, on peut calculer la transformée de Fourier d'un signal périodique en faisant appel aux distributions.

Calculons d'abord la transformée de Fourier inverse de l'impulsion $\delta(f - f_0)$. D'après la définition (équation (1-54)) :

$$TF^{-1}[\delta(f - f_0)] = \int_{-\infty}^{+\infty} \delta(f - f_0) e^{j2\pi ft} df \qquad (1\text{-}56)$$

D'après l'équation (1-18) on a donc :

$$TF^{-1}[\delta(f - f_0)] = e^{j2\pi f_0 t} \qquad (1\text{-}57)$$

Par conséquent, la transformée de Fourier de l'exponentielle complexe de fréquence f_0 notée $e^{j2\pi f_0 t}$ est une impulsion de Dirac située à la fréquence f_0. En particulier, le spectre d'un signal constant $s(t) = \alpha$ est l'impulsion de Dirac $\alpha.\delta(f)$.

Comme tout signal périodique de période T_0 peut être décomposé en une somme d'exponentielles complexes, on peut déduire que la transformée de Fourier de tout signal périodique est une somme d'impulsions de Dirac espacées de $f_0 = 1 / T_0$. En notant c_n les coefficients du développement en série de Fourier du signal $s(t)$ on peut écrire :

$$TF[s(t)] = S(f) = \sum_{n=-\infty}^{+\infty} c_n \delta(f - f_0) \qquad (1\text{-}58)$$

b) Convolution et transformée de Fourier

La transformée de Fourier transforme tout produit de convolution au niveau temporel en un produit au niveau fréquentiel.

$$TF[s_1(t) * s_2(t)] = S_1(f) \cdot S_2(f) \qquad (1\text{-}59)$$

Réciproquement :

$$s_1(t) \cdot s_2(t) = TF^{-1}[S_1(f) * S_2(f)] \qquad (1\text{-}60)$$

Cette propriété est essentielle pour l'étude du comportement harmonique des systèmes linéaires (filtres), mais aussi pour l'étude des modulations linéaires.

3.4. Densité spectrale et fonction d'autocorrélation

a) Cas des signaux à énergie finie

On a vu (équation (1-31)) que la valeur de la fonction d'autocorrélation d'un signal $s(t)$ en 0 était égale à l'énergie de ce signal.

D'après l'équation (1-29) on peut exprimer la fonction d'autocorrélation $C_{ss}(t)$ à l'aide d'un produit de convolution :

$$C_{ss}(\tau) = s(\tau) * s(-\tau) \tag{1-61}$$

La transformée de Fourier d'un produit de convolution étant le produit des transformées, on peut donc calculer la transformée de Fourier de la fonction d'autocorrélation notée $D_{ss}(f)$:

$$D_{ss}(f) = S(f)^2 \tag{1-62}$$

L'énergie E du signal $s(t)$ peut s'écrire (d'après le théorème de Parseval) :

$$E = \int_{-\infty}^{+\infty} S(f)^2 df = \int_{-\infty}^{+\infty} D_{ss}(f) df \tag{1-63}$$

Ce résultat s'énonce comme suit : *la transformée de Fourier de la fonction d'autocorrélation d'un signal s(t) à énergie finie est égale à sa densité spectrale d'énergie.*

b) Cas des signaux à puissance finie

Soit P la puissance du signal $s(t)$: $P = \lim\limits_{T \to +\infty} \frac{1}{T} \int_{-T/2}^{T/2} s^2(t) dt$. Soit $P_T = \int_{-T/2}^{T/2} s^2(t) dt$. P_T est la puissance du signal $s_T(t)$ avec :

$$\begin{cases} s_T(t) = s(t) \text{ si } t \in \left[-\frac{T}{2}, \frac{T}{2}\right] \\ s_T(t) = 0 \text{ sinon} \end{cases}$$

Le théorème de Parseval donne $P_T = \int_{-\infty}^{+\infty} S_T^2(f) df$ avec $S_T(f)$ transformée de Fourier du signal $s_T(t)$.

On en déduit : $P = \lim\limits_{T \to +\infty} \frac{1}{T} \int_{-\infty}^{+\infty} S_T^2(f) df = \int_{-\infty}^{+\infty} \lim\limits_{T \to +\infty} \frac{S_T^2(f)}{T} df$.

On appelle *densité spectrale de puissance* la fonction $DSP_s(f)$ définie par :

$$DSP_s(f) = \lim_{T \to +\infty} \frac{S_T^2(f)}{T} \tag{1-64}$$

Dans ce cas, la puissance P du signal $s(t)$ s'écrit :

$$P = \int_{-\infty}^{+\infty} DSP_s(f) df \tag{1-65}$$

Notons $C_{ss}(\tau)$ la fonction d'autocorrélation du signal $s(t)$. On montre, comme dans le cas des signaux à énergie finie :

$$DSP_s(f) = \int_{-\infty}^{+\infty} C_{ss}(\tau) e^{-j2\pi f\tau} d\tau \tag{1-66}$$

Autrement dit, là encore, *la densité spectrale de puissance du signal s(t) est la transformée de Fourier de la fonction d'autocorrélation.*
Ce résultat reste valable pour tout signal aléatoire : le calcul de la fonction d'autocorrélation est, dans ce cas, le seul moyen d'accéder au spectre d'un tel signal.

4. Systèmes linéaires et continus

4.1. Présentation

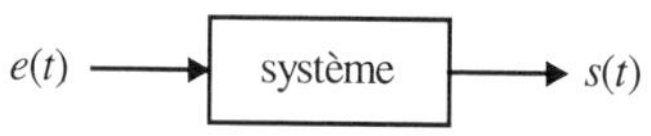

Soit un système ayant pour signal d'entrée le signal $e(t)$ et pour signal de sortie le signal $s(t)$.

Figure 1-7

Ce système est linéaire si et seulement si $s(t)$ et $e(t)$ sont liés par une équation différentielle linéaire à coefficients constants :

$$a_m \frac{d^m}{dt} s(t) + a_{m-1} \frac{d^{m-1}}{dt} s(t) + \ \dots\ a_0 s(t) = b_n \frac{d^n}{dt} e(t) + b_{n-1} \frac{d^{n-1}}{dt} e(t) + \ \dots\ b_0 e(t) \qquad (1\text{-}67)$$

Pour être réalisable, un système linéaire doit être causal. Par exemple, le système régi par l'équation différentielle $s(t) = \frac{d}{dt} e(t)$ n'est pas causal puisque la connaissance de la dérivée du signal $e(t)$ à l'instant t nécessite la connaissance de $e(t)$ juste après l'instant t.
D'une manière plus générale, la condition de causalité se traduit par la contrainte :

$$m \geq n \qquad (1\text{-}68)$$

4.2. Utilisation de la transformation de Fourier

a) Fonction de transfert

L'équation (1-67) peut se transformer à l'aide de la transformée de Fourier : $a_p \frac{d^p}{dt} s(t)$ est remplacé par $a_p (j2\pi f)^p S(f)$ etc. Après factorisation, on obtient :

$$\frac{S(f)}{E(f)} = \frac{\sum_{k=0}^{n} b_k (j2\pi f)^k}{\sum_{k=0}^{m} a_k (j2\pi f)^k} = H(f) \qquad (1\text{-}69)$$

La grandeur $H(f)$ est appelée *fonction de transfert* du système linéaire.
Si $e(t)$ est une impulsion de Dirac, $E(f) = 1$ et $S(f) = H(f)$ est la transformée de Fourier de la réponse impulsionnelle $h(t)$.

b) Densité spectrale d'énergie - Densité spectrale de puissance

La densité spectrale d'énergie d'un signal à énergie finie $s(t)$ est notée $|S(f)|^2$. Il est facile de montrer :

$$|S(f)|^2 = |H(f)|^2 |E(f)|^2 \qquad (1\text{-}70)$$

Pour un signal à puissance finie, l'équation (1-64) permet d'écrire :

$$DSP_s(f) = |H(f)|^2 DSP_E(f) \qquad (1\text{-}71)$$

- *Remarque :*
La résolution de l'équation différentielle par la transformée de Fourier suppose que le signal $s(t)$ est non-causal. En particulier, elle ne permet pas d'introduire des *conditions initiales* (valables en $t = 0$) portant sur le signal $s(t)$. Cet inconvénient majeur justifie l'utilisation de la *transformation de Laplace*.

4.3. Transformation de Laplace

a) Définition

Soit un signal $s(t)$. La transformée de Laplace de $s(t)$ est une fonction $S(p)$ où p est un nombre complexe. $S(p)$ est défini par :

$$S(p)=\int_{0}^{+\infty} s(t)e^{-pt}dt \tag{1-72}$$

On peut noter alors $S(p)=TL[s(t)]$.

On trouvera en annexe les propriétés de la transformation de Laplace ainsi que les transformées de Laplace usuelles.

b) Description d'un système linéaire par la transformée de Laplace

Notons $E(p)$ la transformée de Laplace de $e(t)$ et $S(p)$ celle de $s(t)$.

$$TL\left[a_k \frac{d^k s(t)}{dt^k}\right]=a_k\left(p^k S(p)-p^{k-1}s(0^+)-p^{k-2}\frac{d}{dt}s(0^+)-\ \dots\ -\frac{d^{k-1}}{dt^{k-1}}s(0^+)\right) \tag{1-73}$$

Notons $P_k^S(p)$ le polynôme en p tel que :

$$TL\left[a_k \frac{d^k s(t)}{dt^k}\right]=a_k p^k S(p)-P_k^S(p) \tag{1-74}$$

Si on appelle *conditions initiales* les dérivées successives du signal $s(t)$ à l'instant $t = 0^+$, alors $P_k^S(p)$ est un polynôme de degré k dont les coefficients sont les différentes conditions initiales.

Notons $P^S(p)$ la somme des m polynômes $P_k^S(p)$: $P^S(p)=\sum_{k=1}^{m} P_k^S(p)$. De même notons $P^E(p)$ la somme des n polynômes $P_k^E(p)$ associés au signal $e(t)$. La transformée de Laplace de l'équation (1-67) s'écrit :

$$S(p)=\frac{\sum_{k=0}^{n} b_k p^k}{\sum_{k=0}^{m} a_k p^k}E(p)+\frac{P^S(p)-P^E(p)}{\sum_{k=0}^{n} a_k p^k} \tag{1-75}$$

En conclusion, la transformée de Laplace du signal de sortie $s(t)$ s'obtient à partir de la transformée de Laplace du signal d'entrée $e(t)$, des coefficients a_k et b_k de l'équation différentielle et des conditions initiales présentes sur $e(t)$ et $s(t)$.

c) Fonction de transfert et régime harmonique

Dans le cas particulier où les conditions initiales sont nulles, il est possible d'écrire :

$$\frac{S(p)}{E(p)}=\frac{\sum_{k=0}^{n} b_k p^k}{\sum_{k=0}^{m} a_k p^k}=H(p) \tag{1-76}$$

La grandeur $H(p)$ est appelée *fonction de transfert* du système linéaire. Elle correspond à la transformée de Laplace de la réponse impulsionnelle du système.

Dans le cas particulier où le système est stable (aucun pôle de $H(p)$ n'est imaginaire pur), le comportement en régime harmonique du système s'obtient en remplaçant la variable complexe p par $j.2\pi.f$. La fonction de $H(f)$ ainsi obtenue est alors égale à celle calculée à l'aide de la transformée de Fourier.

5. Exercices

1-1

On utilise un mesureur de champ pour mesurer la puissance électrique captée par une antenne satellite. Son impédance d'entrée a pour module $R = 75\ \Omega$.
1. Une première mesure de signal donne un résultat de 69,2 dBµV. Donner la valeur de cette mesure en dBm, en V (valeur efficace) puis en W.
2. Une mesure du bruit capté dans les mêmes conditions que le signal précédent donne un résultat de 57,8 dBµV. Donner la valeur de cette mesure en W.
3. Quel est, en dB, le rapport signal sur bruit mesuré ?

1. Soit $M_{dB\mu V}$ la mesure effectuée par le mesureur de champ. Soient M_{dBm}, M_V et M_W les valeurs de cette mesure exprimées respectivement en dBm, V et W.

- $M_{dB\mu V} = 20.\log\left(\dfrac{M_V}{10^{-6}}\right)$ d'où $M_V = 10^{\frac{M_{dB\mu V}}{20}-6}$, $M_{dBm} = 20.\log\left(\dfrac{M_V}{10^{-3}}\right) = M_{dB\mu V} - 3$

- $M_W = \dfrac{{M_V}^2}{R} = \dfrac{10^{\frac{M_{dB\mu V}}{10}-12}}{75}$

Application numérique : $M_V = 2{,}88\ \text{mV}$; $M_{dBm} = 66{,}2\ \text{dBm}$; $M_W = 111\ \text{nW}$

2. $M_W = \dfrac{10^{\frac{57{,}8}{10}-12}}{75} = 8{,}03\ \text{nW}$

3. $\left(\dfrac{S}{N}\right)_{dB} = 10.\log\left(\dfrac{S_W}{N_W}\right) = S_{dB\mu V} - N_{dB\mu V}$ où S et N désignent respectivement les mesures du signal et du bruit. D'où $\left(\dfrac{S}{N}\right)_{dB} = 11{,}4\ \text{dB}$

1-2

Un système de transmission de données fait appel à la modulation d'un signal sinusoïdal appelé porteuse. Il possède les caractéristiques suivantes (modulation QPSK, chapitre 8) :
- débit : 10 Mbit/s
- bande équivalente de bruit : 5 MHz
- puissance de la porteuse : 0,1 nW
- puissance du bruit : 1,2 pW

La bande équivalente de bruit est définie en considérant que la densité est :
- constante à l'intérieur de la bande équivalente de bruit,
- nulle à l'extérieur.

1. Calculer la puissance de la porteuse C en dBm.
2. Calculer la puissance du bruit N en dBm.
3. Calculer la densité spectrale de puissance du bruit N_0 en dBm.
4. Calculer l'énergie moyenne E_b transmise par la porteuse pour chaque bit en dBJ.
5. En déduire les rapports $\dfrac{C}{N}$ et $\dfrac{E_b}{N_0}$ en dB. Ces deux rapports sont caractéristiques des liaisons numériques sur fréquence porteuse (voir les exercices du chapitre 8).

1. $C = 10.\log\left(\dfrac{0{,}1\times10^{-9}}{10^{-3}}\right) = -70 \text{ dBm}$

2. $N = 10.\log\left(\dfrac{1{,}2\times10^{-12}}{10^{-3}}\right) = -89{,}2 \text{ dBm}$

3. $N_0 = 10.\log\left(\dfrac{1{,}2\times10^{-9}}{5\times10^{6}}\right) = \text{-}156 \text{ dBm}$

4. $E_b = 10.\log\left(\dfrac{0{,}1\times10^{-9}}{10\times10^{6}}\right) = -170 \text{ dBJ}$

5. $\dfrac{C}{N} = -70 + 89{,}2 = 19{,}2 \text{ dB}$ et $\dfrac{E_b}{N_0} = \text{-}170 - 10.\log\left(10^{-3}\right) + 156{,}2 = 16{,}2 \text{ dB}$

1-3

On désire étudier le système linéaire suivant (Figure 1-8).

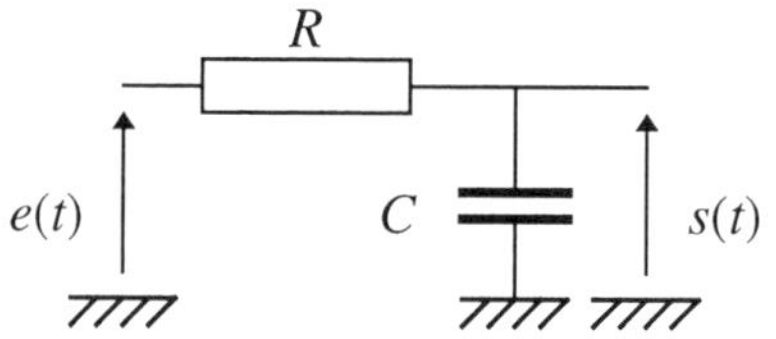

Figure 1-8

1. Donner l'équation différentielle reliant les tensions $e(t)$ et $s(t)$.
2. Calculer, à l'aide de la transformation de Fourier, la fonction de transfert « en f » du système.
3. On note $G_{dB} = 20.\log\left(\left|H(f)\right|\right)$ le gain et $\varphi = \arg\left(H(f)\right)$ la phase associés à cette fonction de transfert. Tracer les diagrammes asymptotiques de G_{dB} et φ en fonction de la fréquence. Pour l'axe horizontal, on utilisera des coordonnées logarithmiques (diagrammes de Bode).
4. En utilisant la transformée de Laplace, calculer puis tracer la réponse à un échelon d'amplitude E_0, en supposant qu'à $t = 0$ le condensateur est déchargé.
5. Même question en supposant qu'il est chargé sous une tension de E_1.

1. $RC\dfrac{d}{dt}s(t) + s(t) = e(t)$

2. $H(f) = \dfrac{S(f)}{E(f)} = \dfrac{1}{1 + j.2\pi.f.RC}$

4. $S(p) = \dfrac{E(p)}{1 + RC.p} + \dfrac{RC.s(0)}{1 + RC.p}$ avec $s(0) = 0$ et $E(p) = \dfrac{E_0}{p}$

$S(p) = E_0\left(\dfrac{1}{p} - \dfrac{RC}{1 + RC.p}\right)$ d'où $s(t) = E_0\left(1 - e^{-\frac{t}{RC}}\right)$

5. Cette fois $s(0) = E_1$ et on obtient $S(p) = E_0\left(\dfrac{1}{p} - \dfrac{RC}{1 + RC.p}\right) + \dfrac{RC.E_1}{1 + RC.p}$ soit

$s(t) = E_0\left(1 - e^{-\frac{t}{RC}}\right) - E_1 e^{-\frac{t}{RC}}$.

1-4

Un analyseur de spectre est un équipement permettant de visualiser la densité spectrale de puissance d'un signal en fonction de la fréquence. Deux types d'analyseurs sont généralement commercialisés.

Les analyseurs de spectre numériques effectuent un échantillonnage du signal puis reconstituent les échantillons du spectre à l'aide d'un calcul de transformée de Fourier discrète. Ils utilisent généralement un algorithme de calcul optimisé appelé *transformée de Fourier rapide* (ou *FFT* pour *Fast Fourier Transform*). Le principe même de l'échantillonnage limite la bande passante de tels équipements.

Les analyseurs de spectre utilisables en radiofréquence sont souvent des équipements analogiques. On étudie dans cet exercice le principe de l'analyseur de spectre hétérodyne. Le principe est donné ci-dessous (Figure 1-9).

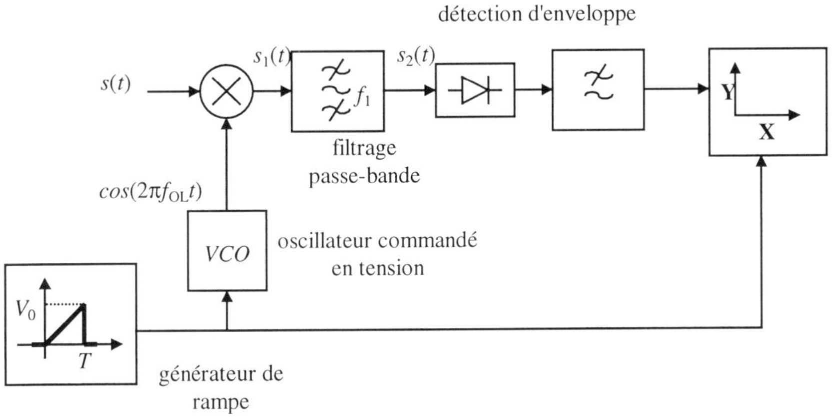

Figure 1-9

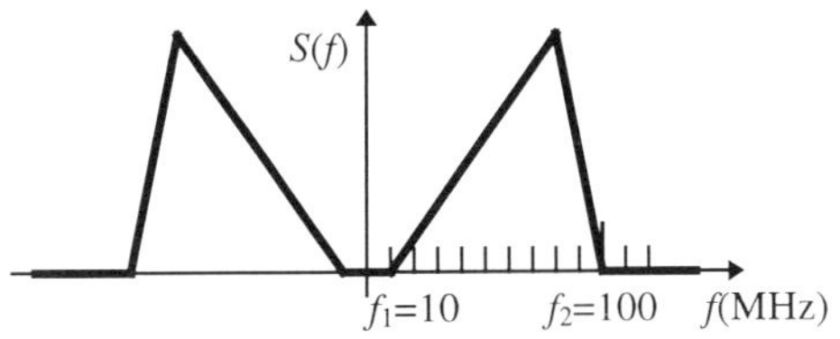

Figure 1-10

Dans un premier temps, le signal à analyser $s(t)$ est un signal à énergie finie. Sa transformée de Fourier, notée $S(f)$, est représentée graphiquement (Figure 1-10).

Le filtre passe-bande appliqué au signal $s_1(t)$ est centré sur la fréquence f_c = 110 MHz. Il possède une bande passante à -3 dB de $B = 100$ kHz.

On note $H(f)$ la fonction de transfert du filtre.

1. Exprimer la transformée de Fourier du signal issu de l'oscillateur commandé en tension (OCT). En déduire l'expression de la transformée de Fourier $S_1(f)$ du signal $s_1(t)$ en fonction de $S(f)$. En particulier, préciser $S_1(f_c)$ en fonction de $S(f_{OL})$.

2. La fréquence f_{OL} du signal délivré par l'OCT varie entre 0 et f_{max} = 110 MHz. Représenter graphiquement $S_1(f)$ pour $f_{OL} = 0$; f_{OL} = 50 MHz et f_{OL} = 110 MHz.

Dans la pratique (et dans la suite de cet exercice), $s(t)$ est un signal à puissance finie périodique ou aléatoire. On montre que les résultats obtenus précédemment avec la transformée de Fourier (et, par conséquent, la densité spectrale d'énergie) restent valables si l'on considère la densité spectrale de puissance. On notera $DSP_s(f)$ la densité spectrale de puissance du signal $s(t)$ à la fréquence f.

3. Exprimer $DSP_{s1}(f_c)$ en fonction de $DSP_s(f_{OL})$

4. Exprimer la densité spectrale de puissance $DSP_{s2}(f)$ du signal $s_2(t)$ en fonction de $DSP_{s1}(f)$.

On suppose que la bande passante du filtre est suffisamment étroite pour pouvoir considérer $DSP_{s1}(f)$ comme étant constant sur cet intervalle.

5. Quelle contrainte doit respecter le filtre pour que la puissance totale du signal $s_2(t)$ soit identique au produit $B.DSP_{s1}(f_c)$?

On suppose que le temps de réaction τ du filtre passe-bande est inversement proportionnel à sa bande passante : $\tau = \dfrac{k}{B}$.

6. Exprimer le temps Δt mis pour balayer la bande passante du filtre en fonction du temps de balayage T (Figure 1-9) et de f_{max}. En déduire une contrainte sur la vitesse de balayage $\dfrac{f_{max}}{T}$.

1. $TF[\cos(2\pi f_{OL} t)] = \dfrac{1}{2}(\delta(f - f_{OL}) + \delta(f + f_{OL}))$

$$S_1(f) = \frac{1}{2}(\delta(f - f_{OL}) + \delta(f + f_{OL})) * S(f) = \frac{1}{2}(S(f - f_{OL}) + S(f + f_{OL}))$$

$$S_1(f_c) = \frac{1}{2}(S(f_c - f_{OL}) + S(f_c + f_{OL})) = \frac{1}{2}S(f_c - f_{OL})$$

2.

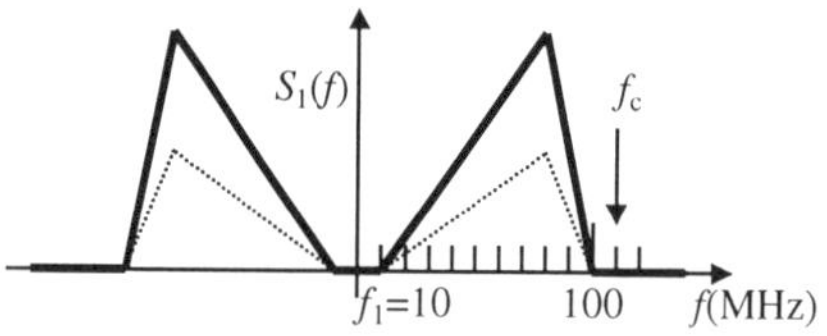

$f_{OL} = 0$

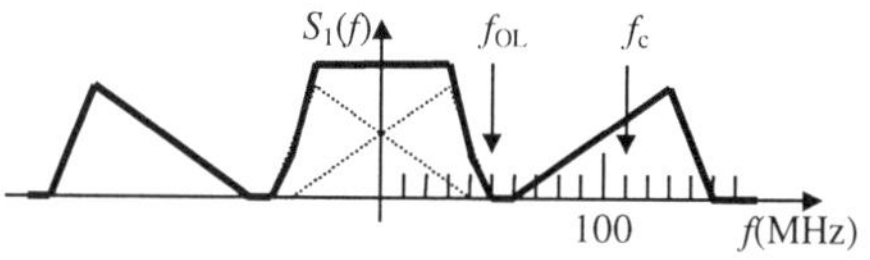

$f_{OL} = 50$ MHz :

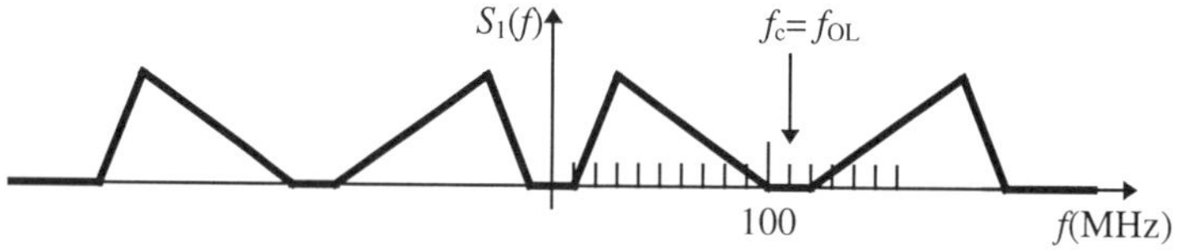

$f_{OL} = 110$ MHz

3. La densité spectrale de puissance est proportionnelle au carré de la transformée de Fourier (voir, par exemple, l'équation (1-64)) : $DSP_{s1}(f_c) = \dfrac{1}{4} DSP_s(f_c - f_{OL})$

4. D'après l'équation (1-71) : $DSP_{s2}(f) = |H(f)|^2 DSP_{s1}(f)$

5. $P_{s2} = \displaystyle\int_{-\infty}^{+\infty} DSP_{s2}(f)df = \int_{-\infty}^{+\infty} |H(f)|^2 DSP_{s1}(f)df = DSP_{s1}(f_c). \int_{-\infty}^{+\infty} |H(f)|^2 df$ d'où la contrainte sur $H(f)$: $\displaystyle\int_{-\infty}^{+\infty} |H(f)|^2 df = B$

6. $\Delta t = \dfrac{T}{f_{max}}.B >> \tau$ d'où $\dfrac{f_{max}}{T} << \dfrac{B^2}{k}$. La vitesse de balayage est proportionnelle au carré de la bande passante du filtre sélectif. Par conséquent, plus la résolution en fréquence est importante, plus la vitesse de balayage devra être faible au niveau de l'analyseur.

Chapitre 2

Signaux à temps discret

L'accroissement de la puissance des calculateurs a bouleversé le monde des sciences et techniques et plus particulièrement celui des télécommunications. Les signaux qui transportent l'information ne sont plus des signaux *analogiques* mais *numériques*. Le bénéfice de cette transformation apparaît au niveau de la qualité et la fiabilité de la transmission. L'inconvénient direct est le besoin d'une bande passante toujours plus grande en raison d'un encombrement spectral plus important. Le fonctionnement d'un calculateur est régi par une horloge. Celle-ci impose un traitement discontinu dans le temps des informations. Aussi est-il indispensable de connaître les propriétés des signaux discrets ainsi que les méthodes à utiliser lorsque l'on désire les analyser ou synthétiser des filtres évolués.
L'étude et l'analyse des signaux à temps discret se décomposent en quatre parties. La première est consacrée à l'étude des signaux élémentaires avec une étude plus précise des signaux à temps discret. La deuxième présente l'outil d'analyse des signaux discrets, c'est-à-dire la *transformée en z*. La troisième partie est la mise en place d'une méthode d'analyse et de modélisation des systèmes échantillonnés qui servira à la synthèse des filtres numériques dans un prochain chapitre. Enfin la dernière partie présente la transformée de Fourier appliquée aux signaux à temps discret.

1. Signaux élémentaires

1.1. Classification des signaux

On peut différencier quatre types différents de signaux :

- Le signal analogique est à la fois continu dans le temps et en amplitude.
- Le signal *à temps discret* est discontinu dans le temps.
- Le signal *quantifié* est discontinu en amplitude et continu dans le temps.
- Le signal *numérique* est quantifié et à temps discret.

1.2. Signaux à temps discret

a) Définitions

- *Notations*

On notera $s(nT_e)$ un signal discret avec T_e la période d'échantillonnage (avec n entier). Parfois, pour des raisons de simplification, on notera le signal discret s_n.

- *Echelon unité*

On utilise la définition de l'échelon unité $u(t)$ que l'on va discrétiser. La période de d'échantillonnage est égale à une seconde (T_e=1s).

$$u(nT_e) = \begin{cases} 1 & n \geq 0, \ n = 0, \ 1,2,.... \\ 0 & n < 0 \end{cases} \tag{2-1}$$

En utilisant la représentation du signal $u(nT_e)$ (Figure 2-1), ainsi que la définition de l'impulsion unité, on peut exprimer u(nT_e) par la somme d'impulsions unité.

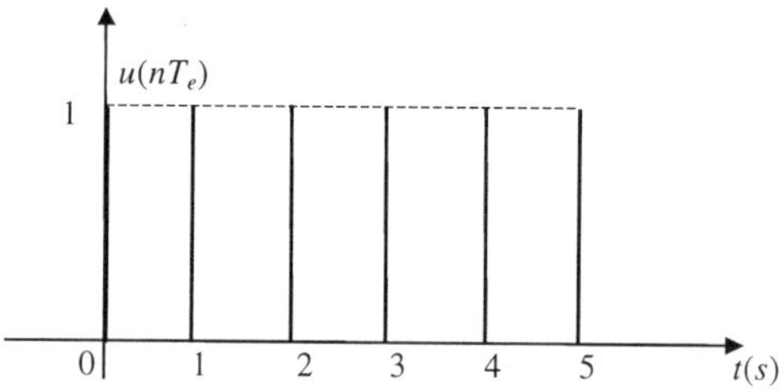

Figure 2-1

Ainsi à l'instant t=0 on a $u=u(0).\delta(0)$, à l'instant t=1s, $u=u(1).\delta(t-T_e)$ etc. Il n'y a qu'un terme à la fois qui est non nul, il est alors possible d'écrire :

$$u(nT_e) = u(0).\delta(t) + u(1).\delta(t - T_e) + u(2)\delta(t - 2T_e) + ... + u(nT_e).\delta(t - nT_e) \tag{2-2}$$

- *Cas général*

Le résultat précédent permet l'expression d'un signal discret $s(nT_e)$:

$$s(nT_e) = s(0).\delta(t) + s(T_e).\delta(t - T_e) + s(2T_e).\delta(t - 2T_e) + ... + s(nT_e).\delta(t - nT_e)$$

Cette relation s'écrit sous une forme plus générale :

$$s(nT_e) = \sum_{n=0}^{\infty} \delta(t - nT_e).s(nT_e) \tag{2-3}$$

2. Transformée en z

La *transformée en z* est un outil utilisé pour l'analyse des signaux échantillonnés et la synthèse des filtres numériques. Il existe deux méthodes : l'une basée sur la transformée de Laplace, l'autre sur le calcul des résidus de la fonction de transfert du signal.

2.1. Définitions

a) Transformée de Laplace d'un signal échantillonné

On détermine la transformée de Laplace du signal $s(nT_e)$.

$$S^*(p) = TL[s(nT_e)] = TL\left[\sum_{n=0}^{\infty} \delta(t - nT_e).s(nT_e)\right] \quad (2\text{-}4)$$

On enlève de la transformée la partie indépendante de la variable t. On obtient :

$$S^*(p) = \sum_{n=0}^{\infty} s(nT\ ).TL[\delta(t - nT_e)] = \sum_{n=0}^{\infty} s(nT_e).e^{-nT_e p}$$

L'utilisation d'une nouvelle variable $z = e^{Te.p}$, donne une définition de la *transformée en z* :

$$S(z) = \sum_{n=0}^{\infty} s(nT_e).z^{-n} \quad (2\text{-}5)$$

La variable z est une variable complexe définie dans le domaine de convergence de la série.

b) Méthode des résidus

La méthode basée sur le calcul des résidus possède l'avantage d'être systématique et d'avoir toujours une solution.

$$S(z) = \sum_{poles de S(p)} \left[Résidus\ de\ \frac{S(\lambda)}{1 - z^{-1}.e^{T_e.\lambda}} \right]_{\lambda = pi} \quad (2\text{-}6)$$

Le calcul des résidus se décompose en 2 cas distincts :

- $S(\lambda)$ a des pôles simples :

On considère $S(\lambda) = \dfrac{N(\lambda)}{D(\lambda)}$, on calcule les résidus $r_i = \dfrac{N(p_i)}{D(\lambda)'.(1 - z^{-1}.e^{\lambda.T_e})\big|_{\lambda = p_i}}$

- $S(\lambda)$ a des pôles multiples :

On pose n l'ordre du pôle, on a $r_i = \dfrac{1}{(n-1)!}\left\{ \dfrac{d^{n-1}}{d\lambda^{n-1}} \left[(\lambda - p_i)^n.S(\lambda).\dfrac{1}{1 - z^{-1}.e^{T_e.\lambda}} \right] \right\}_{\lambda = p_i}$

Exemple

Soit à réaliser la transformation en z de la fonction $S(\lambda) = \dfrac{1}{\lambda(\lambda + 1)}$. Cette fonction possède 2 pôles simples $p_1 = 0, p_2 = -1$. On calcule les résidus associés à cette fonction :

$r_i = \dfrac{1}{D(\lambda)'.(1 - z^{-1}.e^{\lambda.T_e})\big|_{\lambda = p_i}}$, $D(\lambda)' = 2\lambda + 1$, on obtient $r_1 = \dfrac{1}{1 - z^{-1}}$ et $r_2 = -\dfrac{1}{1 - e^{-T_e} z^{-1}}$.

La fonction $S(z)$ s'écrit :

$$S(z) = r_1 + r_2 = \frac{1}{1 - z^{-1}} - \frac{1}{1 - e^{-T_e} z^{-1}} = \frac{z(1 - e^{-T_e})}{(z - 1).(z - e^{-T_e})} = TZ\left[\frac{1}{p(p+1)}\right]$$

2.2. Propriétés de la transformée en z

Les propriétés les plus importantes et les plus utilisées sont indiquées dans cette partie.

a) Linéarité

$$TZ[\lambda_1.s_1(t)+\lambda_2.s_2(t)]=\lambda_1.TZ[s_1(t)]+\lambda_2.TZ[s_2(t)]$$

b) Translation temporelle

Il est utile de connaître le résultat de la transformée en z d'un signal retardé de $k.T_e$ avec k entier non nul. Ce résultat s'obtient en utilisant la définition de la transformée en z.

$$\begin{aligned} TZ[s((n-k)T_e)] &= \sum_{n=0}^{\infty} s((n-k)T_e).z^{-n} = \sum_{n=0}^{\infty} s((n-k)T_e).z^{k-n}.z^{-k} \\ &= z^{-k}\sum_{n=0}^{\infty} s((n-k)T_e).z^{-(n-k)} = z^{-k}\sum_{n=0}^{\infty} s(mT_e).z^{-m} \end{aligned} \quad (2\text{-}7)$$

On multiplie à la fois par z^{-k} et par z^{k}. On sort du signe somme le terme z^{-k}. Il suffit ensuite d'effectuer un changement de variable $m=n-k$.

$$TZ[s((n-k)T_e)] = z^{-k}.S(z) \quad (2\text{-}8)$$

Cette propriété est importante et amène à dire que l'opérateur z^{-k} est un *opérateur retard.* Le retard est de k périodes d'échantillonnage.

c) Théorème de la valeur initiale

Ce théorème donne la valeur d'un signal fonction du temps à l'instant initial $n=0$ en utilisant sa transformée en z.

$$\lim_{n\to 0} s(nT_e)=s_0=\lim_{z\to+\infty} S(z) \quad (2\text{-}9)$$

En effet, en développant la définition de la transformée en z, on obtient :

$$S(z)=s(0)+z^{-1}\left[s(T_e)+s(2T_e).z^{-1}+s(3T_e).z^{-2}+...+s(nT_e).z^{-n-1}+...\right]$$

la limite de $S(z)$ lorsque $z\to+\infty$ est égale à $s(0)$. Les autres termes sont nuls.

d) Théorème de la valeur finale

Ce théorème est utilisé pour connaître la valeur du signal $s(nT_e)$ lorsque celui-ci atteint le régime permanent, c'est-à-dire lorsque le temps nT_e tend vers l'infini.

$$\lim_{n\to\infty} s(nT_e) = \lim_{z\to 1} (z-1)S(z) \quad (2\text{-}10)$$

2.3. Inversion de la transformée en z

L'inverse de S(z) n'est pas unique. En effet, un signal discret est discontinu dans le temps. Il y a donc une infinité de signaux continus qui peuvent passer par les points représentés par le signal discret. Ainsi l'inversion nous assure de trouver le signal discret $s(nT_e)$ mais en aucun cas le signal $s(t)$.

a) Division polynomiale

La transformée inverse est obtenue en réalisant la division polynomiale de $S(z)$ par puissance croissante en z^{-1}. On considère la fonction $S(z)$ suivante :

$$S(z)=\frac{1+a_1.z^{-1}+a_2.z^{-2}+a_3.z^{-3}+...+a_n.z^{-n}}{1+b_1.z^{-1}+b_2.z^{-2}+b_3.z^{-3}+...+b_m.z^{-m}}$$

En effectuant la division, on obtient:

$$\begin{array}{r|l} 1+a_1.z^{-1}+a_2.z^{-2}+a_3.z^{-3}+...+a_n.z^{-n} & 1+b_1.z^{-1}+b_2.z^{-2}+b_3.z^{-3}+...+b_m.z^{-m} \\ -\quad 1+b_1.z^{-1}+b_2.z^{-2}+b_3.z^{-3}+...+b_m.z^{-m} & \hline \\ \hline 0+(a_1-b_1).z^{-1}+(a_2-b_2).z^{-2}+... & 1+(a_1-b_1).z^{-1}+... \\ -\quad (a_1-b_1).z^{-1}+b_1(a_1-b_1).z_{-2}+... & \\ \hline 0\ +\ .... & \end{array}$$

Le résultat final est de la forme suivante : $S(z)=1+(a_1-b_1).z^{-1}+......$

L'utilisation du théorème de la valeur finale, équation (2-10), nous permet d'écrire l'expression de la fonction temporelle discrète :

$$s(nT_e)=s(0)+(a_1-b_1).s(T_e).z^{-1}+...=s(0).\delta(t)+(a_1-b_1).s(T_e).\delta(t-T_e)+... \qquad (2\text{-}11)$$

b) Méthode des résidus

Cette méthode est identique à la méthode de la transformée et assure un résultat quelque soit la nature du signal $S(z)$.

$$s(nT_e)=\sum_{poles\ de\ S(z)} Résidus\ de\ z^{n-1}.S(z)$$

3. Systèmes échantillonnés

3.1. Fonction de transfert des systèmes échantillonnés

Un système physique linéaire filtre ayant une entrée $e(t)$ et une sortie $s(t)$, peut être représenté par sa *réponse impulsionnelle* $h(t)$.

La transformée de Laplace de la réponse impulsionnelle est appelée *fonction de transfert* et respectivement notée $H(p)$. Nous étudions dans cette partie le calcul de la fonction de transfert des systèmes échantillonnés. Il y a 2 cas distincts :

- 1er cas : La fonction de transfert est séparée de l'entrée et la sortie par deux interrupteurs qui assurent la fonction d'échantillonnage (Figure 2-2).

$$S(p)=H(p).E^*(p)$$

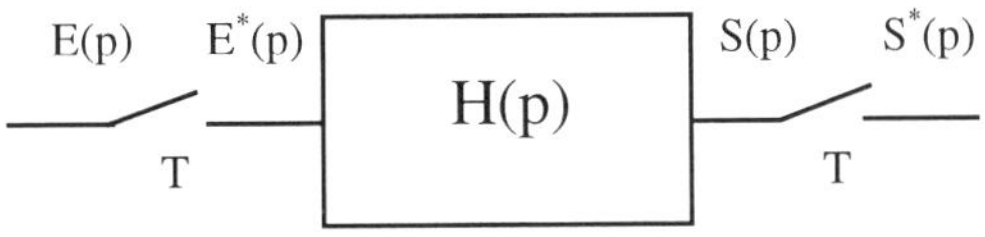

Figure 2-2

On remplace dans l'expression de $E^*(p)$, la définition de la transformée de Laplace d'un système échantillonné :

$$S(p) = H(p).\sum_{n=0}^{\infty} e(nT_e).e^{-nT_e p}$$

Le signal $S^*(p)$ est obtenu en réalisant la transformée du signal échantillonné :

$$S^*(p) = \left[H(p).E^*(p)\right]^* = \sum_{m=0}^{\infty}\left(h(mT_e).\sum_{n=0}^{\infty} e(nT_e).e^{-nT_e p}\right).e^{-mT_e p}$$

$$= \sum_{m=0}^{\infty} h(mT_e).e^{-mT_e p}.\sum_{n=0}^{\infty} e(nT_e).e^{-nT_e p}$$

$$= H^*(p).E^*(p)$$

En utilisant l'équation (2-5), on a :

$$S(z) = H(z).E(z) \tag{2-12}$$

- $2^{\text{ème}}$ cas : seul le signal de sortie de la fonction de transfert est échantillonné (Figure 2-3).

$$S^*(p) = \left[H(p).E(p)\right]^*$$
$$S(z) = HE(z)$$

Avec $HE(z)$ la transformée en z du produit[1] de la fonction de transfert $H(p)$ avec le signal d'entrée $E(p)$.

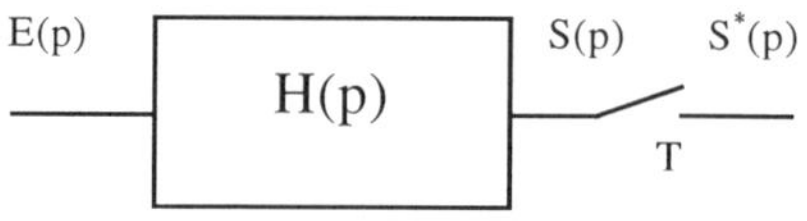

Figure 2-3

3.2. Equations récurrentes

La fonction de transfert peut, dans le premier cas (paragraphe 3.1), s'écrire de la manière suivante :

$$\frac{S(z)}{E(z)} = H(z) = \sum_{n=0}^{\infty} h(nT_e).z^{-n} = h(0) + h(T_e).z^{-1} + h(2T_e).z^{-2} + ... + h(nT_e).z^{-n} + ... \tag{2-13}$$

Le passage à la limite ou l'utilisation d'une table des transformées (voir annexes) donne une expression plus compacte :

$$H(z) = \frac{S(z)}{E(z)} = \frac{a_0 + a_1.z^{-1} + a_2.z^{-2} + a_3.z^{-3} + ... + a_n.z^{-n}}{b_0 + b_1.z^{-1} + b_2.z^{-2} + b_3.z^{-3} + ... + b_m.z^{-m}} \tag{2-14}$$

En distribuant les termes de l'égalité on obtient :

$$E(z).\left[a_0 + a_1.z^{-1} + ... + a_n.z^{-n}\right] = S(z).\left[b_0 + b_1.z^{-1} + ... + b_m.z^{-m}\right]$$
$$a_0E(z) + a_1.z^{-1}.E(z) + ... + a_n.z^{-n}.E(z) = b_0S(z) + b_1.z^{-1}.S(z) + ... + b_m.z^{-m}.S(z)$$

L'utilisation de la propriété de la translation temporelle permet d'exprimer la relation temporelle qui lie l'entrée de la fonction de transfert à sa sortie :

$$a_0e_n + a_1.e_{n-1} + ... + a_n.e_0 = b_0s_n + b_1.s_{n-1} + ... + b_m.s_{n-m} \tag{2-15}$$

[1] Il faut bien différencier les 2 cas, car le produit des transformées n'est pas égal à la transformée des produits.

Cette relation est appelée équation récurrente. Elle est utilisée pour la synthèse des filtres numériques.

3.3. Théorème de Shannon

On considère la *transformée de Fourier discrète* de l'équation (2-19) d'un signal échantillonné.

$$S^*(f) = \sum_{n=-\infty}^{\infty} s(nT).e^{-2i\pi n f T_e}$$

On veut connaître le résultat de la transformée de Fourier du signal $s(nT_e)$ lorsqu'il subit une translation en fréquence égale à la fréquence d'échantillonnage $f_e = 1/T_e$.

$$S^*(f+f_e) = \sum_{n=-\infty}^{\infty} s(nT_e).e^{-2i\pi n T_e(f+fe)} = \sum_{n=-\infty}^{\infty} s(nT_e).e^{-2i\pi n T_e f}.e^{-2i\pi n T_e f_e} = \sum_{n=-\infty}^{\infty} s(nT_e).e^{-2i\pi n T_e f}.e^{-2i\pi n}$$

Ce dernier résultat peut encore se simplifier car $e^{-2i\pi n} = 1$.

$$S^*(f+f_e) = \sum_{n=-\infty}^{\infty} s(nT_e).e^{-2i\pi n T_e f}$$

On arrive ainsi à la conclusion suivante :

$$S^*(f+f_e) = S^*(f) \qquad (2\text{-}16)$$

Ce résultat montre qu'un signal occupant une bande de fréquence donnée pourra être restitué fidèlement si et seulement si la fréquence d'échantillonnage est supérieure à deux fois la fréquence maximale du spectre du signal. Sinon, il y a un *repliement de spectre*, c'est-à-dire que le signal échantillonné, toujours de fréquence inférieure à la fréquence d'échantillonnage, sera une image décalée en fréquence du signal réel qui sera de fréquence supérieure à la moitié de la fréquence d'échantillonnage.

- Théorème

Un signal analogique à bande passante limitée ($B_l = [0, f_l]$) qui ne contient aucune fréquence supérieure à f_l peut être complètement reconstruit à partir d'une suite d'échantillons prélevés avec une fréquence d'échantillonnage $f_e \geq 2.f_l$.

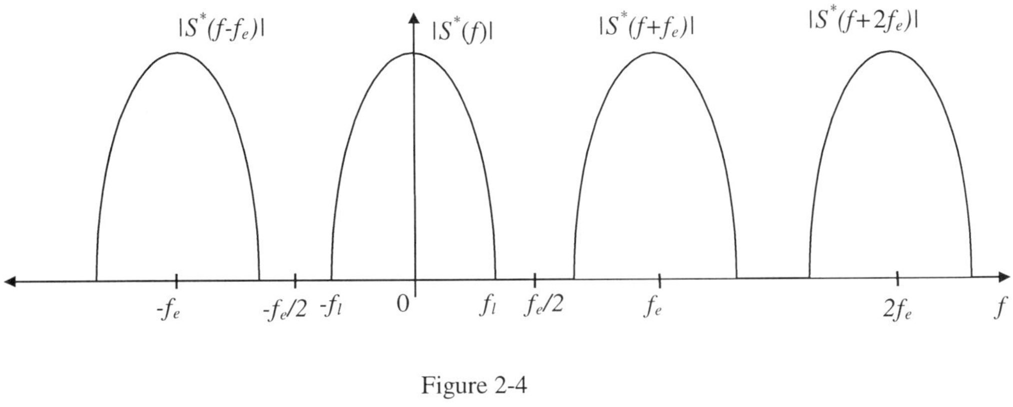

Figure 2-4

Cette figure (Figure 2-4) est une illustration du théorème. Le spectre d'un signal échantillonné $S^*(f)$ est représenté. Si $f_l < f_e/2$, le signal échantillonné conservera son spectre initial. En revanche si $f_l > f_e/2$, le spectre de $S^*(f+f_e)$ interférera avec le spectre de $S^*(f)$. Il y aura repliement de spectre.

3.4. Reconstitution d'un signal échantillonné

Il est nécessaire de reconstituer le signal discret en un signal continu afin d'être physiquement utilisable.

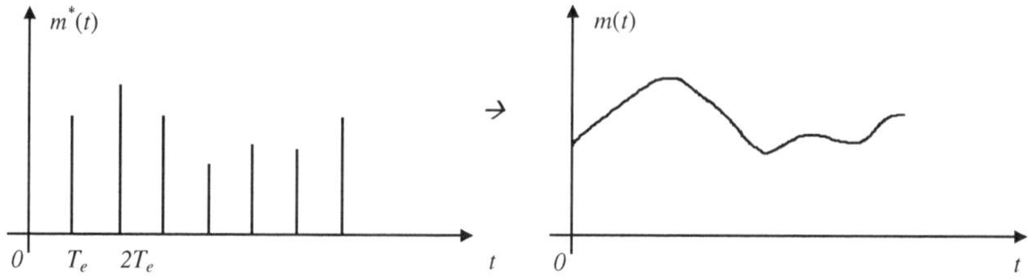

Figure 2-5

Le passage du signal $m^*(t)$ au signal $m(t)$ est possible avec l'utilisation d'un filtre. L'utilisation d'un bloqueur d'ordre zéro est un moyen simple de reconstituer le signal échantillonné.

- *Bloqueur d'ordre zéro* :

Il est aussi appelé *échantillonneur-bloqueur.* En effet, c'est le même élément technologique qui réalise ces deux fonctions.

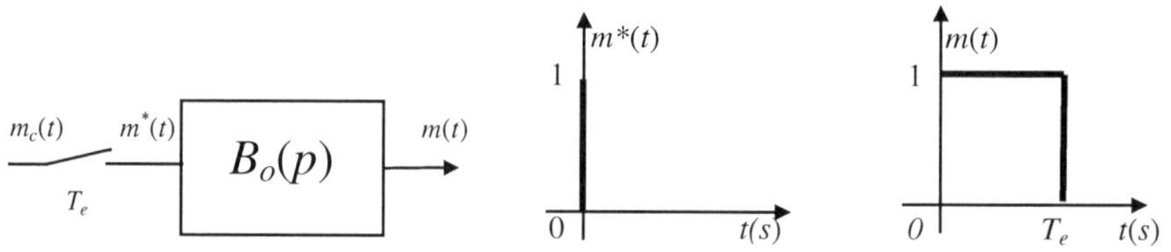

Figure 2-6

Le bloqueur d'ordre zéro mémorise le signal $m^*(t)$ durant toute le période d'échantillonnage T_e. On obtient (Figure 2-6) un signal continu qui évolue par paliers à chaque période T_e. On peut traduire ce fonctionnement par la relation suivante : $m(t+\tau)=m(t) \Leftrightarrow 0 \le \tau \le T_e$.

Le signal de sortie est la différence de deux échelons unité décalés d'une période d'échantillonnage :

$$m(t)=(u(t)-u(t-T_e)).m^*(t) \Rightarrow \frac{m(t)}{m^*(t)}=B_0(t)=u(t)-u(t-T_e)$$

La fonction de transfert $B_0(p)$ s'obtient en réalisant la transformée de Laplace de $B_0(t)$:

$$TL[B_0(t)]=TL[u(t)-u(t-T_e)]=\frac{1-e^{-T_e p}}{p}=B_0(p) \qquad (2\text{-}17)$$

On trace le diagramme de Bode de cette fonction de transfert dans le cas d'un régime harmonique. Si $p=j\omega$.

$$B_0(j\omega) = \frac{1-e^{-jT_e\omega}}{j\omega} = T_e.\frac{\sin(\frac{\omega T_e}{2})}{\frac{\omega T_e}{2}}.e^{-j\frac{T_e\omega}{2}} \tag{2-18}$$

On obtient le module $|B_0(j\omega)| = T_e.\frac{\left|\sin(\frac{\omega T_e}{2})\right|}{\frac{\omega T_e}{2}}$ et la phase $\psi = -\frac{T_e\omega}{2}$ (Figure 2-7).

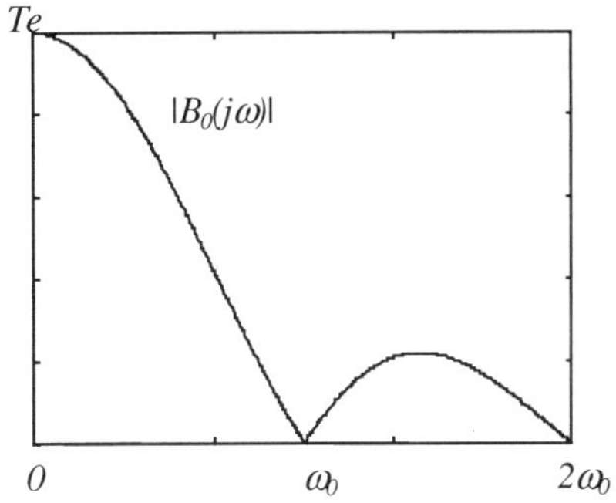

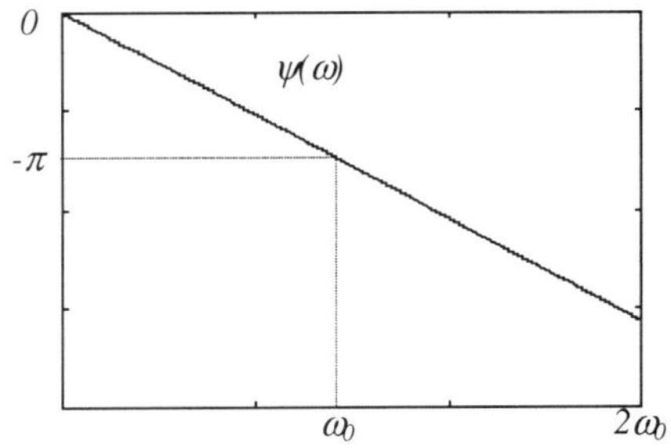

Figure 2-7

4. La transformée de Fourier discrète (TFD)

4.1. Principe

Le calcul de la transformée de Fourier par un ordinateur pose le problème de la discrétisation de l'intégrale de Fourier. On rappelle la définition de la transformation de Fourier :

$$S(f) = \int_{-\infty}^{\infty} s(t).e^{-j2\pi ft}\,dt$$

Il faut discrétiser l'intégrale:

$$S(f) = \sum_{n=-\infty}^{\infty} s(nT_e).e^{-j2\pi fnT_e}$$

Il est impossible de considérer avec un calculateur un nombre infini de points. Aussi réalise-t-on un discrétisation de la fréquence afin d'opérer sur un nombre fini de points.

On pose : $f = k.\Delta f$ avec $\Delta f = \frac{1}{N.T_e}$, N le nombre de points utilisés.

$$S(k) = \sum_{n=0}^{N-1} s(nT_e).e^{-\frac{j2\pi k}{N}.n} \tag{2-19}$$

4.2. Exemple

On souhaite réaliser la transformée de Fourier discrète d'un signal sinusoïdal en utilisant Matlab™.

Soit un signal discret $s(nT_e) = \sin(2\pi nT_e)$ avec T_e*=1ms, f=50Hz*. On choisit de prendre *N=500pts*. On peut ainsi calculer *Δf=2Hz*.

Le programme Matlab™ s'écrit : TFD.m

```
N=500;
f=0:2:2*499;   % Calcul du vecteur f avec un pas 2Hz
S=zeros(1,500);  % Mise a zéro des S(k)

for k=1:N,
  for n=1:N,
  S(k)=S(k)+sin(2*pi*50*n*1e-3)*exp(-i*2*pi*k*n/N);
 end
end
plot(f,abs(S));   % Affichage du module de S
```

Le résultat obtenu est présenté sur deux figures (Figure 2-8). La première (a) est le tracé du module de $S(k)$ pour $f=0..1$kHz, c'est-à-dire de la fréquence zéro à la fréquence d'échantillonnage $f_e=1/T_e$ = $1kHz$. On voit que le théorème de Shannon est vérifié, le spectre du signal est identique autour de $f_e/2$. La deuxième courbe (b) est un agrandissement de la première et présente une raie à la fréquence $f=50$Hz.

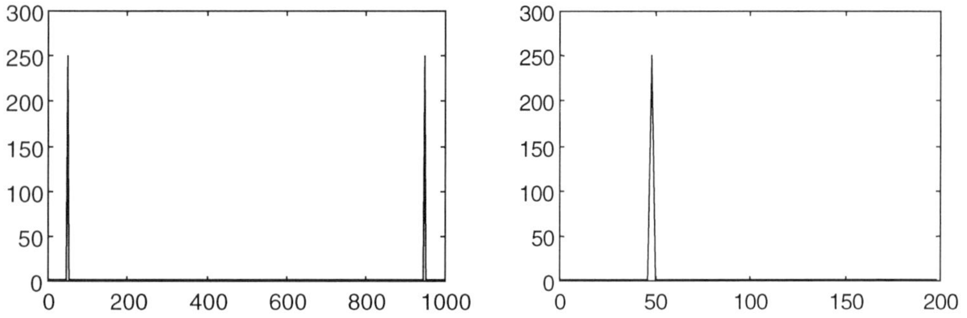

(a) (b)

Figure 2-8

5. Exercices

2-1

Discrétiser et tracer pour t=0..10ms et T_e=1ms les signaux analogiques suivants :

1. $s(t)=t.u(t)$.
2. $s(t)=5.\cos(2\pi.t.100)$
3. $s(t)=10.(1-e^{-300.t})$

On remplace la variable t par nT_e. On obtient donc:

1. $s(nT_e)=nT_e.u(nT_e)=n.1^{e-3}.u(nT_e)$ → $s(nT_e) = 0.001.\sum_{n=0}^{\infty}\delta(t-nT_e).n.u(nT_e)$

2. $s(nT_e)=5.cos(2.\pi.n.0.1)$ → $s(nT_e) = 5.\sum_{n=0}^{\infty}\delta(t-nT_e).\cos(2.\pi.n.0.1)$

3. $s(nT_e)=10.(1-e^{-0.3.n})$ → $s(nT_e) = 10.\sum_{n=0}^{\infty}\delta(t-nT_e).(1-e^{-0.3n})$

2-2

Déterminer la transformée en z de $s(nT_e)=1$ lorsque $n \geq 0$ et $s(nT_e)=0$ $n<0$.

$$s(nT_e) = \sum_{n=0}^{\infty} \delta(t-nT_e).u(nT_e),\ avec\ u(nT_e)=1 \text{ lorsque } n \geq 0,\ s(nT_e) = \sum_{n=0}^{\infty} \delta(t-nT_e)$$

En appliquant la définition de la transformée en z on a: $S(z) = \sum_{n=0}^{\infty} z^{-n}$

La somme de $S(z)$ est finie si et seulement si $|z|>1$, alors : $S(z) = \dfrac{1}{1-z^{-1}}$

2-3

On considère la fonction $\delta(t)$ telle que : $\delta(t) = 1$ lorsque $t = 0 \Rightarrow \delta(0) = 1$
$\delta(t) = 0$ $t \neq 0$

Représenter graphiquement les fonctions suivantes :

1. $s(t) = \delta(t)$
2. $s(t) = \delta(t-T_e)$
3. $s(t) = \delta(t) + \delta(t-T_e) + \delta(t-2T_e) + .. + \delta(t-nT_e)$

Avec n entier positif et T_e une constante réelle positive non nulle

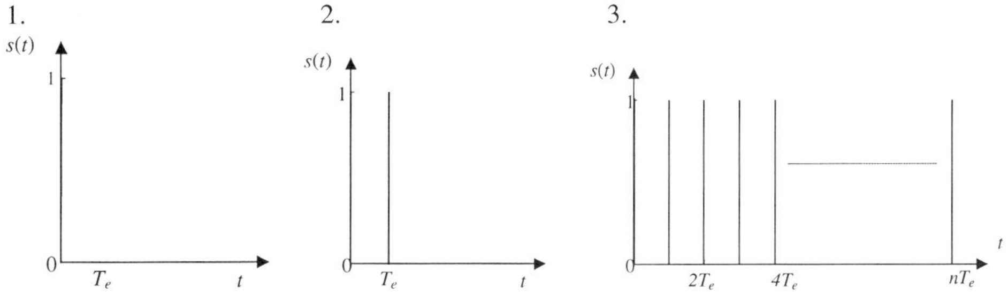

2-4

La transformée de Laplace de la fonction $\delta(t-T_e)$ est égale à : $TL[\delta(t-T_e)] = e^{-T_e p}$.

1. Déterminer respectivement les transformées de Laplace $S_1(p)$ et $S_2(p)$ des fonctions $s_1(t)= \delta(t) + \delta(t-T_e)$ et $s_2(t)= \delta(t) + \delta(t-T_e) + \delta(t-2T_e) + .. + \delta(t-nT_e)$
2. On pose $z = e^{T_e p}$, en déduire $S_1(z)$ et $S_2(z)$. Donner l'expression du terme général de la série $S_2(z)$. Calculer la limite de la somme $S_2(z)$ lorsque n $\rightarrow\infty$, avec $|z|>1$.

1. $S_1(p) = 1 + e^{-T_e p}$, $S_2(p) = 1 + e^{-T_e p} + e^{-2T_e} + .. + e^{-nT_e}$
2. $S_1(z) = 1 + z^{-1}$,

$S_2(z) = 1 + z^{-1} + z^{-2} + z^{-3} + \ldots + z^{-n}$

On multiplie par z^{-1} l'équation ci-dessus : $z^{-1}S_2(z) = z^{-1} + z^{-2} + z^{-3} + \ldots + z^{-n-1}$

Il suffit alors de calculer la différence : $S_2(z) - z^{-1}S_2(z)$

On obtient : $S_2(z) - z^{-1}S_2(z) = 1 - z^{-n-1}$ → $S_2(z) = \dfrac{1-z^{-n-1}}{1-z^{-1}}$ avec $\lim_{n\to\infty} S_2(z) = \dfrac{1}{1-z^{-1}}$

2-5

Soit la fonction $s(nT_e)=nT_e$, avec $T_e=1s$ et $n=0, 1, 2, 3, ...$
1. Donner l'expression de $s(t)$ en utilisant la fonction $\delta(t)$.
2. En déduire sa transformée de Laplace $S(p)$.
3. Déterminer l'expression de $S(z)$ en utilisant le changement de variable $z = e^{T_e p}$.

1. $s(t) = \delta(t - T_e) + 2\delta(t - 2T_e) + 3\delta(t - 3T_e) + ... + n\delta(t - nT_e)$

2. $S(p) = e^{-T_e p} + 2e^{-2T_e p} + .. + ne^{-nT_e p} = \sum_{n=1}^{\infty} ne^{-nT_e p}$

3. On remplace $z = e^{T_e p}$. On a : $S(z) = \sum_{n=1}^{\infty} n.z^{-n} = -z^{-1} \sum_{n=1}^{\infty} \frac{d z^{-n}}{dz} = -z^{-1} \frac{d}{dz} \sum_{n=1}^{\infty} z^{-n}$

On retrouve l'expression de l'exercice (2-4).

En remplaçant, on obtient : $S(z) = -z^{-1} \frac{d}{dz} \frac{1}{1 - z^{-1}} = \frac{z^{-1}}{(1 - z^{-1})^2}$

2-6

On considère un signal échantillonné $S(z) = \frac{1}{1 - \alpha.z^{-1}}$.
1. Déterminer, en utilisant la division polynomiale, la fonction $s(nT_e)$ (3 premiers échantillons) en fonction de α.
2. Tracer $s(nT_e)$ lorsque $T_e=0.1s$ et $\alpha=0.5$.

1.

$$
\begin{array}{l|l}
1 & 1 - \alpha z^{-1} \\
\underline{1 - \alpha z^{-1}} & \overline{1 + \alpha z^{-1} + \alpha^2 z^{-2} + \alpha^3 z^{-3} + ... + \alpha^n z^{-n}} \\
0 \quad \alpha z^{-1} & \\
\quad \underline{\alpha z^{-1} - \alpha^2 z^{-2}} & \\
\quad 0 \quad \alpha^2 z^{-2} & \\
\quad\quad \underline{\alpha^2 z^{-2} - \alpha^3 z^{-3}} & \\
\quad\quad 0 \quad .... &
\end{array}
$$

2.

n	0	1	2	3	4	5	6	7	8	9
$S(nT_e)$	0	1.000	1.250	1.375	1.437	1.468	1.484	1.492	1.496	1.498

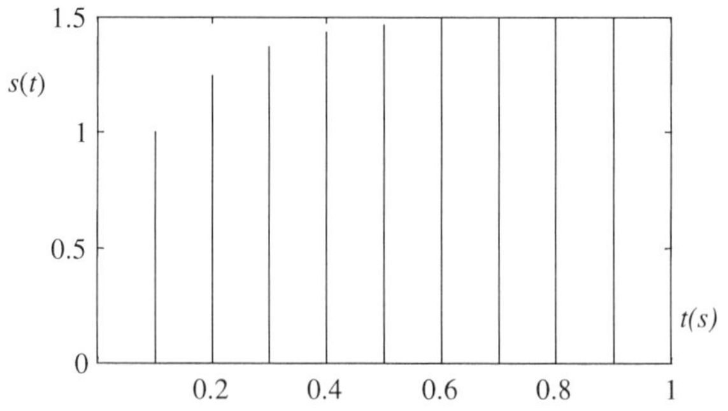

2-7

On désire échantillonner un signal analogique issu d'un générateur de fonctions. Le signal à la sortie du générateur est de la forme $s(t)=sin(\omega t)$. L'échantillonnage est réalisé au moyen d'un échantillonneur-bloqueur.

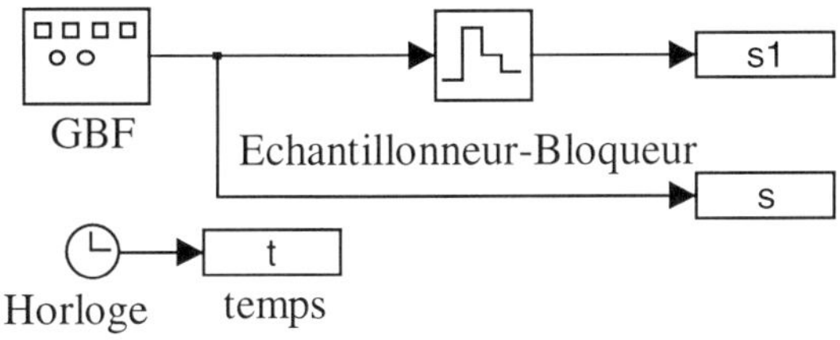

Figure 2-9

1. Réaliser à l'aide de Simulink™ le schéma ci-dessus (Figure 2-9), avec $s(t)=sin(\omega t)$, ω=628*rd/*s, T_e=1*ms* [2]. Tracer et relever les variables s et s_1 en fonction de t. Quelle est la fonction réalisée par l'échantillonneur-bloqueur ? Relever $\varepsilon(t)=s-s_1$, que se passe-t-il ? Comment peut-on réduire cette erreur ?
2. Tracer $s_1(t)$ et $s(t)$ lorsque T_e=10,6*ms* et T_f=0,4*s*.
3. On introduit avant l'échantillonneur-bloqueur un bloc z^{-1} (Figure 2-10). Visualiser, lorsque T_e=1*ms* et T_f=0,1*s*, les variables s_1 et s_2 en fonction du temps. Le résultat était-il prévisible ? Pourquoi?

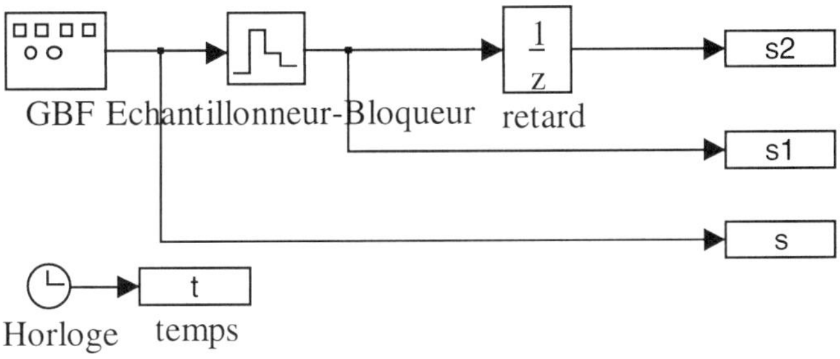

Figure 2-10

1.

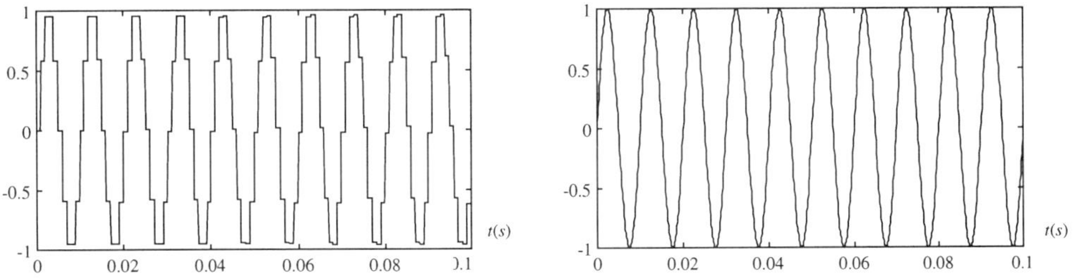

L'échantillonneur-bloqueur garde la valeur de $s(t)$ mémorisée à chaque période d'échantillonnage.

[2] Les paramètres de la simulation sont : (menu : simulation(parameters)) Start Time (T_i)=0s; Stop Time (T_f)=0.1s ; min step size (dtmin)=0.1ms ; max step size (dtmax)=0.1ms. La période d'échantillonnage T doit être modifiée dans les paramètres du bloc échantillonneur-bloqueur.

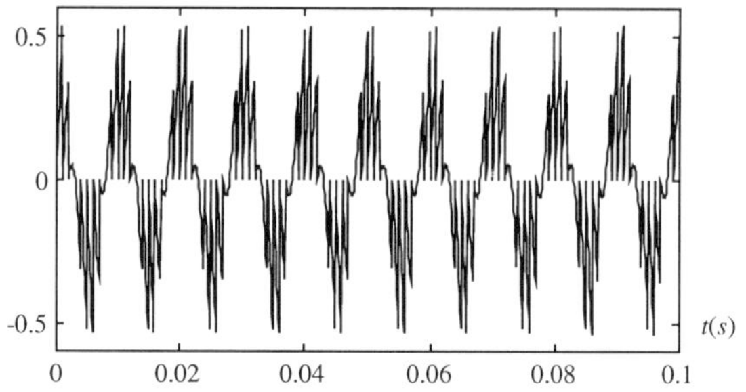

L'erreur $\varepsilon(t)=s(t)-s_1(t)$ est la conséquence de l'échantillonnage. Le signal $s(t)$ évolue entre deux périodes d'échantillonnage alors que $s_1(t)$ est constant. Il est possible de diminuer cette erreur en augmentant la fréquence d'échantillonnage.

2. On a superposé $s(t)$ et $s_1(t)$ sur la même figure afin de voir le phénomène de repliement du spectre. Dans cet exemple la période d'échantillonnage est plus grande que la période du signal.

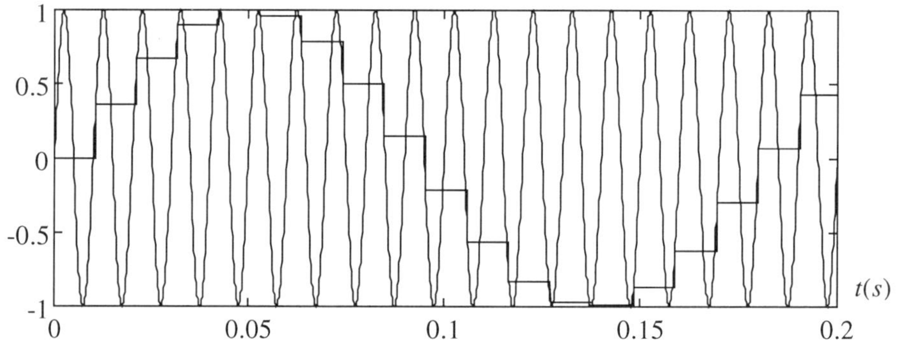

3.

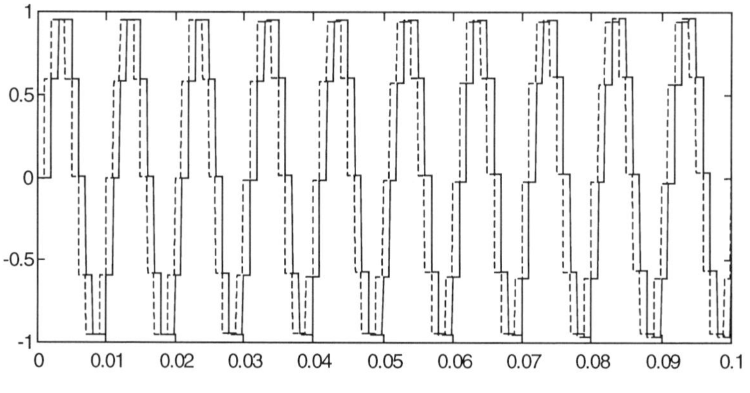

Le signal $s_1(t)$ (trait plein) est en retard d'une période d'échantillonnage par rapport à $s_2(t)$ (trait pointillé). C'est une des propriétés de la transformée en z de l'équation (2-8) . Le bloc z^{-1} est un retard pur.

Chapitre 3

Filtrage Numérique

L'augmentation de la puissance des microprocesseurs permet de reproduire à l'aide d'un calculateur le comportement des filtres en temps réel. Cette possibilité ouvre de large horizons au traitement du signal. Le *filtrage numérique* est très utilisé en télécommunications. Ce chapitre expose les méthodes de construction des filtres numériques.

1. Filtres à Réponse Impulsionnelle Finie (RIF)

1.1. Principe

Le signal à la sortie d'un filtre est, par définition (équation 1-26), le produit de convolution du signal d'entrée avec sa réponse impulsionnelle. En discrétisant le produit de convolution, on obtient l'équation (3-1) :

$$s(nT_e) = \sum_{k=0}^{N-1} h(kT_e).e((n-k)T_e) \tag{3-1}$$

Cette équation peut être utilisée par un calculateur afin de reproduire le comportement d'un filtre analogique. A chaque période d'échantillonnage T_e, il faut calculer le produit de convolution discret. La discrétisation du produit de convolution est une approximation. On choisit à priori un nombre N fini d'échantillons de $h(t)$.

1.2. Exemple

Soit la réponse impulsionnelle suivante : $h(t) = e^{-\frac{t}{\tau}}$.

On discrétise $h(t)$: $h(nT_e) = e^{-\frac{nT_e}{\tau}}$.

Choisissons N=4 : $h_0 = 1$, $h_1 = e^{-\frac{T_e}{\tau}}$, $h_2 = e^{-\frac{2T_e}{\tau}}$, $h_3 = e^{-\frac{3T_e}{\tau}}$

En remplaçant dans l'équation (3-1) : $s_n = \sum_{k=0}^{3} h_k . e_{n-k}$

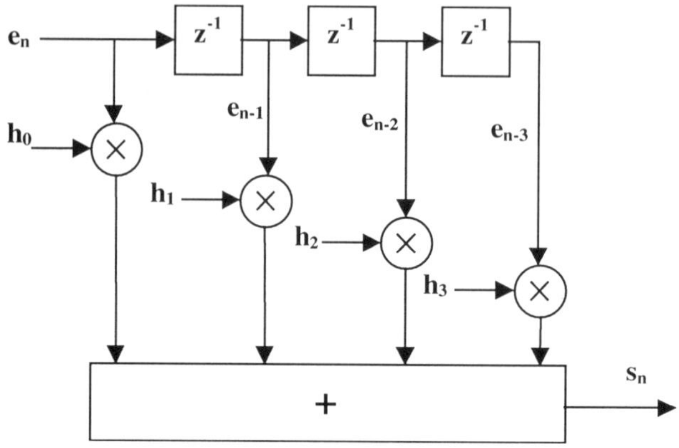

Figure 3-1

- *Avantages* : aucun problème de stabilité car il n'y a pas de boucle de retour. C'est une méthode directe, il n'y a pas de propagation de l'erreur.

- *Inconvénients* : la précision dépend du nombre d'échantillons de la réponse impulsionnelle. Nombre d'opérations élevé.

2. Construction d'un filtre RIF

2.1. Synthèse fréquentielle

On choisit le gabarit fréquentiel du filtre que l'on souhaite réaliser. On écrit l'expression du module de la fonction de transfert $|H(f)|$. On détermine ensuite la réponse impulsionnelle $h(t)$ en calculant la transformée de Fourier inverse.

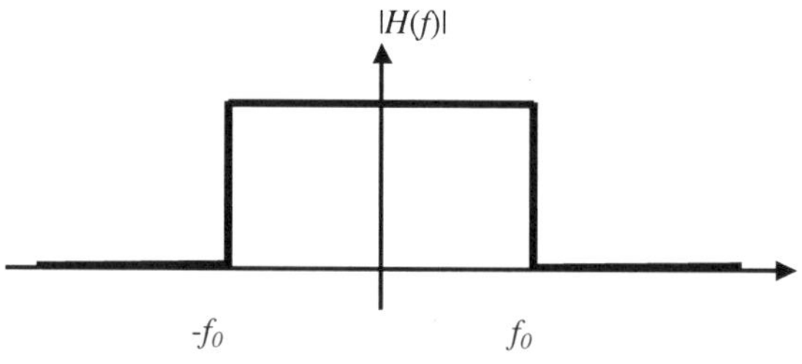

Figure 3-2

Une illustration de cette méthode est la construction d'un filtre idéal. On calcule sa transformée de Fourier inverse. Dans ce cas (Figure 3-2), $|H(f)|=1$ lorsque $-f_0<f<f_0$ et $|H(f)|=0$ lorsque $|f|>f_0$.

$$h(t) = \int_{-\infty}^{+\infty} H(f)\, e^{j2\pi ft}\, df$$

$$h(t) = \int_{-f_1}^{f_1} e^{j2\pi ft} df = \frac{1}{j2\pi t}\left[e^{j2\pi ft}\right]_{-f_1}^{f_1} = \frac{e^{j2\pi f_1 t} - e^{-j2\pi ft}}{j2\pi t} = \frac{\sin(2\pi f_1 t)}{\pi t} \qquad (3\text{-}2)$$

On discrétise $h(t)$ en remplaçant t par nT_e, $h(nT_e) = \dfrac{\sin(2\pi f_1 nT_e)}{\pi nT_e}$.

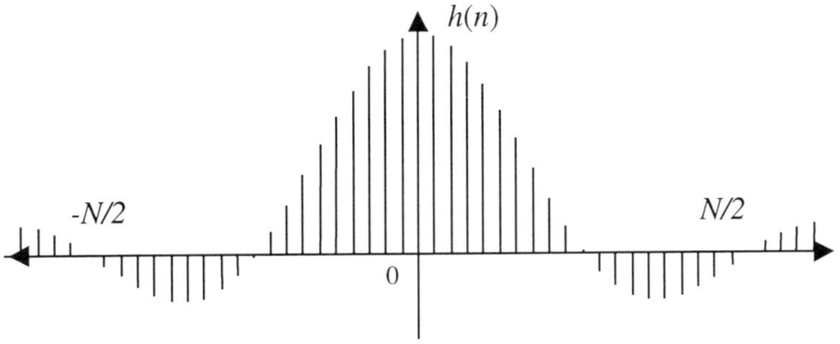

Figure 3-3

Ce filtre n'est pas causal. Afin de le rendre causal, on réalise une translation de la réponse impulsionnelle de $N/2$ échantillons. Ainsi, il est possible d'utiliser le produit de convolution discret pour calculer les échantillons du signal de sortie.

$$s(nT_e) = h(nT_e) * e(nT_e) = \sum_{k=0}^{N-1} h(kT_e)\, e[(n-k)T_e] \tag{3-3}$$

La réalisation du filtre par un calculateur impose de considérer un nombre fini d'échantillons. Cela est équivalent à multiplier la réponse impulsionnelle discrète par une fonction porte. Cette *fenêtre rectangulaire* introduit une modification du spectre initial du filtre. En effet, cette opération dans l'espace temporel est équivalente à un produit de convolution du gabarit du filtre avec un sinus cardinal dans l'espace des fréquences.

Afin de diminuer l'influence de cette troncature, il existe des fenêtres spécifiques. Une fenêtre souvent utilisée est la fenêtre triangulaire (Figure 3-4).

$$\alpha_T(n) = \begin{cases} 1 - \dfrac{2|n|}{N}, & |n| \le N/2 \\ 0 & |n| > N/2 \end{cases}$$

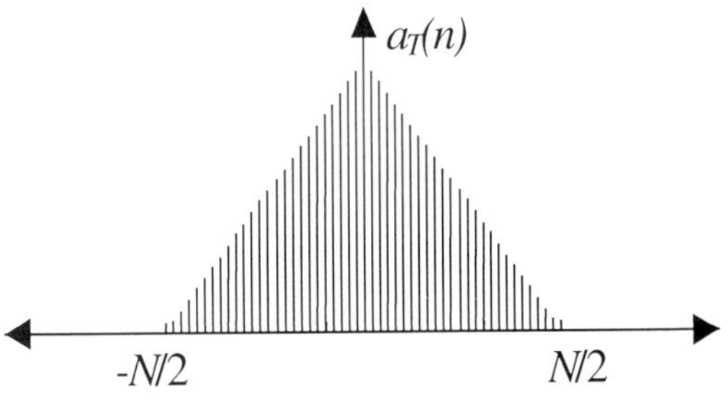

Figure 3-4

La réponse impulsionnelle est multipliée par la fonction fenêtre triangulaire (Figure 3-5).

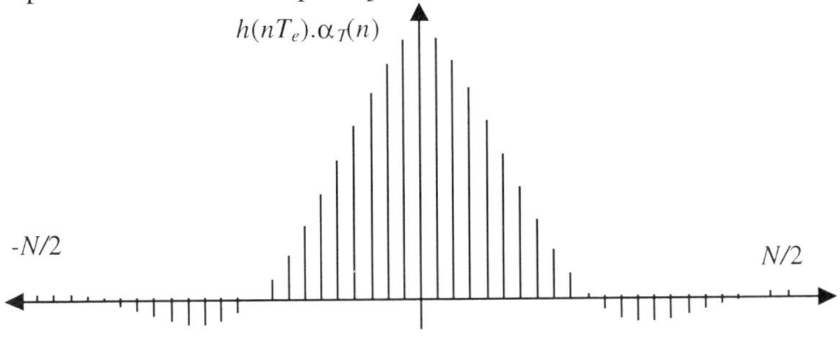

Figure 3-5

2.2. Synthèse numérique

Il n'est pas toujours possible de calculer l'expression littérale de $h(t)$. La synthèse numérique consiste à réaliser la transformée de Fourier discrète (chapitre 2) du signal d'entrée, à l'appliquer au gabarit du filtre et à réaliser ensuite la transformée de Fourier dicrète inverse (Figure 3-6).

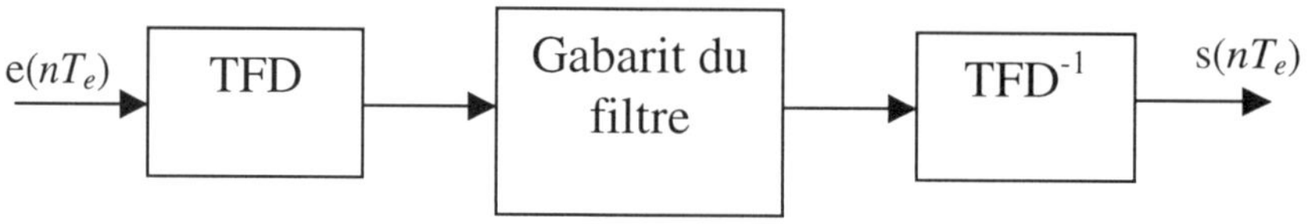

Figure 3-6

Cette méthode impose un grand nombre de calculs. Il est préférable de l'utiliser avec un algorithme de transformée optimisé tel que la *transformée de Fourier rapide* (TFR).

2.3. Filtre en peigne

Le filtre en peigne est un cas particulier des filtres RIF. Le signal de sortie discret est défini par la relation suivante :

$$s_n = e_n - e_{n-k}$$

En utilisant le théorème de la translation temporelle, on exprime cette relation en z :

$$\frac{S(z)}{E(z)} = H(z) = 1 - z^{-k}$$

La structure du filtre est comparable au filtre RIF (Figure 3-3).

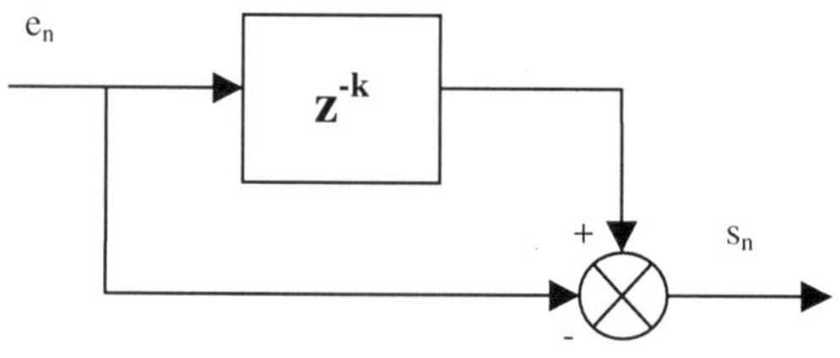

Figure 3-7

Les propriétés de ce filtre sont intéressantes lorsque l'on travaille en régime sinusoïdal établi. On pose $z = e^{T_e p}$ avec $p = j\omega$. On obtient la fonction de transfert $H(f)$ du filtre qui s'annule pour tous les sous-multiples de la fréquence d'échantillonnage.

$$H(z) = 1 - e^{-kT_e p}, \quad H(f) = 1 - e^{-kT_e j2\pi f} \quad \text{avec } H(f) = 0 \quad \text{pour} \quad f = \frac{1}{kT_e}$$

Le module de cette fonction de transfert est :

$$|H(f)| = \sqrt{(1 - \cos(kT_e 2\pi f))^2 + (\sin(kT_e 2\pi f))^2} = |2\cos(k\pi f T_e)| \tag{3-4}$$

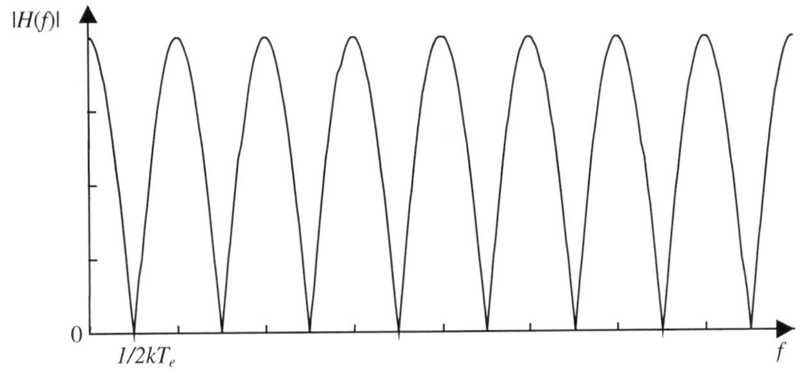

Figure 3-8

Un filtre en peigne permet d'éliminer complètement le fondamental d'un signal périodique ainsi que ses harmoniques.

3. Filtres à réponse impulsionnelle infinie (RII)

3.1. Principe

On réalise la transformée en z de la réponse impulsionnelle $h(t)$ du filtre :

$$TZ[h(t)] = H(z) = \frac{S(z)}{E(z)} = \frac{a_0 + a_1 z^{-1} + a_2 z^{-2} + \ldots + a_p z^{-p}}{b_0 + b_1 z^{-1} + b_2 z^{-2} + \ldots + b_m z^{-m}} \qquad (3\text{-}5)$$

On obtient une relation entre S(z) et E(z) :

$$S(z)(b_0 + b_1 z^{-1} + b_2 z^{-2} + \ldots + b_m z^{-m}) = E(z)(a_0 + a_1 z^{-1} + a_2 z^{-2} + \ldots + a_p z^{-p})$$

$$b_0 S(z) + b_1 z^{-1} S(z) + b_2 z^{-2} S(z) + \ldots + b_m z^{-m} S(z) = a_0 E(z) + a_1 z^{-1} E(z) + a_2 z^{-2} E(z) + \ldots + a_p z^{-p} E(z)$$

$$S(z) = \frac{1}{b_0}\left\{a_0 E(z) + a_1 z^{-1} E(z) + a_2 z^{-2} E(z) + \ldots + a_p z^{-p} E(z) - b_1 z^{-1} S(z) - b_2 z^{-2} S(z) - \ldots - b_m z^{-m} S(z)\right\}$$

L'utilisation du théorème de la translation temporelle (équation 2-7) amène une relation temporelle entre s_n, e_n et les valeurs précédentes de s_n.

$$s_n = \frac{1}{b_0}\left\{a_0 e_n + a_1 e_{n-1} + a_2 e_{n-2} + \ldots + a_p e_{n-p} - b_1 s_{n-1} - b_2 s_{n-2} - \ldots - b_m s_{n-m}\right\} \qquad (3\text{-}6)$$

L'expression générale est de la forme suivante :

$$s_n = \frac{1}{b_0}\left\{\sum_{i=0}^{i=p} a_i . e_{n-i} - \sum_{j=1}^{m} b_j . s_{n-j}\right\} \qquad (3\text{-}7)$$

3.2. Exemple

Soit la fonction de transfert : $H(z) = \dfrac{1}{1 - \alpha z^{-1}}$

$E(z) = (1 - \alpha z^{-1})S(z)$. On déduit l'équation récurrente : $s_n = e_n + \alpha s_{n-1}$

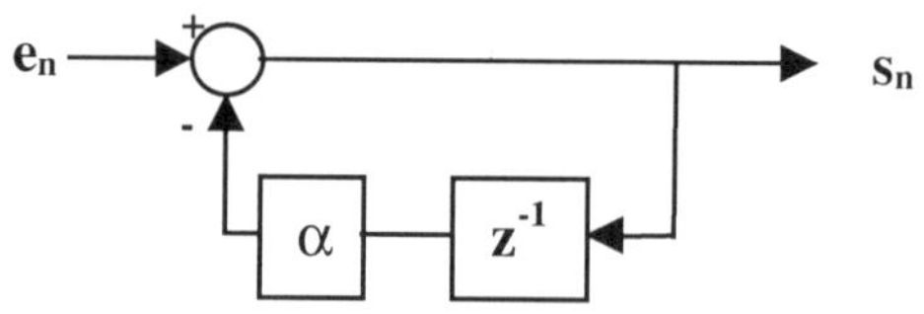

Figure 3-9

- *Avantages* : précision importante, nombre d'opérations réduit.

- *Inconvénients :* stabilité incertaine, influence importante de la précision des coefficients sur le comportement du filtre (propagation de l'erreur).

3.3. Stabilité des filtres RII

Les filtres RII ont une fonction de transfert que l'on peut écrire sous la forme suivante :

$$H(z) = \frac{N(z)}{D(z)}$$

avec $N(z)$ et $D(z)$ respectivement le numérateur et le dénominateur $H(z)$.

Les filtres échantillonnés RII sont stables si et seulement si toutes les racines de l'équation (pôles de $H(z)$) $D(z)=0$ sont situées à l'intérieur du cercle de rayon unité c'est-à-dire si le module de ces racines est inférieur à un. On peut faire le parallèle avec les systèmes linéaires continus en p où la stabilité est obtenue lorsque les racines du dénominateur sont à parties réelles positives (Figure 3-10).

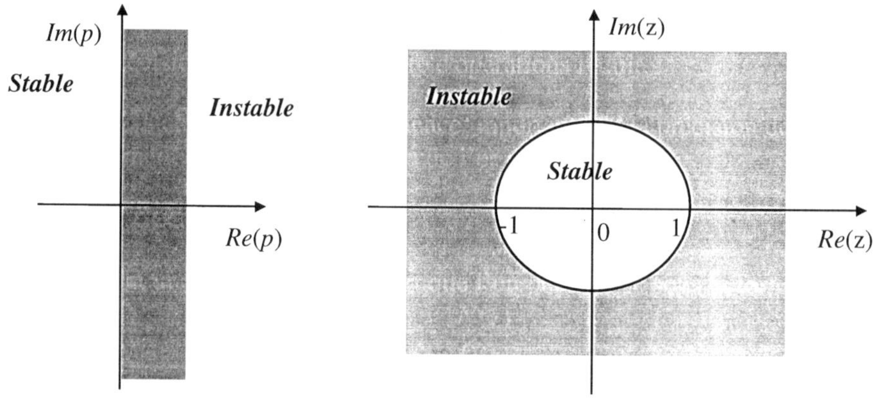

Figure 3-10

La fonction de transfert $H(z)$ s'exprime par :

$$H(z) = \frac{a_0 z^m + a_1 z^{m-1} + a_2 z^{m-2} + \ldots + a_p z^{m-p}}{b_0 z^m + b_1 z^{m-1} + b_2 z^{m-2} + \ldots + b_m}$$

$$D(z) = b_0 z^m + b_1 z^{m-1} + b_2 z^{m-2} + \ldots + b_m = (z - z_1)(z - z_2)(\ldots)(z - z_m) = \prod_{i=1}^{m} (z - z_i)$$ La condition de stabilité s'écrit :

$$H(z) \text{ est stable si et seulement si } |z_i| < 1,\ i = 1 \ldots m \tag{3-8}$$

Exemple

On cherche à déterminer la stabilité du filtre suivant $H(z) = \dfrac{1}{1-\alpha z^{-1}}$ lorsque α=0,5 et 1,5.

On écrit $H(z)$ en fonction de z : $H(z) = \dfrac{z}{z-\alpha} = \dfrac{N(z)}{D(z)}$ avec $D(z) = z - \alpha$.

Le filtre sera stable si et seulement si $|\alpha| < 1$. Le filtre est stable dans le cas α=0,5 et instable lorsque α=1,5.

Il n'est pas toujours possible de déterminer les pôles de la fonction de transfert. Il existe des critères algébriques ou géométriques qui donnent une information sur la stabilité [SEV.73].

4. Construction d'un filtre RII

La construction d'un filtre RII consiste à choisir une fonction de transfert en z qui corresponde au gabarit du filtre analogique souhaité et déterminer ensuite l'équation récurrente associée. Il existe cependant différentes méthodes de détermination de cette fonction de transfert.

4.1. Transformée en z

La méthode la plus naturelle consiste à transformer la fonction de transfert d'un filtre analogique en z en utilisant la définition de la transformée en z. Il faut cependant ajouter systématiquement le bloqueur d'ordre zéro devant la fonction de transfert du filtre sinon le filtre numérique obtenu n'aura pas la valeur finale souhaitée.

$$H(z) = TZ[B_0(p).H(p)]$$

On détermine ensuite l'équation récurrente du filtre. Celui-ci sera stable si le filtre analogique est stable et si la condition de Shannon est vérifiée.

Exemple

Soit $H(p) = \dfrac{1}{1+\tau p}$, on détermine $H(z) = TZ[\dfrac{1-e^{-T_e p}}{p}.\dfrac{1}{1+\tau p}] = (1-z^{-1}).TZ[\dfrac{1}{p(1+\tau p)}]$

En utilisant la table des transformées (voir annexes) on obtient :

$$H(z) = (1-z^{-1}).\frac{(1-e^{-\frac{T_e}{\tau}})z}{(z-1)(z-e^{-\frac{T_e}{\tau}})} = \frac{(1-e^{-\frac{T_e}{\tau}})}{(1-z^{-1}e^{-\frac{T_e}{\tau}})}$$

Cette méthode présente l'avantage d'être rigoureuse. Cependant il n'est pas toujours possible de déterminer facilement la transformation en z d'un fonction de transfert

4.2. Transformation au 1er ordre

Cette méthode permet a effectuer la transformation en z d'une fonction de transfert en p en utilisant une approximation. Un filtre linéaire continu est modélisé par une équation différentielle.

Dans le cas précis d'une équation du 1er ordre (filtre passe-bas), l'équation différentielle s'exprime par :

$$\tau \frac{ds(t)}{dt} + s(t) = e(t)$$

Il est possible d'obtenir l'équation récurrente en utilisant une approximation au 1er ordre (*équations aux différences*) :

$$\frac{ds(t)}{dt} \to \frac{s(nT_e) - s((n-1)T_e)}{T_e} \tag{3-9}$$

Cette approximation est valable uniquement si $T_e << \tau$. Elle permet ainsi de discrétiser l'équation différentielle sans utiliser la transformée en z.

$$\tau \frac{s(nT_e) - s((n-1)T_e)}{T_e} + s(nT_e) = \frac{\tau}{T_e} s(nT_e) + s(nT_e) - \frac{\tau}{T_e} s((n-1)T_e) = e(nT_e) \tag{3-10}$$

Ainsi l'équation récurrente associée décrit le comportement dynamique de ce système :

$$s(nT_e).(1 + \frac{\tau}{T_e}) - \frac{\tau}{T_e} s((n-1)T_e) = e(nT_e) \tag{3-11}$$

En utilisant la propriété de la translation temporelle, on établit les correspondances suivantes:

Par identification : $\frac{ds(t)}{dt} \to \frac{s(nT_e) - s((n-1)T_e)}{T_e} \to \frac{1 - z^{-1}}{T_e} S(z)$

$$p = \frac{1 - z^{-1}}{T_e} \tag{3-12}$$

Cette méthode est efficace si la fréquence d'échantillonnage est grande devant la fréquence du signal. Le désavantage est un suréchantillonnage qui produit un nombre élevé de données redondantes.

Cette différence au premier ordre peut, dans certains cas, transformer un filtre analogique stable en un filtre numérique instable [KUN.80].

4.3. Transformation bilinéaire

L'approximation trapézoïdale de l'intégration est utilisée dans la transformation appelée *transformation bilinéaire*. On pose :

$$w = \frac{2}{T_e} . \frac{1 - z^{-1}}{1 + z^{-1}} \tag{3-13}$$

En développant cette équation, on arrive au résultat suivant :

$$w = \frac{2}{T_e} . \frac{1 - e^{-T_e p}}{1 + e^{-T_e p}} = \frac{2}{T_e} . \frac{e^{-\frac{T_e}{2}p}(e^{\frac{T_e}{2}p} - e^{-\frac{T_e}{2}p})}{e^{-\frac{T_e}{2}p}(e^{\frac{T_e}{2}p} + e^{-\frac{T_e}{2}p})} = \frac{2}{T_e} tg(\frac{T_e}{2} p)$$

Dans le cas d'un signal sinusoïdal en régime permanent :

$$w = \frac{2}{T_e} tg(j\frac{T_e}{2}\omega)$$

En considérant l'hypothèse que la fréquence du signal est faible devant la fréquence d'échantillonnage, on peut égaler w à ω. Ainsi par identification avec l'équation (3-13), on pose :

$$p = \frac{2}{T_e} \cdot \frac{1 - z^{-1}}{1 + z^{-1}} \qquad \text{(3-14)}$$

Cette méthode est fiable dans le cas où l'hypothèse de départ est vérifiée. En outre, elle présente l'avantage de transformer un filtre analogique stable en un filtre numérique stable.

4.4. Exemple : filtre de Butterworth

La fonction de transfert d'un filtre de Butterworth est représentée par l'équation (3-15).

$$H(p^2) = \frac{1}{1 + (-1)^N p^{2N}} \qquad \text{(3-15)}$$

Les pôles de $H(p^2)$ sont les racines n[ièmes] de ± 1.

Application numérique avec N=3 : $H(p^2) = \dfrac{1}{1 - p^6}$

$1 - p^6 = 0$	$p_1 = 1$	$p_2 = \frac{1}{2} - j\frac{\sqrt{3}}{2}$	$p_3 = -\frac{1}{2} - j\frac{\sqrt{3}}{2}$
	$p_4 = -1$	$p_5 = -\frac{1}{2} + j\frac{\sqrt{3}}{2}$	$p_6 = \frac{1}{2} + j\frac{\sqrt{3}}{2}$

Pour des raisons de stabilité, on ne garde que les pôles à partie réelle négative.

$$H(p) = \frac{1}{(p+1).(p + \frac{1}{2} - j\frac{\sqrt{3}}{2}).(p + \frac{1}{2} + j\frac{\sqrt{3}}{2})} = \frac{1}{p^3 + 2p^2 + 2p + 1}$$

On obtient un filtre à l'ordre désiré, qui a une atténuation $\eta_{\max} = -3dB$ à la fréquence de coupure et une pente de $-60dB/déc$.

On effectue la transformation: $p \to \dfrac{1 - z^{-1}}{T_e}$, on obtient :

$$H(z) = \frac{T_e^3}{(1 + 2T_e + 2T_e^2 + T_e^3) - z^{-1}(3 + 4T_e + 2T_e^2) + z^{-2}(3 + 2T_e) - z^{-3}}$$

Application numérique : T_e=0.1s $\quad H(z) = \dfrac{10^{-3}}{1.221 - 3.42z^{-1} + 3.2z^{-2} - z^{-3}}$

La fonction de transfert se déduit de l'équation récurrente :

$$s_n = \frac{1}{1.221}\left[10^{-3} e_n + 3.42 s_{n-1} - 3.22 s_{n-2} + s_{n-3}\right]$$

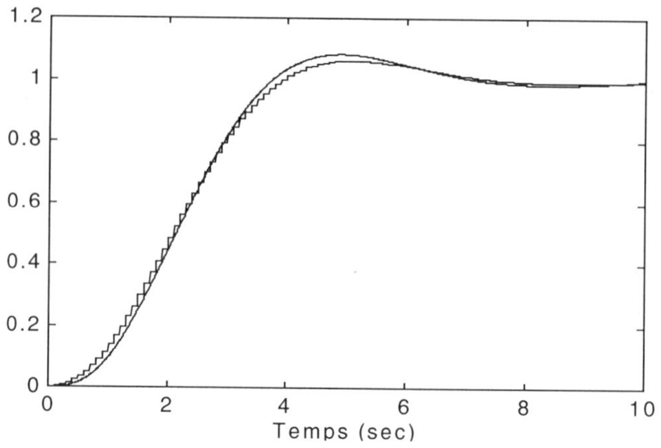

Figure 3-11

Le résultat obtenu est intéressant (Figure 3-11). On a superposé la réponse du filtre numérique avec celle du filtre analogique. On a une grande similitude des courbes. Il est ainsi possible de réaliser des filtres d'ordre élevés fiables sans calculs complexes. Il faut toutefois veiller au respect de l'hypothèse de validité d'une telle transformation.

5. Filtre adapté

Le *filtre adapté* est un filtre qui est utilisé dans la détection des signaux car il *maximise* le rapport signal sur bruit d'un signal déterministe constitué d'un bruit additif. Dans le cas d'un signal $s(t)$ qui est entaché d'un bruit stationnaire de densité spectrale $D_{bb}(f)$, on démontre [REF.93] que la fonction de transfert du filtre adapté est :

$$H(f) = e^{-i2\pi f T_r} . \frac{S(f)}{D_{bb}(f)} \tag{3-16}$$

Avec T_r un retard qui est utilisé dans le cadre de l'optimisation du $R_{S/N}$.

Exemple

On considère le cas d'un bruit blanc. La densité spectrale du bruit est une constante, $D_{bb}(f) = N_0$. On remplace dans l'équation (3-16) et l'on obtient :

$$H(f) = e^{-i2\pi f T_r} . \frac{S(f)}{N_0}$$

La réponse impulsionnelle du filtre s'écrit donc :

$$h(t) = TF^{-1}\left[e^{-i2\pi f T_r} . \frac{S(f)}{N_0} \right] = \frac{1}{N_0} s(T_r - t)$$

On enlève la constante N_0 qui ne change pas le rapport signal sur bruit du filtre. On obtient ainsi :

$$h(t) = s(T_r - t) \tag{3-17}$$

L'utilisation d'une structure de filtre *RIF* pour implanter ce type de filtre est possible en utilisant l'équation (3-1).

6. Exercices

3-1

1. Déterminer la réponse impulsionnelle $h(t)$ du filtre représenté sur la figure ci-dessous :

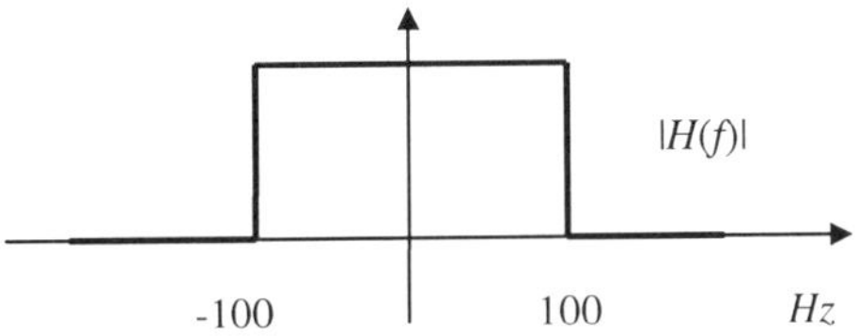

Figure 2-12

2. Rappeler la relation qui lie la sortie du filtre avec l'entrée. Représenter cette relation à l'aide de schéma-blocs.
3. Discrétiser $h(t)$.
4. Calculer $h(0)$, $h(T_e)$,..., $h(17T_e)$ avec T_e=1ms. Normaliser la valeur des échantillons.
5. Décaler la réponse $h(nT_e)$ d'un retard $8T_e$. Calculer $h(0)$, $h(T_e)$,..., $h(17T_e)$ avec T_e=1ms. Normaliser la valeur des échantillons.
6. En utilisant le produit de convolution discret, déterminer les réponses indicielles du filtre dans le cas d'un retard de $8T_e$ et sans retard. Conclusions.

1. La réponse impulsionnelle $h(t)$ s'obtient en réalisant le transformée de Fourier inverse de la fonction de transfert $H(f)$.

$$h(t) = TF^{-1}[H(f)] = \int_{-\infty}^{\infty} H(f).e^{j2\pi ft}dt = \int_{-100}^{100} e^{j2\pi ft}df = \frac{1}{j2\pi t}\left[e^{j2\pi ft}\right]_{-100}^{100} = \frac{1}{j2\pi t}\left(e^{j200\pi t} - e^{-j200\pi t}\right)$$

En utilisant la formule de Moivre on obtient : $h(t) = \dfrac{\sin(200\pi t)}{\pi t}$

Le produit de convolution de l'entrée du filtre $e(t)$ avec la réponse impulsionnelle $h(t)$ est égal à la sortie du filtre $s(t)=h(t)*e(t)$. La transformée de Fourier du produit de convolution est égale au produit algébrique des transformées. Aussi peut-on écrire :

$$TF[h(t)*e(t)] = TF[h(t)].TF[e(t)] = H(f).E(f)$$

2. Cette relation se traduit par le schéma bloc suivant:

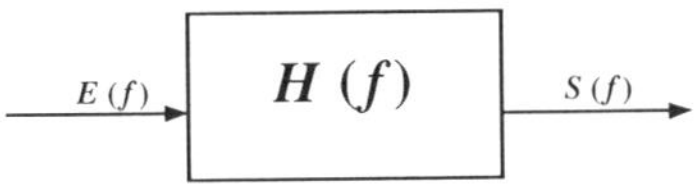

3. La discrétisation de $h(t)$ s'obtient en remplaçant t par nT_e. On a : $h(nT_e) = \dfrac{\sin(200\pi nT_e)}{n\pi T_e}$

4. T_e=1ms

N	*0*	*1*	*2*	*3*	*4*	*5*	*6*	*7*	*8*
h(nTe)	*200*	*187.1*	*151.3*	*100.9*	*46.8*	*0*	*-31.18*	*-43.24*	*-37.85*
N	*9*	*10*	*11*	*12*	*13*	*14*	*15*	*16*	*17*
h(nTe)	*-20.7*	*0*	*17*	*25.22*	*23.28*	*13.36*	*0*	*-11.69*	*-17.8*

On normalise les échantillons de la réponse impulsionnelle en divisant toutes les valeurs par 592.6 qui représente la somme des 17 premiers échantillons de $h(t)$. Cette normalisation est réalisée afin d'obtenir un gain d'entrée/sortie égal à 1.

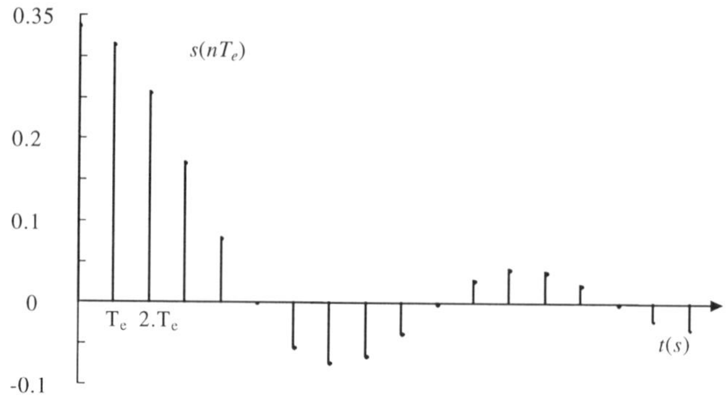

5. La réponse $h(t)$ est une fonction paire. L'introduction d'un retard de $8T_e$ décale la réponse vers la droite de $8T_e$. La somme de l'ensemble des échantillons est égale à 984.4.

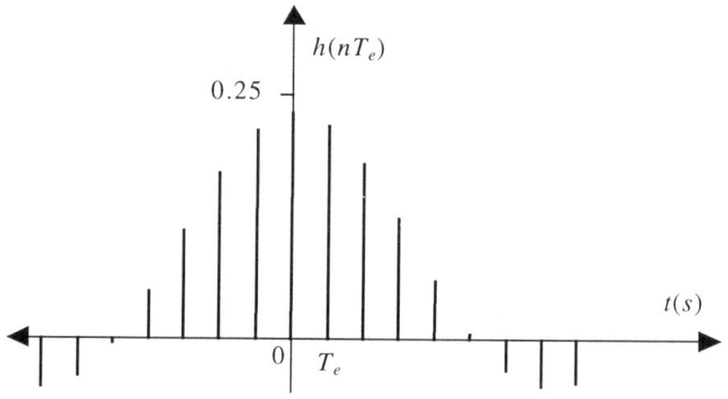

6. La réponse indicielle est la réponse du filtre lorsque celui-ci est soumis à une impulsion unité en entrée ($e(nT_e)=u(nT_e)=1$). Le produit de convolution avec N=16 s'écrit :

$$s(nT_e) = \sum_{k=0}^{15} h(kT_e)e[(n-k)T_e] = \sum_{k=0}^{15} h_k.e_{n-k}$$

En développant ce produit on obtient :

$s_0 = h_0.e_0$

$s_1 = h_0.e_1 + h_1.e_0$

....

$s_n = h_0.e_n + h_1.e_{n-1} + h_2.e_{n-2} + h_3.e_{n-3} + h_4.e_{n-4} + ... + h_{15}.e_{n-15}$

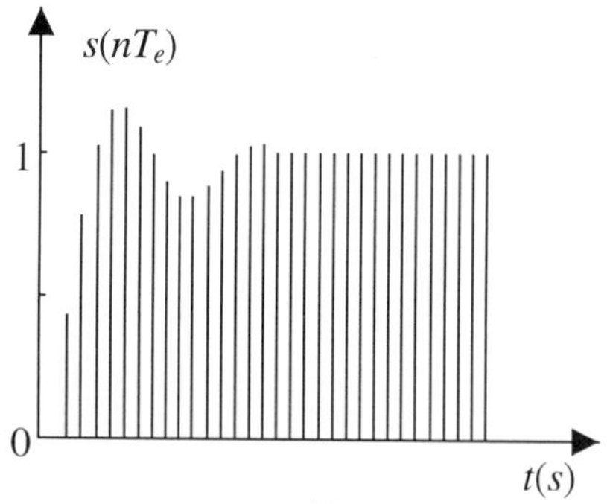

(a)

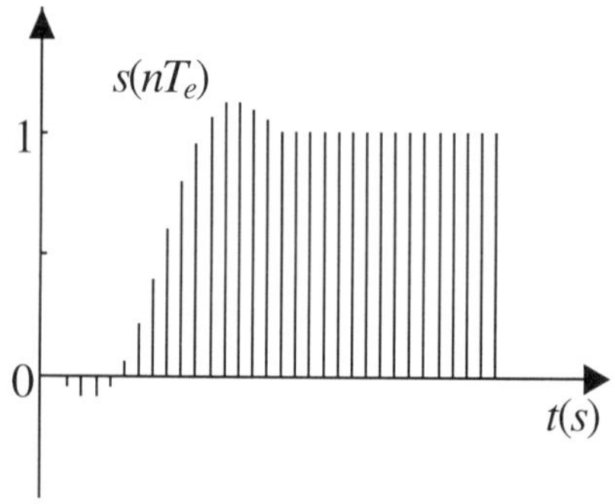

(b)

La réponse (a) est sans retard et la réponse (b) avec un retard de $8T_e$ sur la réponse indicielle. La différence est une modification de la phase (retard).

3-2

On veut réaliser un filtre passe-bas numérique du 1er ordre. Sa fonction de transfert s'écrit : $H(p) = \dfrac{1}{1+p}$

1. Calculer le module $|H(j\omega)|$ de la fonction de transfert et tracer celui-ci dans le plan de Bode.
2. Déterminer la fonction de transfert $H(z)$ de ce filtre en utilisant la transformation au premier ordre. Ce filtre est-il stable ?
3. On pose $z = e^{j\omega T_e}$. Déduire de cette hypothèse la fonction de transfert du filtre échantillonné $H(j\omega)$.
4. Etudier et tracer dans le plan de Bode $|H(j\omega)|$. Comparer ce résultat avec le filtre continu, conclusions. Application numérique T_e=2ms.

1. $|H(j\omega)| = \dfrac{1}{\sqrt{1+\omega^2}}$, on obtient la courbe de gain suivante :

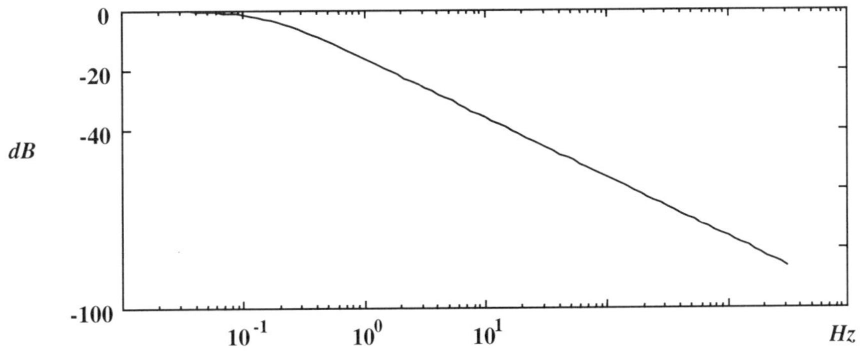

2. On remplace $p \to \dfrac{1-z^{-1}}{T_e}$, on a : $H(z) = \dfrac{1}{\alpha + \beta z^{-1}}$ avec $\alpha = 1 + \dfrac{1}{T_e}, \beta = \dfrac{1}{T_e}$.

On exprime $H(z)$ en z : $H(z) = \dfrac{z}{z\alpha + \beta}$, le dénominateur $D(z) = z\alpha + \beta = \alpha(z - z_1)$.

Avec $z_1 = -\dfrac{\beta}{\alpha} = -\dfrac{1}{1+T_e}$. Le filtre est stable si et seulement si $|z_1| < 1$. Cette relation est toujours vérifiée. Le filtre est stable.

3. On pose $z = e^{j\omega T_e}$. En remplaçant dans l'expression de $H(z)$, on obtient : $H(j\omega) = \dfrac{1}{\alpha + \beta e^{-j\omega T_e}}$

4.

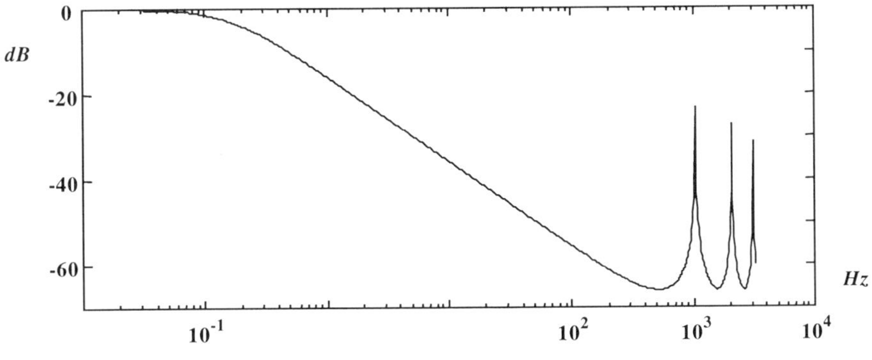

3-3

Soit la fonction de transfert suivante :

$$\frac{S(p)}{E(p)} = H(p) = \frac{1}{1+\tau_c p}, \quad \tau_c = \frac{1}{2\pi f_c}, \quad f_c = 300Hz$$

1. Quelle est la structure de ce filtre ? Tracer le diagramme asymptotique de Bode de cette fonction de transfert.
2. On désire réaliser un filtre numérique qui a les mêmes caractéristiques que le filtre continu $H(p)$ dans la bande de fréquence B_f=[0 ; 500]Hz. Quelle est la fréquence d'échantillonnage minimum qui permet la réalisation de ce filtre?
3. Déterminer l'expression de $H(z)$ en utilisant le changement de variable $p \rightarrow \frac{2}{T_e}.\frac{1-z^{-1}}{1+z^{-1}}$. Ecrire $H(z)$ sous la forme suivante : $H(z) = \frac{a+b.z^{-1}}{c+d.z^{-1}}$.
4. Calculer les valeurs numériques des coefficients a, b, c, d avec f_e=2000Hz.
5. Déduire l'équation récurrente de ce filtre.
6. Calculer $s(nT_e)$ pour n=0..9 lorsque $e(t)=u(t)$ (échelon unité).

1. C'est un filtre passe-bas. Le module de la fonction de transfert : $|H(j\omega)| = \frac{1}{\sqrt{1+\tau_c \omega}}$

On obtient le diagramme de Bode suivant :

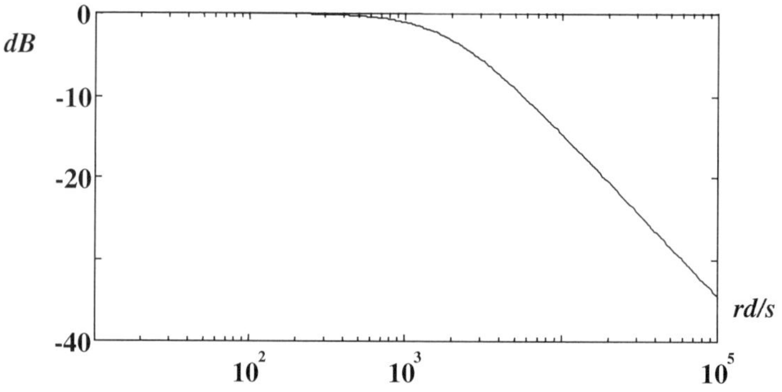

2. En appliquant le théorème de Shannon, on obtient : f_{emin}=1000Hz.

3. $H(z) = \frac{1+z^{-1}}{1+\frac{2\tau_c}{T_e}+z^{-1}(1-\frac{2\tau_c}{T_e})}$, en identifiant on obtient :

$$a=1,\ b=1,\ c=1+\frac{2\tau_c}{T_e},\ d=1-\frac{2\tau_c}{T_e}$$

4. a=1, b=1, c=3.12206, d=-1.12206

5. $s_n = \frac{1}{c}\left(a.e_n + b.e_{n-1} - d.s_{n-1}\right)$

6.

N	0	1	2	3	4	5	6	7	8	9
s_n	0	0.3203	0.7557	0.9122	0.9684	0.9887	0.9959	0.9985	0.9995	0.9998

3-4

On réalise un filtre passe-bande idéal dont le gabarit est représenté ci-dessous :

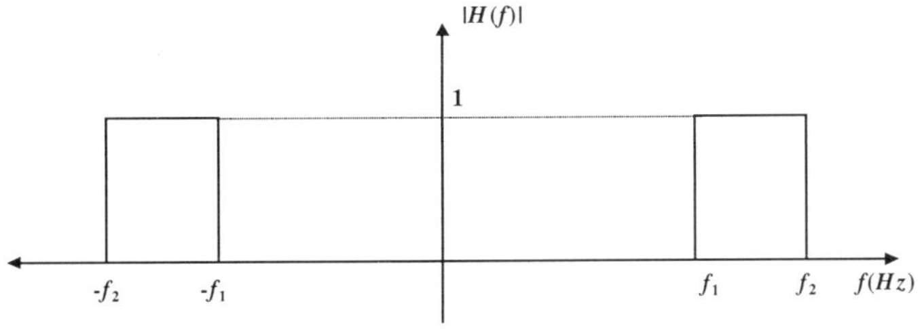

Figure 3-13

1. Calculer l'expression de la réponse impulsionnelle $h(t)$ de ce filtre en calculant la transformée de Fourier inverse de $|H(f)|$. Déduire $h(nT_e)$, la réponse impulsionnelle discrète.
2. Calculer $h(nT_e)$ pour les valeurs de n=0..9, lorsque T_e=1ms, f_1=100Hz et f_2=200Hz.
3. Donner l'expression de la sortie du filtre.
4. Calculer la réponse indicielle du filtre.

1. On réalise la transformée de Fourier inverse :

$$h(t) = TF^{-1}[H(f)] = \int_{-\infty}^{\infty} H(f).e^{j2\pi ft}dt = \int_{-f_2}^{-f_1} e^{j2\pi ft}df + \int_{f_1}^{f_2} e^{j2\pi ft}df$$

$$= \frac{1}{j2\pi t}\left\{\left[e^{j2\pi ft}\right]_{-f_2}^{-f_1} + \left[e^{j2\pi ft}\right]_{f_1}^{f_2}\right\} = \frac{1}{j2\pi t}\left\{e^{-j2\pi f_1 t} - e^{j2\pi f_1 t} + e^{j2\pi f_2 t} - e^{-j2\pi f_2 t}\right\}$$

$$= \frac{1}{\pi t}\left[\sin(2\pi f_2 t) - \sin(2\pi f_1 t)\right]$$

On remplace t par nT_e afin d'obtenir la réponse impulsionnelle discrète :

$$h(nT_e) = \frac{1}{\pi n T_e}\left[\sin(2\pi f_2 nT_e) - \sin(2\pi f_1 nT_e)\right]$$

2. Application numérique :

N	0	1	2	3	4	5	6	7	8	9
$h(nT_e)$	200.0	-57.81	-163.2	-122.4	0	81.63	69.97	14.45	-12.84	0

3. $$s(nT_e) = h(nT_e)*e(nT_e) = \sum_{k=0}^{N-1} h(kT_e)e[(n-k)T_e] = \sum_{k=0}^{9} h_k.e_{n-k}$$

4. $s_0 = h_0.e_0$

$s_1 = h_0.e_1 + h_1.e_0$

....

$s_n = h_0.e_n + h_1.e_{n-1} + h_2.e_{n-2} + h_3.e_{n-3} + h_4.e_{n-4} + h_5.e_{n-5} + h_6.e_{n-6} + h_7.e_{n-7} + h_8.e_{n-8} + h_9.e_{n-9}$

La réponse indicielle est obtenue lorsque e_n=1.

N	0	1	2	3	4	5	6	7	8	9
$s(nT_e)$	200	142.19	-21.01	-143.4	-143.4	-61.8	8.19	22.64	9.8	9.8

3-5

Soit le filtre numérique suivant: $H_1(z) = H_2(z) = \dfrac{0.26}{1 - 0.7408z^{-1}}$

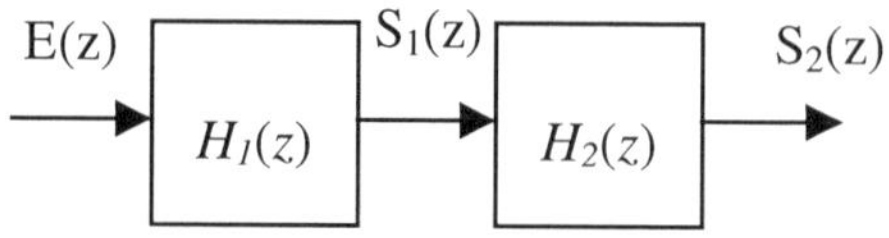

Figure 3-14

1. Quelle est la structure et l'ordre de ce filtre?
2. Déterminer l'équation récurrente qui relie s_1 à e et s_2 à s_1. Déduire l'équation récurrente entre s_2 et e.
3. Calculer et tracer $s_2(nT_e)$ lorsque $e(t)=u(t)$ (échelon unité). On pose $z = e^{jT_e\omega}$, calculer $|H_1(j\omega)|$, déduire $|H(j\omega)|=|H_1(j\omega).H_2(j\omega)|$. Tracer $|H(j\omega)|$, avec T_e=1ms.

1. C'est un filtre passe-bas d'ordre 2.
2. $\dfrac{S_1(z)}{E(z)} = \dfrac{S_2(z)}{S_1(z)} = \dfrac{0.26}{1 - 0.7408z^{-1}}$. On déduit : $s_{1_n} = 0.26.e_n + 0.7408.s_{1_{n-1}}$ ainsi que

$s_{2_n} = 0.26.s_{1_n} + 0.7408.s_{2_{n-1}}$ → $s_{2_n} = 0.0676.e_n + 1.4816.s_{2_{n-1}} - 0.5488.s_{2_{n-2}}$

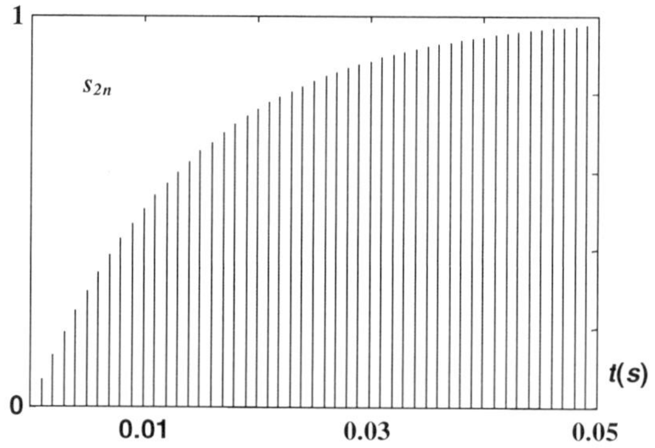

$$|H_1(j\omega)| = \frac{1}{\sqrt{(1 - 0.7408.\cos(T_e\omega))^2 + (0.7408.\sin(T_e\omega))^2}}$$, le module d'un produit de

fonction complexe est égal au produit des modules : $|H(j\omega)| = |H_1(j\omega).H_2(j\omega)| = |H_1(j\omega)|^2$

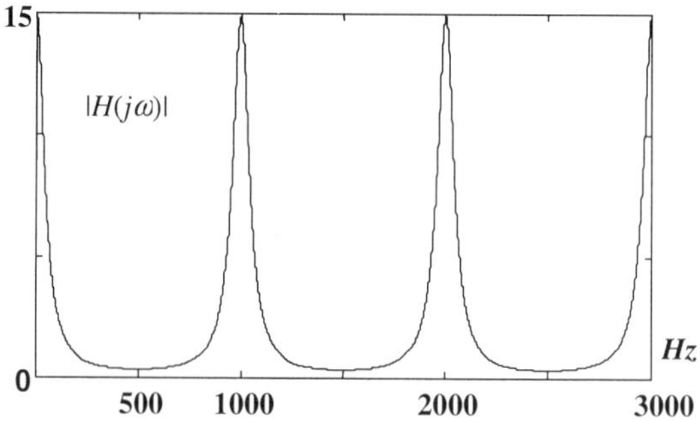

$$|H(j\omega)| = \frac{1}{(1 - 0.7408.\cos(T_e\omega))^2 + (0.7408.\sin(T_e\omega))^2} = \frac{1}{1 - 2.0.7408\cos(T_e\omega) + 0.5488}$$

Chapitre 4

Supports de transmission

La transmission d'un signal sur un support nécessite des précautions. Les caractéristiques du canal vont en effet modifier les propriétés du signal lors de cette transmission. A la distorsion du signal qui est la conséquence de la bande passante limitée du canal se superpose l'effet du bruit qui vient s'ajouter au signal (perturbations électromagnétiques).
La première partie est consacrée à la définition d'un canal de transmission et de ses propriétés. Les supports de transmission par lignes, par ondes et guides sont ensuite décrits.

1. Canal de transmission

1.1. Définitions

On appelle *canal de transmission* tout milieu physique servant de support au transfert de l'information entre deux points distants, une *source* et une *cible* (figure 4-1).

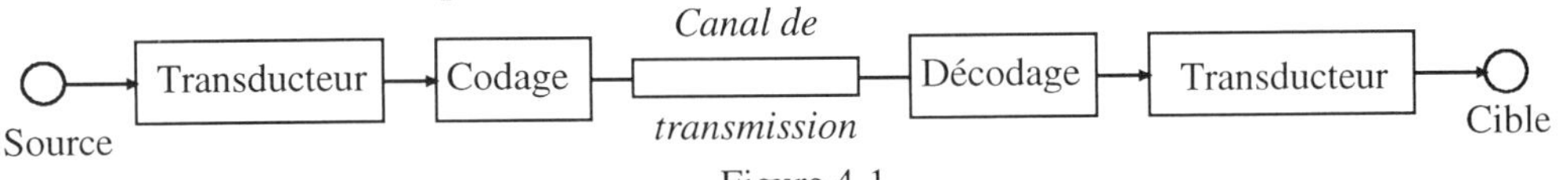

Figure 4-1

La source produit une information pouvant prendre des formes variées (électrique, optique, mécanique). La transformation de cette information sous forme de signal analogique est effectuée par un *transducteur*.
Le codage est une opération destinée à harmoniser le transfert entre la source et la cible de façon à ce qu'elles aient la même compréhension de l'information. En général, il permet d'adapter le type d'information à transmettre aux propriétés du canal (voir chapitre 5). Il engendre en particulier une *optimisation* du système global.
Tout signal porteur d'information est composé d'une suite de signaux élémentaires, appelés *symboles* (ou moments) dont les caractéristiques propres (amplitude, fréquence, phase) restent constantes pendant la durée du symbole T_s.
On appelle *fréquence symbole* (ou encore *rapidité de modulation* ou *débit des moments*) notée F_s, le nombre de symboles transmis par unité de temps, soit :

$$F_s = \frac{1}{T_s} \text{ en Baud (Bd)} \tag{4-1}$$

F_s représente la vitesse de variation physique des paramètres des signaux.

Pour un message constitué d'une suite de bits espacés d'un temps T_b, on appelle *fréquence des bits* (ou *débit binaire*), noté F_b (ou D), la quantité :

$$F_b = \frac{1}{T_b} \text{ (bit/s)} \tag{4-2}$$

F_b représente la capacité d'un canal à transmettre un nombre de bits donné par unité de temps. Le nombre de symboles différents s'appelle *valence*, notée v.

La relation entre F_s et F_b est donnée par : $F_b = F_s \log_2(v)$ (4-3)

1.2. Caractérisation d'un canal

L'information qui transite entre un émetteur et un récepteur passe par des supports physique tels que la fibre optique, une ligne filaire ou l'atmosphère (radiocommunications). Le canal de transmission idéal ne doit pas altérer l'information. Cependant, les supports ne sont pas parfaits et modifient la forme du signal. Ces modifications ont plusieurs origines.

a) Sources de distorsions du signal

- *distorsions linéaires*

Elles sont engendrées par les caractéristiques physiques d'un canal qui n'offre pas une réponse parfaite à une excitation (*réponse impulsionnelle ou indicielle*). Plus la bande passante B du canal est faible, plus sa réponse à un échelon E est lente, c'est-à-dire avec un temps de montée t_m élevé (figure 4-2).

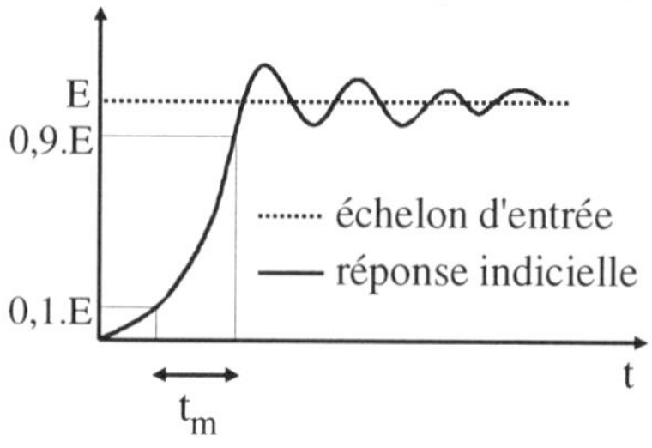

Figure 4-2

On constate d'une manière empirique que t_m est inversement proportionnel à B avec :

$$B.t_m = 0{,}35 \text{ à } 0{,}45 \tag{4-4}$$

Les différentes valeurs de ce produit dépendent de l'ordre du modèle électrique équivalent pouvant être associé au canal (1er, 2ème...).

Certaines parties du spectre du signal sont modifiées (amplitude, phase) et changent la forme de ce signal. En particulier, les signaux appliqués sur un canal subissent un déphasage φ en fonction de leur pulsation ω. Celui-ci est caractérisé par le *temps de propagation de phase*, noté T_φ, tel que : $T_\varphi = \dfrac{\varphi}{\omega}$ en secondes (s) (4-5)

Si T_φ est constant, le signal n'est pas déformé, mais uniquement retardé par le canal. Cependant, un signal comporte généralement plusieurs composantes harmoniques. Pour qu'il ne soit pas déformé, le déphasage devra varier de façon linéaire en fonction de la fréquence. Dans le cas contraire, afin de caractériser *la distorsion de phase*, on définit le *temps de propagation de groupe*, noté τ_g, par : $\tau_g = \dfrac{d\varphi}{d\omega}$ en secondes (s) (4-6)

Un canal introduisant une variation linéaire de la phase en fonction de la fréquence donne un temps de propagation de phase constant et un temps de propagation de groupe nul.

- distorsions non-linéaires
L'utilisation de circuits actifs tels que des amplificateurs ou répéteurs (saturations, gains non-linéaires) entraîne des distorsions non-linéaires. Ces distorsions sont plus difficilement modélisées et compensées. Elles constituent cependant généralement un phénomène de faible ampleur.

- le bruit
Le bruit est un signal aléatoire qui s'ajoute au signal. Il existe plusieurs sources de bruit :
- *le bruit thermique*, dû à l'agitation thermique des électrons dans un conducteur. On l'appelle bruit blanc car sa densité spectrale de puissance est constante en fonction de la fréquence avec une distribution d'amplitude gaussienne,
- *le bruit de grenaille* généré par les éléments discrets (transistors, Zener, diodes, thyristors). C'est aussi un bruit blanc,
- *le bruit impulsionnel* d'origine électromagnétique (uniquement sur des lignes filaires ou antennes) qui est dû aux sources électriques proches qui induisent des courants électriques sur la ligne de transmission. Ce type de perturbations est difficile à modéliser car il dépend directement de l'environnement du canal. Aussi, le meilleur moyen pour diminuer son influence est de protéger les lignes (blindage) afin de les rendre peu sensibles aux perturbations électromagnétiques. Il est à puissance moyenne faible, mais pouvant atteindre des valeurs très élevées sur de brefs instants.

La figure 4-3 résume le modèle physique d'un canal de transmission. Le bruit ajouté au signal peut modifier celui-ci au point d'engendrer une erreur de lecture par le récepteur.

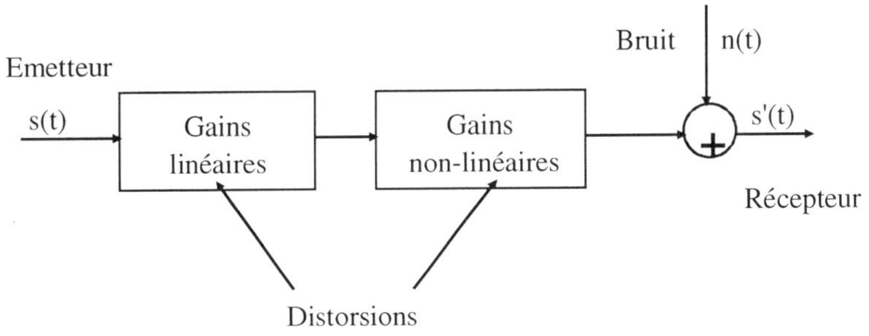

Figure 4-3

- échos
Lorsqu'un canal n'est pas parfait et présente des défauts (changements d'impédance locale d'une ligne par exemple), les signaux issus de la source subissent des réflexions partielles. Il s'en suit un retour d'information vers l'émetteur ou le récepteur appelé *écho*. Ceux-ci peuvent être très gênants pour la transmission et sont atténués par la mise en œuvre de systèmes tels que *annuleurs d'écho.*

b) Capacité de transmission d'un canal, valence

C. Shannon a démontré que le nombre maximal d'états discernables d'un signal (nombre de symboles maximum théorique discernables), noté $v_{\max}$, est fonction du *rapport signal sur bruit* ($R_{S/N}$) :

$$v_{\max} = \sqrt{1 + R_{S/N}} \qquad (4\text{-}7)$$

Le rapport *signal sur bruit* $R_{S/N}$ représente le rapport de la puissance du signal (P_S) avec celle du bruit (P_N) présent sur le canal. Par exemple, la puissance de bruit pour un bruit blanc gaussien de densité spectrale de puissance égale à $\frac{1}{2}N_0$ dans une bande $[-B;B]$ est égale au produit de N_0 par la bande de bruit du canal B.

$$R_{S/N} = \frac{P_S}{P_N} = \frac{P_S}{N_0.B} \quad (4\text{-}8)$$

La *capacité* ou *débit théorique* C du canal (bit/s) est : $C = B.\log_2(1 + R_{S/N})$ (4-9)

c) Influence de la valence sur le débit

Il est possible de coder un signal numérique en utilisant plusieurs niveaux de tension. Ce type de format diminue le débit réel du signal à transmettre. En effet, on peut émettre plusieurs bits durant une période d'horloge qui seront représentés par un niveau de tension adéquat.

Exemple

On choisit de coder un train numérique par *8* niveaux de tension différents. A chaque niveau va correspondre une combinaison de bits. On en déduit un nombre de symboles $N = 8$. Il sera possible de transmettre $n = \log_2 N = 3$ bits par période d'horloge (figure 4-4). On utilise pour cela un convertisseur numérique-analogique (*CNA*).

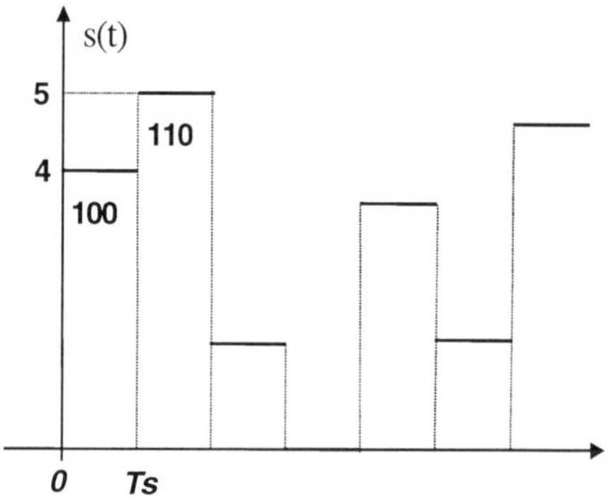

Figure 4-4

La valence du signal est l'inverse de la probabilité d'apparition d'un niveau du signal. Si l'apparition de chaque niveau est équiprobable, ainsi $\nu = 8$, ce qui correspond au nombre de niveaux de codage du signal. Le débit binaire théorique du canal peut s'exprimer par l'équation (4-9) et vaut 6.*B*. De plus, d'après l'équation 4-3, $F_b = 3F_s$. La transmission en multi-niveaux est souvent utilisée afin d'accroître le débit théorique du canal qui possède une bande passante finie sans augmenter la fréquence symbole.

d) Théorème de Nyquist

La valeur du temps de montée t_m représente la limitation physique à une variation instantanée du signal. Ce temps dépend de la fréquence des symboles et de la bande passante du canal. Nyquist a démontré que (voir chapitre 5), pour un canal équivalent à un filtre passe-bas idéal, en théorie : $F_s \leq 2.B$ (4-10)

Dans la pratique, aucun canal réel ne peut fournir des débits aussi élevés, de telle sorte que l'on admet généralement : $F_s \leq 1{,}25.B$ (4-11)

Si le théorème de Nyquist n'est pas respecté, les signaux issus du canal après transmission ne seront plus discernables (*interférence intersymboles*).

2. Transmissions par lignes

2.1. Définitions

On appelle *ligne* tout support physique de transmission constitué d'un milieu matériel fini.

Exemple

2 conducteurs arrangés en hélice = paire symétrique torsadée, 2 conducteurs concentriques séparés par un isolant = paire coaxiale, guide d'ondes diélectrique = fibre optique, guide d'onde métallique = guide métallique.

On appelle *câble de transmission*, tout support physique constitué d'un ensemble de lignes. Il existe plusieurs types de câbles suivant leur utilisation :

- câble pour installation intérieure à l'air libre ou en conduit,
- câble pour installations extérieures en conduits enterrés,
- câble auto-porté pour installations aériennes extérieures,
- câble pour installation enterrées sans protection...

Exemple

Câble téléphonique aérien à paires symétriques, câble téléphonique à fibres optiques, câble informatique à paires torsadées, câble TV à paire coaxiale.

2.2. Propriétés[1]

Dans ce qui suit, la ligne est considérée comme idéale, c'est-à-dire comme ayant les mêmes propriétés électriques sur toute sa longueur.

a) Paramètres primaires

Ils permettent de représenter un tronçon de ligne de longueur dx par un schéma électrique équivalent (figure 4-5).

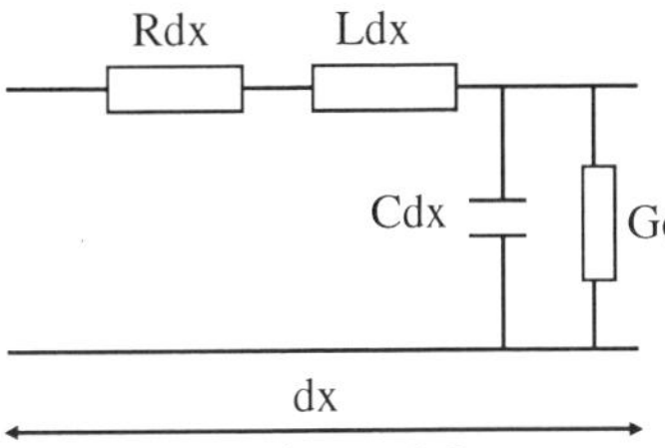

Figure 4-5

R, L, C et G sont appelés *paramètres primaires* de la ligne avec :

- R : résistance linéïque élémentaire, représentant la résistance de la ligne par unité de longueur (Ω / m). Elle dépend en particulier de la section et de la nature du conducteur,
- L : inductance linéïque (H / m), modélisant la présence de champ électrique inter et intra-structures conductrices,
- C : *capacité* linéïque (F / m), caractérisant la capacité du diélectrique constituant de la ligne.
- G : perditance linéïque (Ω^{-1} / m), représentant les pertes diélectriques et les défauts d'isolation de la ligne. Elle dépend de l'angle de pertes δ, lié à la nature des isolants.

b) Paramètres secondaires

Les paramètres primaires ne modélisent la ligne que d'une manière grossière. On leur préfère souvent les paramètres dits *secondaires* suivants pour déterminer les propriétés du support :

- *impédance caractéristique* Z_C

C'est une donnée complexe qui représente l'impédance d'entrée d'une ligne qui serait connectée à sa sortie sur une impédance égale à Z_C.

- *coefficient de propagation* γ

Par définition : $\gamma = \alpha + j\beta$ (4-12)

[1] La théorie complète des lignes de transmission ne sera pas évoquée dans ce chapitre. Le lecteur voudra bien se reporter aux ouvrages de référence [COM.88] et [FON.94] pour une étude plus approfondie.

où $-\alpha$: affaiblissement linéïque en Néper/mètre (Np/m) ($1Np = 8,68dB$)

$-\beta$: déphasage linéïque (rad/m)

α représente les pertes subies par le signal électrique lors de la propagation le long de la ligne. Il se mesure en injectant un signal à l'une des extrémités de la ligne et en mesurant le signal reçu à l'autre extrémité. β est lié à la longueur d'onde λ et à la vitesse de propagation v de l'onde électromagnétique dans le support par :

$$\beta = \frac{2\pi}{\lambda} = \frac{\omega}{v} \tag{4-13}$$

c) relations sur les paramètres primaires et secondaires

$G = \omega C \tan\delta$ où δ désigne l'angle de pertes du diélectrique

Généralement, $10^{-4} < \tan\delta < 10^{-3}$, suivant la nature des isolants dans les câbles (4-14)

$$Z_C = \sqrt{\frac{R + jL\omega}{G + jC\omega}} \quad \text{et} \quad \gamma = \sqrt{(R + jL\omega)(G + jC\omega)} \tag{4-15}$$

Ces équations sont générales et valables sur tout type de ligne. Toutefois, certaines simplifications sont possibles en considérant un caractère plutôt inductif ou pas de la ligne, une fréquence d'utilisation élevée ou non, et en supposant par exemple la perditance linéïque négligeable ($G = 0$).

Après étude des variations des paramètres secondaires en fonction de la fréquence pour une ligne à caractère inductif ou en haute fréquence ($L\omega >> R$), ou pour l'utilisation en fréquences vocales ($L\omega << R$), on constate que :

- si $L\omega << R$, Z_C est complexe et varie proportionnellement à $\frac{1}{\sqrt{f}}$, α et β à $\sqrt{f}$, ceci provoquant des distorsions d'affaiblissement et de phase .

- si $L\omega >> R$, Z_C est réelle et indépendante de f, β croît linéairement avec f donc pas de distorsion de phase. α est indépendant de f s'il n'existe pas d'effet de peau (densité de courant uniforme dans toute la section du conducteur). Dans le cas contraire, une distorsion d'affaiblissement apparaît et α est proportionnelle à $\sqrt{f}$ (cas des lignes en HF).

d) Détermination pratique des paramètres secondaires d'une ligne

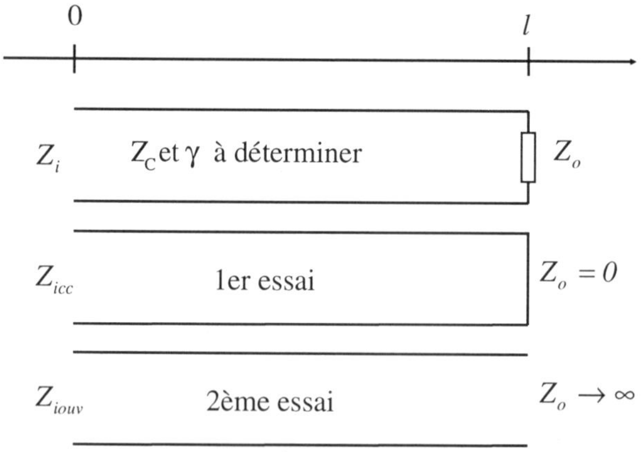

Figure 4-6

Z_C et γ peuvent être déduites simplement dans la pratique par deux mesures précises.

Considérons une ligne de longueur l chargée par une impédance Z_o (figure 4-6). La théorie des lignes permet de déduire son impédance d'entrée Z_i en utilisant la formule :

$$Z_i = Z_C \cdot \frac{Z_o + Z_C \tanh \gamma l}{Z_C + Z_o \tanh \gamma l} \tag{4-16}$$

Si l'on court-circuite la sortie ($Z_o = 0$) : $Z_{icc} = Z_C \tanh \gamma l$ (4-17)

Si la sortie est ouverte ($Z_o \to \infty$) : $Z_{iouv} = \dfrac{Z_C}{\tanh \gamma l}$ (4-18)

On déduit des deux mesures (4-17) et (4-18) : $\begin{cases} Z_C = \sqrt{Z_{icc}.Z_{iouv}} \\ \tanh \gamma l = \sqrt{\dfrac{Z_{icc}}{Z_{ouv}}} \end{cases}$ (4-19)

e) Télédiaphonie – paradiaphonie

Lorsque deux lignes sont proches spatialement, il peut exister une influence parasite entre les signaux d'information qui sont véhiculés sur chaque voie. Cette perturbation est appelée *diaphonie.*
Selon que la ligne perturbatrice provoque un parasitage vers l'une ou l'autre des extrémités de la ligne parasitée, on parle de *paradiaphonie* ou de *télédiaphonie* (figure 4-7)

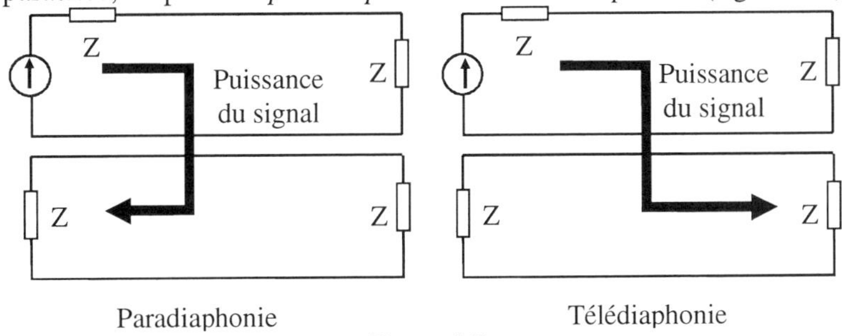

Figure 4-7

L'*affaiblissement paradiaphonique* est en particulier une grandeur importante dans la pratique pour caractériser un câble de transmission : il permet d'évaluer à l'entrée d'une ligne perturbée la perte de signal provoquée par la ligne perturbatrice voisine. Il dépend de la distance entre les lignes d'un même câble, des combinaisons des pas de torsades (pour les paires torsadées) et de la technique de construction du câble.

2.3. Lignes à paires symétriques

Elles sont constituées de deux conducteurs identiques parallèles (lignes aériennes) ou vrillés (paires torsadées).

- lignes aériennes (milieux urbains)

Historiquement constitués de fils nus, les câbles issus de l'assemblage de lignes aériennes se composent de plus en plus de fils de cuivre de diamètre 0,4 à 0,8*mm* isolés dans du polyéthylène plein, câblés en quartes étoilées concentriquement pour 8, 14 ou 28 paires, pris en faisceau à partir de 56 paires, associés à un câble porteur (figure 4-8).

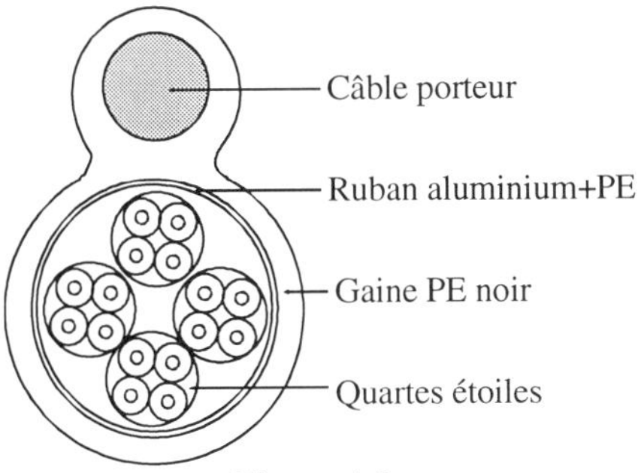

Figure 4-8

- câbles téléphoniques en basses fréquences

Pour un nombre élevé de communications téléphoniques, les lignes sont regroupées en quartes étoiles en fils de cuivre de *0,4* à *0,8mm* de diamètre. Le câble enterré ainsi conçu peut contenir plusieurs centaines de paires isolées par du polyéthylène. Aux fréquences vocales, $L\omega << R$, $\alpha = \beta \approx \sqrt{\frac{RC\omega}{2}}$ et $Z_C = \sqrt{\frac{R}{C\omega}} \propto \frac{1}{\sqrt{f}}$.

Exemple

Ordre de grandeur des paramètres primaires pour une paire de diamètre 0,4mm :
$R = 290\Omega / km$, $C = 50nF / km$, $\alpha = 0{,}2Np / km$ à $800Hz$.

Ces lignes sont utilisées pour des liaisons faible distance, par exemple entre abonnés et centraux téléphoniques. Pour des distances plus longues (interurbains), on augmente artificiellement l'inductance linéïque de la ligne par l'insertion de bobinage à noyau de fer doux (*pupinisation*). La réactance $L\omega$ de la ligne devient alors très supérieure à R, ainsi $\alpha = \frac{R}{2}\sqrt{\frac{C}{L}}$ et $Z_C \approx \sqrt{\frac{L}{C}}$. La vitesse de propagation des fréquences vocales tend vers une limite plus faible que dans le cas des lignes non pupinisées, ce qui limite leur utilisation sur des distances moyennes.

- *Câbles en hautes fréquences*

Leur utilisation s'est développée pour l'emploi de multiplexage fréquentiel à courants porteurs (voir chapitre 7), permettant de transmettre sur un seul support symétrique un nombre élevé de voies téléphoniques. Ceci nécessite un affaiblissement aussi faible que possible et une dépupinisation des lignes (à cause de leur caractère de type passe-bas)

Exemple

Ordre de grandeur des paramètres primaires et secondaires pour un diamètre 0,9mm avec isolation papier et $C = 31{,}5nF / km$:

Fréquence	$R(\Omega / km)$	$L(\mu H / km)$	$\lvert Z_C \rvert(\Omega)$	$\alpha(mNp / km)$
$10kHz$	52,3	766	188	151
$120kHz$	98,7	67,5	156	363

Tableau 4-1

L'isolation au polyéthylène réduit l'angle de pertes et augmente la bande passante du support. Cependant, les problèmes de diaphonie limitent leur utilisation lorsque f augmente. Dans ce cas, les expressions de l'impédance caractéristique et de l'affaiblissement sont les mêmes que pour des lignes pupinisées (avec $G \equiv 0$).

- *Lignes pour les transmissions numériques*

Elles sont constituées de deux conducteurs métalliques torsadés présentant des caractéristiques identiques. Les conducteurs sont isolés par une couche de polyéthylène massif coloré dans la masse. Les câbles à paires torsadées peuvent comporter de 4 à plus de 200 paires câblées en quartes. Elles peuvent être utilisées pour le transport de signaux numériques et constituent un des supports le plus utilisé en tant que câble universel pour la téléphonie ou le transfert de données ou d'images à haut débit. Leur principal avantage est un faible coût et une grande facilité de mise en œuvre. Afin d'éviter une trop grande diaphonie entre lignes, les pas de torsade sont tous différents, évitant ainsi toute imbrication d'une ligne dans l'autre (pas de couplage capacitif). Ces lignes sont assez limitées par rapport à la distance maximale sur laquelle elles peuvent transmettre l'information numérique sans régénération du signal qui est d'environ 100m. Des appareils spécifiques de mesure permettent de connaître les différentes propriétés de ces câbles.

Celles-ci sont par exemple évaluées après l'installation d'un pré-câblage informatique par une opération appelée *recette*.

Exemples

1. Câbles multipaires L120 UTP (Unshield Twisted Pair, non blindées) (figure 4-8).

	32 paires	**64 paires**	**128 paires**
Diamètre conducteur	0,6mm	0,6mm	0,6mm
Isolant	PE	PE	PE
Diamètre isolant	1,15mm	1,15mm	1,15mm
Assemblage	4x4 quartes	8x4 quartes	4(4x4) quartes
Diamètre câble (mm)	16,5	21,5	31
Résistance linéïque	<70Ω/km	<70Ω/km	<70Ω/km
Capacité mutuelle (/300m)	300pF	300pF	300pF
Z_C (1 à 100MHz)	120Ω	120Ω	120Ω
$\alpha(dB\ /\ km)$ -1MHz -10MHz -20MHz	 <18 <52 <70	 <18 <52 <70	 <18 <52 <70

Elles permettent des transmissions numériques à 155Mbit/s.

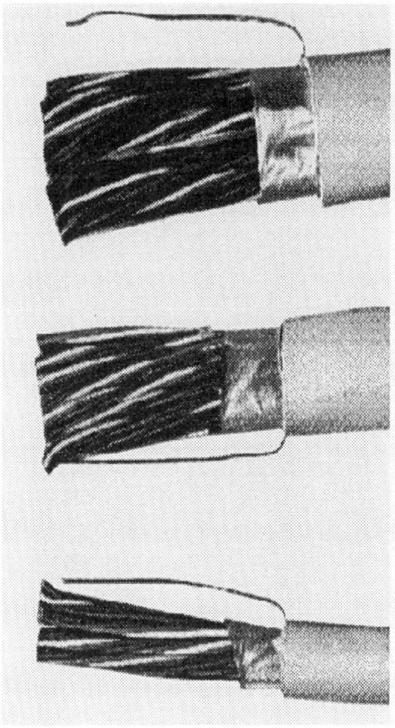

Figure 4-8

2. Câbles pour transmissions téléphoniques numériques MIC 30voies (TN1) (voir chapitre 6) : constitués de fils de cuivre de diamètre 0,8mm, isolés de polyéthylène plein, câbles en quartes étoiles et assemblés en faisceau de 14 à 28 paires. Un répéteur est nécessaire tous les $2km$ pour un gain maximal de $34dB$.

2.4. Lignes à paires coaxiales

a) Constitution

Elles sont constituées de deux conducteurs cylindriques concentriques séparés par un isolant (air ou diélectrique) et enveloppés dans une protection extérieure (figure 4-9).

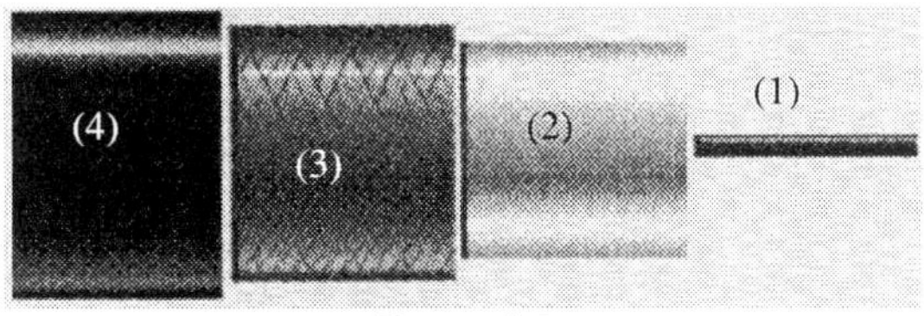

Figure 4-9

L'*ame* (1) centrale peut-être composée d'un ou de plusieurs fils de cuivre ou d'acier. L'isolant (2) sert à séparer l'ame du conducteur extérieur (3). Les propriétés du câble sont très liés à la nature de cet isolant. Le conducteur extérieur est réalisé à partir de tresses, d'un tube ou d'une feuille de cuivre ou d'aluminium. La gaine extérieure (4), généralement en PVC, téflon ou polyéthylène (PE), sert de protection mécanique et chimique. Elle peut elle-même être incluse dans une enveloppe supplémentaire (en plomb, fibre de verre ou métallique) pour des conditions extrêmes d'utilisation.

b) Propriétés

La figure 4-10 représente une vue de face d'un câble coaxial.

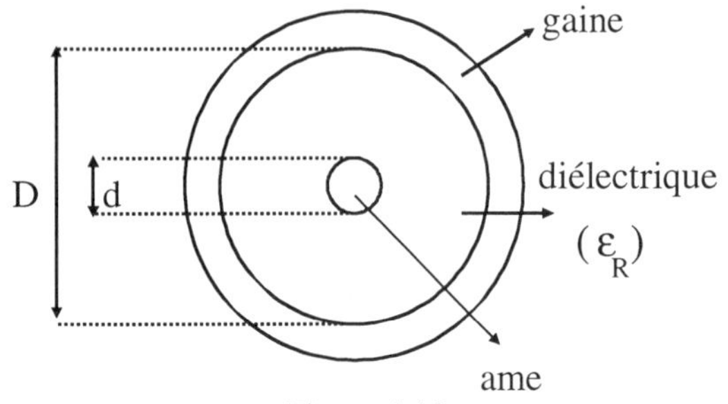

Figure 4-10

Le rapport D/d des diamètres des conducteurs est directement lié à l'atténuation α. Certaines études ont montré qu'une atténuation minimale par unité de longueur est obtenue pour $D/d = 3{,}6$. Ainsi, la plupart des câbles commercialisés respectent ce rapport. Pour des conducteurs en cuivre :

$$\alpha(Np/km) = \frac{0{,}692.10^{-3}\sqrt{\varepsilon_r f}\left[\frac{1}{d}+\frac{1}{D}\right]}{\log(D/d)} \quad \text{avec } d \text{ et } D \text{ en mm, } f \text{ en } Hz \tag{4-20}$$

La résistance linéïque

$$R(\Omega/km) = 0{,}083\frac{1}{D}\left(1+\frac{D}{d}\right)\sqrt{f} \tag{4-21}$$

L'inductance linéïque $L(mH/km) = 0{,}2\ln(D/d)$ (4-22)

La capacité linéïque

$$C(\mu F/km) = \frac{\varepsilon_r}{18\ln(D/d)} \tag{4-23}$$

avec ε_r permittivité relative du diélectrique (isolant)

Pour des fréquences élevées, $Z_C = \sqrt{\frac{L}{C}} = \frac{60}{\sqrt{\varepsilon_r}}\ln(D/d)$ (4-24)

c) différents types et utilisation

Le tableau 4-2 donne deux exemples des propriétés de différents câbles coaxiaux normalisés par l'UIT.

Type	$d(mm)$	$D(mm)$	$Z_C(\Omega)$	masse (kg/km)	gaine	$\alpha(dB/100m)$ $200MHz$	$\alpha(dB/100m)$ $3GHz$
RG58W	0,9	4,95	50	45	PE	24	140
RG35BU	2,65	17,27	75	1000	Armé	4,7	34

Tableau 4-2

Les deux grandes familles de coaxiaux utilisés ont une impédance caractéristique égale à 50Ω ou 75Ω. Généralement, les coaxiaux 50Ω sont utilisés pour des transmissions en bande de base, ceux de 75Ω en large bande.

Leurs principales applications concernent les transmissions numériques à haut débit $(500Mbit/s)$, les transmissions téléphoniques sur des grandes distances ou la TV par câble $(350MHz)$.

Exemple

Câble 48 paires $d/D = 1{,}2/4{,}4$ permettant de véhiculer 50000 voies téléphoniques.

Les câbles bande de base sont faciles à installer et d'un coût de revient faible. Cependant, ils n'offrent pas une très bonne immunité aux bruits et ne sont pas adaptés à des transmissions sur des longues distances.

Les câbles large bande sont plus polyvalents et leur utilisation autorise la mise en œuvre d'applications liées au transport de la voix, de données ou de signaux vidéo. Leur immunité électromagnétique est bonne, mais ils sont en revanche d'une maintenance plus difficile et d'un coût d'entretien relativement élevé.

2.5. Fibres optiques

a) Constitution

Une fibre optique (FO) est constituée d'un cylindre de verre très mince $(2 \text{ à } 100\mu m)$ appelé *cœur* (1), entouré d'une gaine également de verre appelée *gaine optique* (2). Le tout est entouré d'une gaine extérieure de protection (4) et d'un renfort de rigidification (3) (figure 4-11).

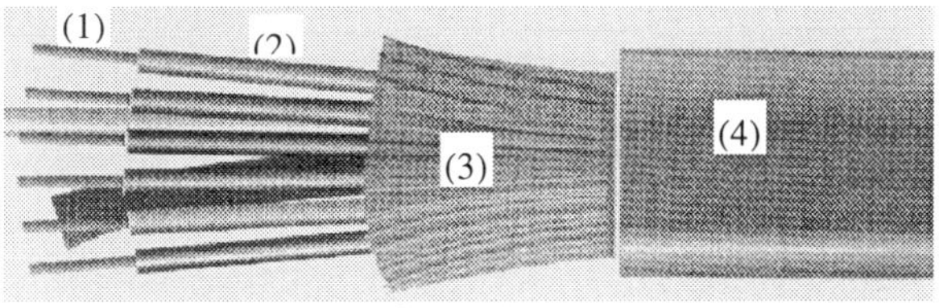

Figure 4-11

b) caractéristiques physiques

Le principe de fonctionnement d'une FO repose sur la transmission *guidée* de la lumière.
- *considérations optiques*

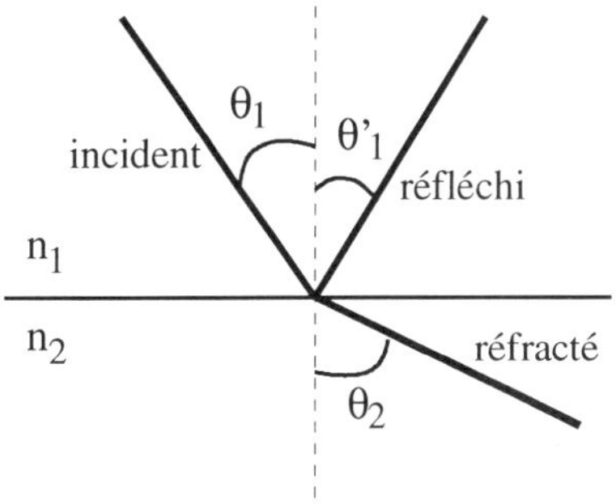

Figure 4-12

Supposons un rayon lumineux incident issu d'un milieu d'indice de réfraction n_1 tombant sur une surface le séparant d'un milieu d'indice n_2 (figure 4-12).
On sait alors que $\theta_1 = \theta'_1$. Le rayon incident produit également un rayon *réfracté* dans le milieu n_2. L'angle θ_2 de réfraction dépend de l'angle d'incidence θ_1 par la loi de Descartes :

$$n_1 \sin\theta_1 = n_2 \sin\theta_2 \qquad (4\text{-}25)$$

θ_2 augmente avec θ_1 jusqu'à ce que le rayon diffracté disparaisse complètement : la valeur de θ_1 ainsi obtenue est dite *angle critique* et correspond à la *réflexion totale* du rayon incident. Le principe de fonctionnement de la fibre repose sur cette constatation : la lumière doit rester confinée dans celle-ci par une succession de réflexions totales (figure 4-13).

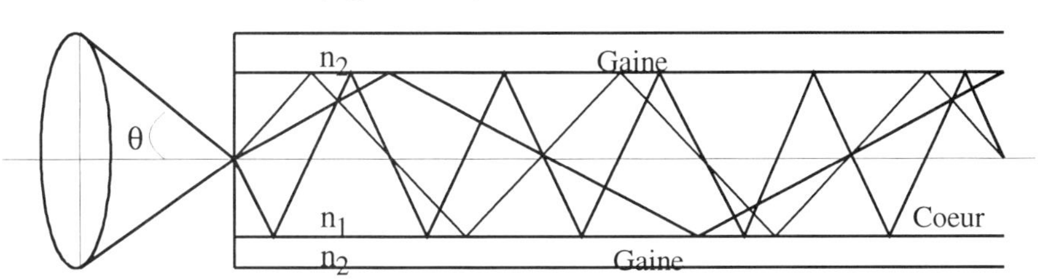

Figure 4-13

Les rayons lumineux qui pénètrent à l'intérieur de la fibre optique seront complètement réfléchis si leur angle d'incidence est inférieur à θ. Par définition, on appelle *ouverture numérique*, notée *O.N*, la quantité $O.N = \sin\theta$.

$$O.N = \sin\theta \approx \sqrt{n_1^2 - n_2^2} \qquad (4\text{-}26)$$

- modes de propagation

On distingue trois grandes catégories de fibres : les *monomodes*, *multimodes à saut d'indice* et *multimode à gradient d'indice*.

La fibre à saut d'indice est constituée d'un cœur et d'une gaine optique ayant un indice de réfraction différent et constant. En général, le diamètre du cœur est élevé (figure 4-14).

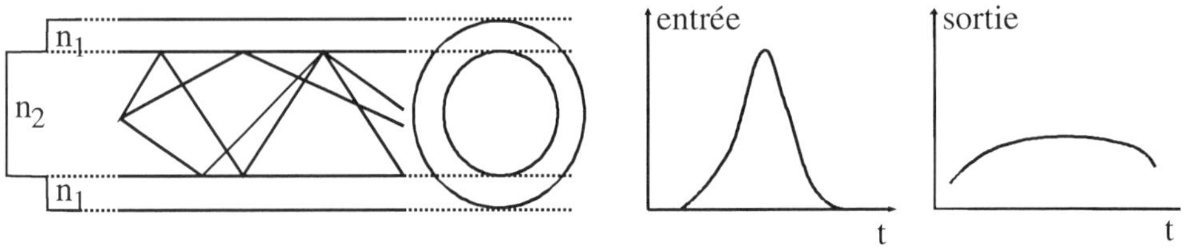

Figure 4-14

Ainsi, le fort diamètre du cœur provoque une dispersion importante des signaux qui la traversent, impliquant une déformation du signal d'entrée.

La fibre à gradient d'indice (figure 4-15) est caractérisée par une variation progressive de l'indice de réfraction de n_1 à n_2, le cœur étant constitué de couches successives de verre ayant chacune un indice de réfraction proche.

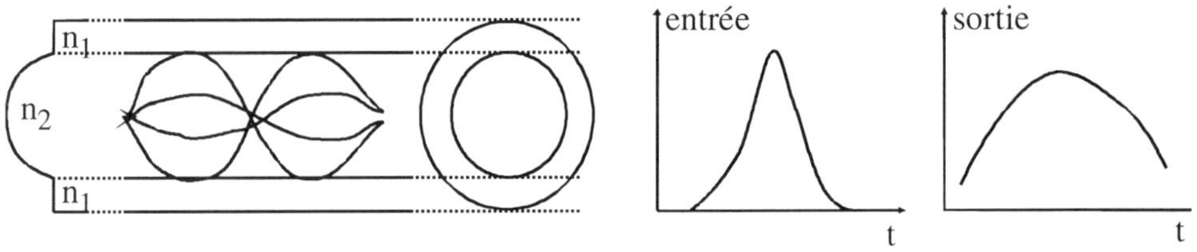

Figure 4-15

Les rayons lumineux empruntent des chemins de propagation variables provoquant des temps de propagation différents : une impulsion à l'entrée est ainsi déformée en sortie. Cependant, un choix approprié des variations d'indice permet de tendre vers une égalisation de ces temps de parcours et de réduire ainsi la dispersion modale.

La fibre monomode possède un cœur très fin (de dimension de l'ordre de λ) (figure 4-16). Le chemin de propagation est ainsi unique, direct et parallèle à l'axe de la fibre.

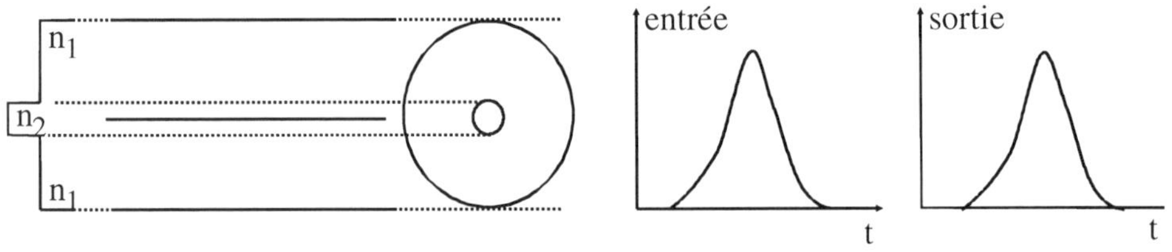

Figure 4-16

La dispersion modale est alors quasi-nulle. L'impulsion d'entrée se retrouve en sortie non déformée. C'est le type de fibre le plus performant de ce point de vue.

c) caractéristiques optiques et mécaniques

Les deux matériaux à la base de la fabrication des fibres sont le plastique et le verre. Le cœur et la gaine sont en général formé du même matériau, excepté pour la fibre PCS (*Plastic Clad Silica*) dont la gaine est en plastique et le cœur en silice.

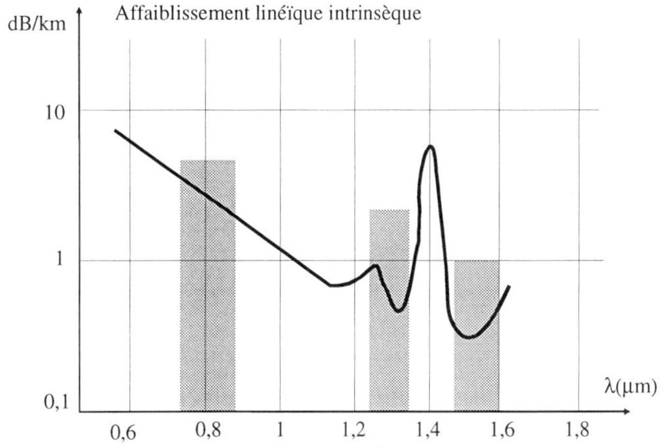

Figure 4-17

- *atténuation intrinsèque* α
C'est une perte de puissance lumineuse liée à l'*absorption* (liée aux impuretés dans le cœur de la fibre) et à la *diffusion* (provoquée par des micro-courbures ou par des particules qui dévient le rayon lumineux) de la lumière dans le milieu de propagation. Actuellement, grâce à l'augmentation de la pureté des milieux liée à la technologie, on peut obtenir des atténuations $\alpha < 1\,dB/km$. La figure 4-17 (cas du verre) montre que α est d'autant plus importante dans le rouge ($\lambda = 850nm$) que dans l'infra-rouge ($1300 - 1500nm$). L'utilisation de fibres dans la fenêtre des $850nm$ et $1300nm$ est courante. En revanche, la faible atténuation vers $1500nm$ tend à développer l'utilisation des fibres dans cette gamme spectrale, mais au prix d'un coût technologique élevé.

- *dispersion modale et spectrale*
Nous avons vu que l'étalement d'une durée d'impulsion était liée au type de fibre utilisé à cause de la dispersion modale, c'est-à-dire des différents chemins utilisés par les divers rayons lumineux incidents. C'est la raison pour laquelle la bande passante de la fibre sera directement liée au type de la fibre et sera maximale avec l'utilisation d'une monomode.
Il existe également une dispersion dite *spectrale*, dépendant notamment de la longueur d'onde de la source électromagnétique et de sa largeur spectrale (c'est-à-dire de l'étalement en longueurs d'ondes des signaux issus de la source).
La valeur globale de l'atténuation du signal dans la fibre liée à ces types de dispersion est une caractéristique de la fibre. La figure 4-18 représente une comparaison de ses variations pour une longueur d'onde optique donnée et pour un signal de modulation égal à f.

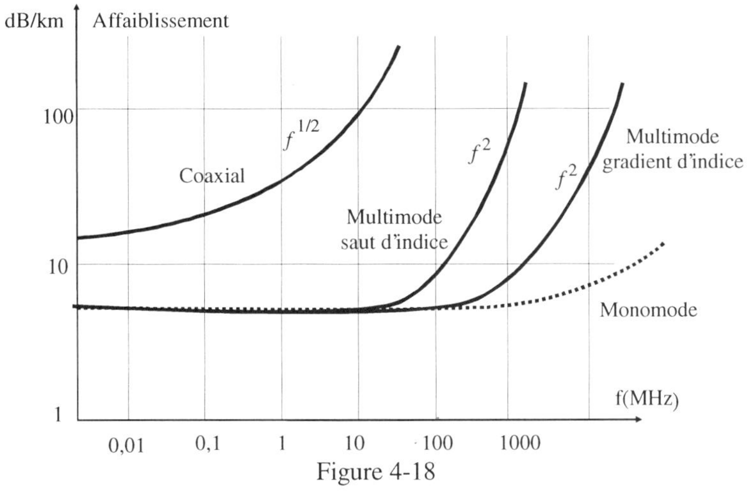

Figure 4-18

La bande passante B pour une longueur L de fibre est donnée par la loi empirique $B = \dfrac{B_0}{L^\gamma}$ avec $0{,}5 \leq \gamma \leq 1$, et dépend des conditions d'utilisation de la fibre (longueur, raccordements, conditions extérieures...). B_0 est en $MHz.km^\gamma$.

Le tableau 4-3 représente un exemple de valeurs typiques des paramètres de différentes fibres.

Type de fibre	Atténuation	B_0 (pour 1km)	Diamètre (µm)	Technologie
Plastique	$400 dB/km$	$20 MHz$	100	Saut d'indice
PCS	$10 dB/km$	$20 MHz$	400	Saut d'indice
Verre Multimode	$4 dB/km$	$500 MHz$	125	Gradient
Verre Monomode	$0{,}5 dB/km$	$1 GHz$	125	Monomode

Tableau 4-3

d) applications en télécommunications

La très grande largeur de bande passante ($> 1 GHz$ pour les fibres monomodes, $> 10 MHz$ pour les multimodes) autorise une utilisation variée dans le domaine des très hauts débits (voix, données images). Ainsi, le protocole FDDI (Fiber Distributed Data Interface) basé sur l'utilisation de fibres optiques, permet l'envoie des données à $100 Mbits/s$ jusqu'à $100 km$ de distance et sur des réseaux comportant jusqu'à 100 équipements.
Les câbles optiques sont faciles à manier et leur faible affaiblissement est un avantage pour des liaisons sur des grandes distances en minimisant le nombre de répéteurs nécessaires. Leur utilisation est préférée en environnement physique bruité car ils sont résistants aux perturbations électromagnétiques et à la diaphonie. Ils provoquent de plus une isolation électrique entre l'émetteur et le récepteur. Néanmoins, leur technologie de mise en œuvre n'est pas aisée et demande des interventions d'exploitation délicates et onéreuse ainsi que du matériel spécifique de raccordement.
Les supports à fibres optiques montrent des performances exceptionnelles et leur développement s'est très rapidement accru ces dernières années.

3. Transmissions par ondes rayonnées

Les ondes électromagnétiques rayonnées par une antenne se propagent dans l'*atmosphère* qui constitue un deuxième vecteur important dans la transmission de l'information.

3.1. L'atmosphère

C'est un milieu que l'on divise habituellement en quatre zones :

- la *troposphère* (altitude inférieure à $10 km$), seule couche en contact avec le sol, elle joue un rôle important dans la propagation car elle est caractérisée par la présence de nuages, de vents, et par une température variable avec l'altitude. Elle influence ainsi fortement le trajet des ondes électromagnétiques,
- la *stratosphère* (altitude comprise entre 10 et $40 km$), avec des propriétés physiques relativement stables, intervient peu dans la propagation,
- l'*ionosphère* (altitude comprise entre 40 et $500 km$), possède une structure complexe de couches plus ou moins fortement ionisées (c'est-à-dire ayant une densité d'électrons libres importante). Elle va jouer un rôle très important sur la propagation des ondes,
- l'*exosphère* (au-delà de $500 km$ d'altitude), n'a pas beaucoup d'influence sur la propagation. On y rencontre notamment la ceinture des satellites artificiels à $36000 km$ d'altitude par rapport à l'équateur.

3.2. Antennes[2]

Les antennes constituent l'élément actif qui permet de rayonner une onde électromagnétique. En effet, tout conducteur métallique parcouru par un courant électrique variable émet une vibration électromagnétique qui se propage à la vitesse de la lumière.

- puissance isotrope

Supposons une source de rayonnement fictive émettant une onde dans tout l'espace libre d'une manière uniforme (*source isotrope*) avec une puissance d'émetteur P_E. A une distance d de cette source, la puissance est donnée par :

$$P_{iso} = \frac{P_E}{4\pi d^2} \text{ en } W/m^2 \qquad (4\text{-}27)$$

Une telle antenne n'existe pas et le calcul de la puissance isotrope sert de référence pour évaluer le gain des antennes.

- Gain

Par définition, si le point de réception est suffisamment éloigné de l'antenne pour qu'elle puisse être considérée comme ponctuelle, le gain est égal au gain dans la direction de rayonnement maximal, soit :

$$G = \frac{P_{\max}}{P_{iso}} = \frac{P_{\max}}{P_E / 4\pi d^2} \qquad (4\text{-}28)$$

P_{max} désigne la densité de puissance rayonnée à une distance d dans la direction de rayonnement maximal.

- surface équivalente

La puissance reçue par une antenne est égale au produit de la densité de puissance à l'endroit où elle se situe par un coefficient homogène à une surface appelée *surface équivalente* et notée S. Cette surface est étroitement liée au type d'antenne utilisée.

Ainsi, les propriétés directives d'une antenne étant les mêmes à la réception qu'à l'émission pour un milieu isotrope, la relation existant entre le gain d'une antenne et sa surface équivalente est donné par : $G = \frac{4\pi S}{\lambda^2}$ (4-29)

- diagramme de rayonnement

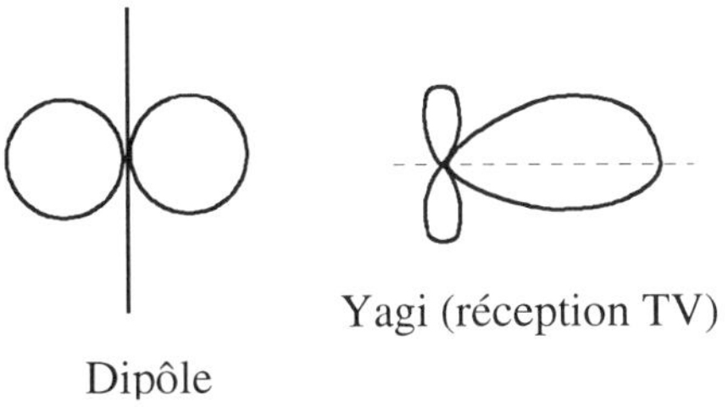

Figure 4-19

C'est une représentation spatiale de la puissance rayonnée par l'antenne (figure 4-19). Il est théoriquement tridimensionnel, mais pour des raisons de commodité, on le représente généralement par l'intersection d'un plan passant par l'antenne ou perpendiculaire à l'antenne.

- équation des télécommunications en espace libre

Supposons un émetteur de puissance P_E équipé d'une antenne de gain G_E de surface équivalente S_E. A la réception, on dispose d'une antenne de gain G_R de surface équivalente S_R. A une distance d, la densité de puissance rayonnée par la source est :

$$\frac{P_E G_E}{4\pi d^2} \qquad (4\text{-}30)$$

[2] Au cours de ce paragraphe, nous évoquons dans leur généralité certains principes liés aux antennes, leurs applications précises faisant l'objet d'autres chapitres.

Le récepteur capte alors :

$$P_R = \left(\frac{P_E G_E}{4\pi d^2}\right) S_R = \left(\frac{P_E G_E}{4\pi d^2}\right)\left(\frac{G_R \lambda^2}{4\pi}\right) = P_E G_E G_R \left(\frac{\lambda}{4\pi d}\right)^2 \quad (4\text{-}31)$$

L'*affaiblissement total* au cours de la liaison est donné par :

$$\alpha(dB) = 10\log\left(\frac{P_E}{P_R}\right) = 20\log\left(\frac{4\pi d}{\lambda}\right) - G_E(dB) - G_R(dB) \quad (4\text{-}32)$$

On en déduit l'*affaiblissement en espace libre* lié à la propagation :

$$A_{iso}(dB) = 20\log\left(\frac{4\pi d}{\lambda}\right) \quad (4\text{-}33)$$

Cette équation donne une valeur minimale de l'affaiblissement. Les conditions défavorables de propagation (mauvaises conditions climatiques, interférences avec d'autres signaux...) peuvent conduire à une atténuation beaucoup plus élevée.

3.3. Guides d'ondes

Lorsque la fréquence utilisée du signal à transmettre est très élevée, la transmission sur le support de type ligne coaxiale ou bifilaire devient impossible, en particulier du fait de la très forte atténuation qui en résulterait. Dans le domaine de hyperfréquences ou micro-ondes, c'est-à-dire pour des longueurs d'ondes métriques, centimétriques ou millimétriques, on a souvent recours à des supports spécifiques appelés *guides d'ondes*. Ceux-ci peuvent être :

- *métalliques* : dans ce cas, l'onde électromagnétique (OEM) se propage dans un diélectrique, lui-même délimité par un élément métallique,
- *diélectriques* : l'OEM se propage dans un milieu diélectrique délimité par une enveloppe diélectrique. C'est le cas des fibres optiques que nous avons déjà détaillé.

D'un point de vue géométrique, les plus usuels sont de type *rectangulaire* ou *circulaire*.

A une fréquence fixée, les expressions des ondes susceptibles de se propager dans une structure donnée sont obtenues par la résolution des équations de Maxwell. Ainsi, on peut obtenir les composantes longitudinales et transversales des champs électriques (E) et magnétique (H) de l'OEM.

a) guide d'ondes rectangulaire

La figure 4-20 représente un guide d'onde métallique rectangulaire.

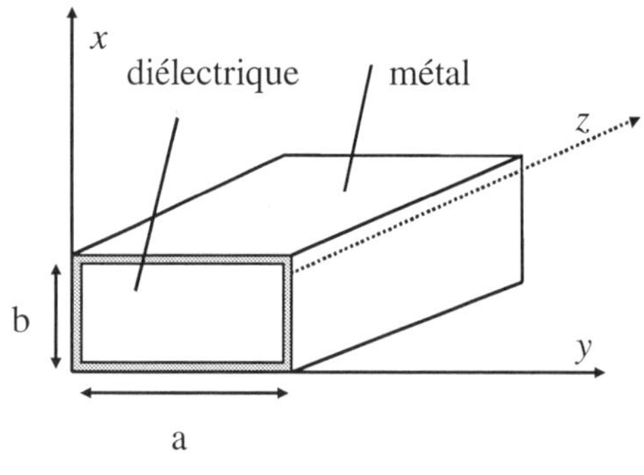

Figure 4-20

Les solutions obtenues après résolution des équations de propagation sont appelés *modes de propagation*. Pour un guide rectangulaire, il peuvent être de deux types et appelés :

- TE_{mn}, (Transverse Electrique), pour lesquels la composante du champ électrique est nulle suivant l'axe z de propagation ($E_z = 0$).,
- TM_{mn}, (Transverse Magnétique), pour lesquels la composante du champ magnétique est nulle suivant l'axe z de propagation ($H_z = 0$).

Les modes TEM (Transverse Electromagnétique), pour lesquels à la fois les champs E et H sont dans le plan perpendiculaire à la propagation (ici axe z) n'existent pas dans un guide rectangulaire.
Le modes TE_{mn} et TM_{mn}, où m et n sont des entiers, ne coexistent pas tous dans l'OEM qui se propage et on démontre que leur apparition n'est possible que dans certaines conditions liées à la géométrie du guide et à la fréquence de l'onde. Ainsi, on définit *la longueur d'onde de coupure du guide*, notée λ_C, telle que :

$$\lambda_C = \frac{2}{\sqrt{\left(\frac{m}{a}\right)^2 + \left(\frac{n}{b}\right)^2}} \qquad (4\text{-}34)$$

Si $\lambda < \lambda_C$, c'est-à-dire si la fréquence f de l'onde est supérieure à $f_C = \frac{2\pi}{\lambda_C}$, fréquence de coupure du mode correspondant, il n'y a pas de propagation du mode associé à λ_C. A l'inverse, si $\lambda > \lambda_C$, le mode de propagation apparaît dans le guide. Dans ce cas, on définit la *longueur d'onde de propagation guidée* λ_g selon l'axe z par :

$$\left(\frac{1}{\lambda_g}\right)^2 = \left(\frac{1}{\lambda}\right)^2 - \left(\frac{1}{\lambda_C}\right)^2 \qquad (4\text{-}35)$$

Exemple

Le mode TE_{10} est le premier qui apparaît dans la propagation quand la fréquence augmente.
Il est appelé mode fondamental. Il est tel que $\lambda_C = 2a$ et $\lambda_g = \lambda\left[1 - \left(\lambda^2 / 4a^2\right)\right]^{-1/2}$.

Dans la pratique, les parois du guide ne sont pas des conducteurs parfaits. En particulier, les courants dans les parois provoquent des pertes par effet Joule. On définit ainsi le coefficient d'atténuation α comme le rapport entre la puissance perdue dans les parois et la puissance totale transmise au diélectrique.

Pour le cas répandu d'un guide en cuivre rempli d'air, on obtient :

$$\alpha(dB/m) = \frac{1{,}47.10^{-4}}{a^{3/2}} \cdot \frac{\left(f_C / f\right)^{3/2} + (a/2b)\left(f/f_C\right)^{1/2}}{\left[1 - \left(f_C/f\right)^2\right]^{1/2}} \qquad (4\text{-}36)$$

La figure 4-21 donne une représentation de cette atténuation dans le cas particulier d'un guide R100 (Norme CEI 153) pour lequel $a = 22{,}86mm$ et $b = 10{,}16mm$.

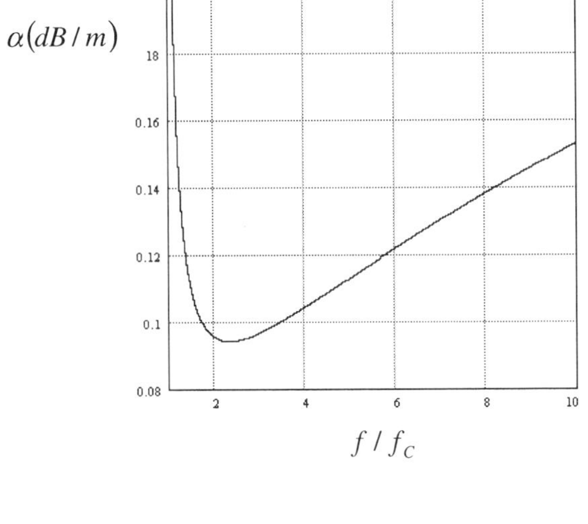

Figure 4-21

Cette atténuation interdit l'utilisation de ce type de guide sur des longues distances.

b) guide d'ondes circulaire

Un guide circulaire classique est représenté figure 4-22.

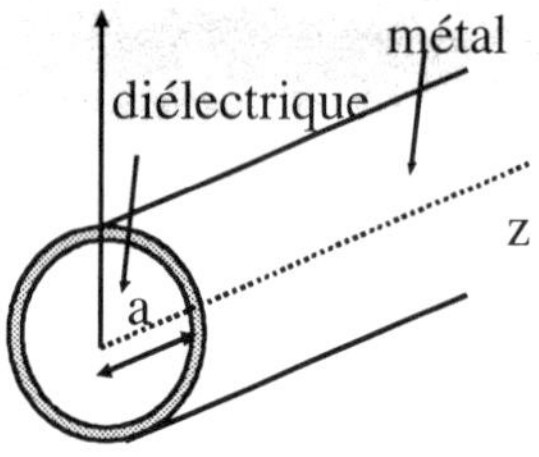

Figure 4-22

La propagation s'effectue, comme pour un guide rectangulaire, suivant les modes TE_{mn} et TM_{mn}.

Pour les modes TE_{mn} : $\lambda_C = \frac{2\pi a}{u'_{mn}}$ avec a : rayon intérieur du guide,

Pour les modes TM_{mn} : $\lambda_C = \frac{2\pi a}{u_{mn}}$, où u_{mn} et u'_{mn} sont les racines $n^{ièmes}$ des fonctions de Bessel de 1ère espèce d'ordre m et de leurs dérivées.

Exemple

Mode TE_{11} (premier mode qui apparaît), $u'_{11} = 1{,}841$ soit $\lambda_C = 3{,}41a$
Mode TM_{01} (deuxième mode apparaissant), $u_{01} = 2{,}405$ soit $\lambda_C = 2{,}61a$.

L'expression de l'atténuation dépend des différents modes de propagation. On peut noter la cas particulier du mode TE_{01} pour lequel α est une fonction décroissante de la fréquence. Cette propriété a été utilisée il y a quelques années pour des projets de transmission sur des longues distances, mais le développement des fibres optiques sa provoqué l'abandon de ces études.

3.4. Autres guides

On peut noter les *guides elliptiques*, présentant des pertes plus faibles que les guides circulaires, souvent utilisés dans les systèmes à faisceaux Hertziens, les *guides à nervures*, permettant d'abaisser la fréquence de coupure du mode fondamental TE_{10} par rapport à un guide rectangulaire, et les *guides en H*, *en U* ou *à rainures*, intéressants au-delà de $100GHz$ pour leur propriétés favorables du point de vue des pertes et de leur dimensionnement.

4. Exercices

4-1

Calculer la capacité théorique C du canal de transmission d'une ligne téléphonique du réseau commuté (RTC) en considérant le rapport signal/bruit $R_{S/N} = 25dB$ et la bande passante du signal comprise entre 300 et $3400Hz$.

$B = 300 - 3400Hz$. On a: $R_{S/N(dB)} = 10.\log_{10}\left(\frac{P_S}{P_N}\right)$ → $R_{S/N} = 10^{25/10} = 316$.

On déduit $C = 3100.\log_2(1+316) = 25756 bit/s$

4-2

Un bouquet de chaînes de TV numérique permet de transmettre 8 émissions par répéteur satellite de bande passante $33MHz$, avec un flux total de $27{,}5Mbit/s$. Les images sont codées grâce à un procédé de compression de données (MPEG-2).

1. Si la définition d'une image est de 576 lignes de 756 points chacune, calculer le débit nécessaire pour transmettre un chaîne TV à 25 images /s.
2. Calculer le débit théorique nécessaire à chaque répéteur. Conclusion.
3. Le signal numérique transmis est tétravalent. Calculer la rapidité de modulation.
4. Calculer le rapport $R_{S/N}$ minimum pour la transmission.
5. On fixe $R_{S/N} = 60dB$. Quel est le débit numérique que pourrait fournir chaque répéteur. En déduire le débit disponible pour chaque chaîne.

1. Nombre de bits $n = 576.756 = 43545$ donc $D_1 = n.25 = 10{,}886Mbit/s$.
2. $D_r = 8.D_1 = 86{,}4Mbit/s$. On comprime alors les données afin de réduire ce débit utile.
3. $F_S = (27{,}5Mbit/s)/\log_2(4) = 13{,}75MBd$.
4. $C = B.\log_2(1 + R_{S/N})$ soit $R_{S/N} = -1{,}08dB$.
5. $C = 657Mbit/s$ donc $D_{1chaine} = C/8 = 82Mbit/s$.

4-3

Un radio-amateur désire installer une antenne en haut de son immeuble pour émettre sur $144MHz$. La liaison entre l'émetteur et le récepteur se fait par l'intermédiaire d'un câble coaxial de 30 mètres. On donne $Z_C = 50\Omega$, $D = 10{,}8mm$ et $d = 2{,}25mm$. La puissance d'émission est de $100W$.

1. Déterminer les paramètres primaires R, L et C de la ligne (G sera négligée).
2. Calculer l'atténuation α ainsi que la permittivité relative ε_r de l'isolant.
3. Quelle est la puissance disponible au bout de *30* mètres de câble ?

1. $L(mH/km) = 0{,}2\ln(D/d) = 0{,}314$ et $Z_C = 50\Omega = \sqrt{L/C}$ soit $C = 125pF/m$ $R = 535\Omega/km$
2. $C(\mu F/km) = \varepsilon_r/(18\ln(D/d))$ soit $\varepsilon_r = 3{,}53$. $\alpha = 5{,}34Np/km = 4{,}63dB/100m$.
3. Niveau d'émission $L_E = 10\log(P_E/1mW) = 50dBm$. Sur $30m$, $\alpha = 1{,}39dB$ donc, niveau de réception : $L_R = L_E - \alpha = 48{,}61dB$ soit puissance de réception $P_R = 72{,}4W$.

4-4

Une entreprise souhaite étendre son réseau par l'ajout d'une ligne spécialisée entre deux sites distants de $10km$. Pour cela, elle décide d'utiliser deux codeurs en bande de base (voir chapitre 5) et une ligne dont le diamètre des fils est de $0{,}8mm$.

1. Faire un schéma représentant la liaison entre deux ordinateurs distants par l'intermédiaire de la ligne proposée.
2. On donne pour paramètres primaires : $R = Cte$ pour $f < 20kHz$, $C = 75nF/km$ et $\rho = 30.10^{-9}\Omega/m$. Calculer la distance maximale de la ligne pour des débits de $300bits/s$ et $19200bits/s$ en code biphasé. La sensibilité du récepteur est de $-60dBm$ et l'amplitude maximale du signal de sortie sur la ligne $a = 5V$.
3. Calculer les paramètres secondaires de la ligne à $300Hz$ et $19200Hz$.

1.

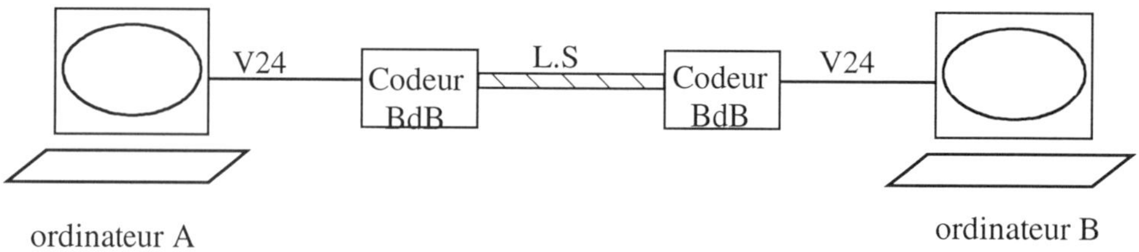

2. Puissance émise : pour un code biphase (voir chapitre 5) $P_{max} = a^2 T$ avec $T = \frac{1}{300} s$ ou $\frac{1}{19200} s$. Donc $\begin{cases} P_{300\,Hz} = \frac{25}{300} = 83{,}3mW \text{ soit } 19{,}2dBm \\ P_{19200\,Hz} = \frac{25}{19200} = 1{,}3mW \text{ soit } 1{,}14dBm \end{cases}$. Puissance minimale reçue : $P_{min} = -60dBm$. Atténuation sur la ligne $(L\omega << R)$: $\alpha = \frac{RC\omega}{2}(Np/km)$ et $R = \frac{\rho l}{S}$ où $S = \pi r^2$, $r = 0{,}4mm$ (rayon de la ligne). On en déduit $R = 596\Omega/km$ et $\alpha = 0{,}103\sqrt{f}(dB/km)$. $\alpha_{300\,Hz} = 1{,}78dB/km$ et $\alpha_{19200\,Hz} = 14{,}27dB/km$. On en déduit la longueur de la ligne $l_{ligne} = \frac{P - P_{min}}{\alpha}$, soit $\begin{cases} l_{300\,Hz} = 44{,}5km \\ l_{19200\,Hz} = 4{,}3km \end{cases}$.

3. $Z_C = \sqrt{\frac{R + jL\omega}{G + jC\omega}} = \sqrt{\frac{R}{jC\omega}}$ car $L\omega << R$ et $G \equiv 0$. $Z_C = \sqrt{\frac{R}{C\omega}} exp\left(-j\frac{\pi}{4}\right)$ donc $|Z_C| = \frac{3556}{\sqrt{f}}$, $\alpha(dB/km) = 0{,}103\sqrt{f}$, $\beta(rad/km) = 0{,}183.10^{-3}\sqrt{f}$.

4-5

On souhaite réaliser une liaison haute fréquence à $400MHz$ entre deux points distants de $5km$. La sensibilité du récepteur est $S_R = -120dBm$.

A) Le support de transmission est un câble coaxial tel que $\alpha = 5dB/100m$.

1. Donner le niveau d'émission nécessaire pour réaliser cette transmission. En déduire la puissance d'émission.
2. On dispose d'amplificateurs de $30dB$. La puissance de l'émetteur est de $100W$. Sachant que le niveau sur le support doit toujours être supérieur à $-130dBm$, proposer une solution intégrant les amplis permettant de réaliser cette liaison.

B) Le support est un faisceau Hertzien.

1. Calculer la longueur d'onde associée à la fréquence utilisée.
2. Donner la puissance minimale pour réaliser cette liaison.
3. La puissance d'émission est fixée à $100W$, les émetteurs étant en visibilité. Calculer la longueur maximale de la liaison.

C) Le support est une liaison satellite.On considère un satellite géostationnaire ($36000km$ d'altitude) émettant à $f = 11GHz$ avec une puissance de $100W$.

1. Sans antenne : calculer le niveau de réception en dBm.
2. Avec antennes : les antennes d'émission et de réception ont respectivement un gain de $G_E = 50dB$ et $G_R = 40dB$. Calculer l'affaiblissement total de la liaison ainsi que le niveau de réception en dBm

A)- 1. $\alpha_{TOT} = (5/0{,}1)5 = 250dB$. Niveau d'émission $L_E = L_R + \alpha_{TOT} = S_R + \alpha_{TOT} = 130dBm$. On en déduit $P_E = 10GW$! La transmission directe sur ce support n'est pas envisageable.

2. $P_E = 100W$ soit $L_E = 50dBm$, $\alpha = 50dB/km$ donc $l_1 = \dfrac{L_E - L_{\min}}{\alpha} = 3{,}6km$. A cette distance, on pose un ampli donc le niveau est $L_{l_1} = -100dB$. $l_2 = \dfrac{L_{l_1} - L_{\min}}{\alpha} = 0{,}6km$ soit en tout $4{,}2km$. De même $l_3 = 4{,}8km$. Pour $200m$, $\alpha = 10dB$ donc au bout de $5km$, $L_R = -110dBm$. Pour que le niveau minimal ne soit jamais atteint, il faut placer les amplis en amont des distances calculées.

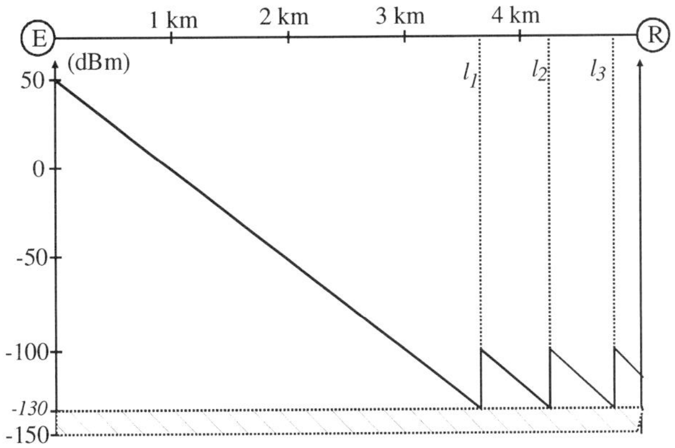

B)- 1. $\lambda = \dfrac{c}{f} = \dfrac{3.10^8}{144.10^6} = 0{,}75m$

2. L'atténuation en espace libre est donnée par $A = 20\log\left(\dfrac{4\pi.5000}{0{,}75}\right) = 99dB$. Le niveau d'émission $L_E = S_R + A = 21dBm$ soit $P_E = 8\mu W$. $L_R = L_E - 20\log\left(\dfrac{4\pi}{\lambda}\right) - 20\log D$ soit encore $L_R = -46 - 20\log D$ nous permet de tracer l'hypsogramme de la liaison.

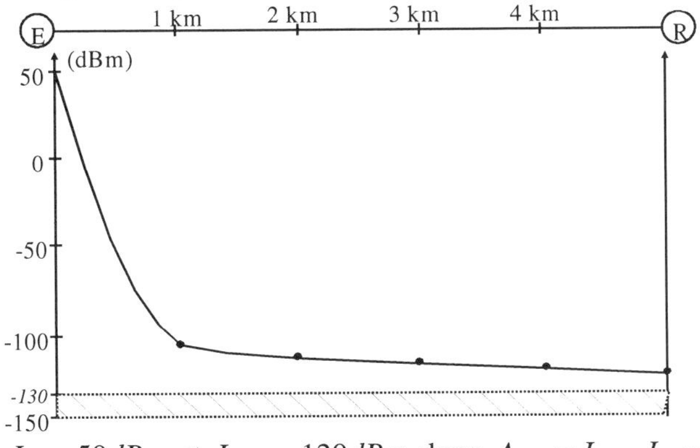

3. $P_E = 100W$ soit $L_E = 50dBm$ et $L_R = -120dBm$ donc $A_{\max} = L_E - L_R = 170dB$. On en déduit $d_{\max} = 18{,}873km$.

C)- 1. $\lambda = \dfrac{c}{f} = 2{,}7cm$, $A = 204dB$, $L_E = 50dBm$ soit $L_R = L_E - A = -154dBm$.

2. $A = 20\log\left(\dfrac{4\pi d}{\lambda}\right) - G_E - G_R = 114dB$ soit $L_R = -64dBm$. Sans antenne : $L_R = -23 - 20\log d$. Avec antenne, on rajoute $50dBm$ sur la liaison et $40dBm$ à l'arrivée.

4-6

On souhaite donner un ordre de grandeur de la portée d'un système de transmission par fibre optique en se basant sur un bilan de puissance. Les émetteurs de lumière sont une diode laser et une diode électro-luminescente (LED) à $\lambda = 850nm$, ayant des niveaux d'émission respectifs de $5dBm$ et $-20dBm$. La fibre possède une atténuation de $2{,}5dB/km$. A la réception, on place une diode PIN ou une photodiode à avalanche, ayant des seuils de détection respectifs de $-41dBm$ et $-56dBm$.

1. Tracer sur le même graphe la puissance optique émise (en dBm) en fonction de la portée pour les différents systèmes d'émission et de réception.
2. Quel est le couple (émission-réception) qui permet d'obtenir une portée maximale. Que vaut-elle ?

1.

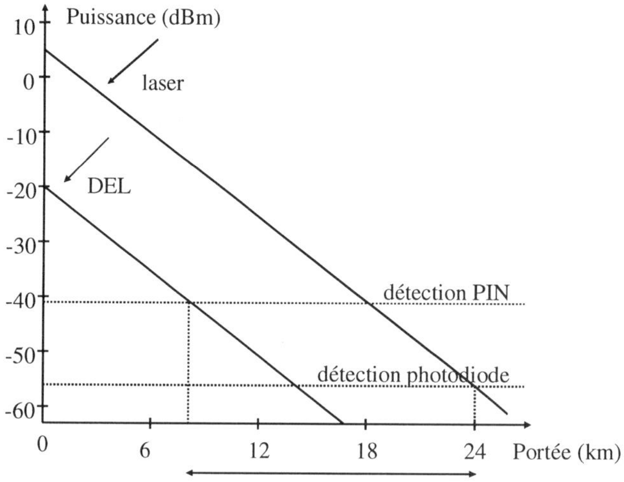

portées maximales entre 8 et 24

2. La photodiode à avalanche réduit le seuil de détection donc augmente la portée. Le couple (laser-photodiode) donne une portée théorique de $24km$. En réalité, il faut tenir compte de la bande passante de la fibre qui diminue avec sa longueur. Ainsi, les valeurs obtenues sont surévaluées.

Chapitre 5

Transmission numérique d'un signal en bande de base

La transmission numérique en *bande de base* est très largement utilisée pour la transmission de signaux sur de courtes distances, c'est le cas par exemple des réseaux locaux (*Ethernet*) ou des liaisons point à point (*V*24). Les méthodes de transmission du signal sont liées aux caractéristiques intrinsèques du canal de transmission. Le canal peut être soit un filtre passe-bas soit un filtre passe-bande. Dans le premier cas, il est possible de transmettre le signal sans transposition du spectre. Cette méthode de transmission est appelée bande de base.
La première partie du chapitre est consacrée à la définition des principes de la transmission en bande de base, tels que la transmission *synchrone/asynchrone* ou l'étude des formats et codes de transmission qui assurent une adaptation optimale du signal au canal.
La seconde partie aborde le problème de la qualité de la transmission et de l'interférence intersymbole. La troisième partie expose les techniques de reconstruction du signal reçu au travers d'un canal.

1. Transmission en bande de base

1.1. Définitions

Il existe un langage propre à la transmission numérique des signaux. Nous présentons les principales définitions qu'il est important de connaître. En effet, on ne fait pas souvent la différence entre les termes bauds et bit/s ou encore entre code et format.

Symbole : élément constitué de n bits
Format : c'est la représentation physique du signal émis.
Code : c'est le résultat de la transformation d'un message numérique en un autre message numérique.

1.2. Principe de la transmission

La transmission d'un signal numérique en bande de base est un moyen de transmission simple à mettre en œuvre. Il consiste à transmettre le signal sans modification de son spectre. Dans le cas d'une transmission numérique, le signal binaire est transformé en une grandeur électrique (*mise au format* ou *codage source*) afin de l'adapter aux contraintes du canal de transmission. Le système qui réalise cette opération est appelé *ERBdB* (*Emetteur Récepteur Bande de Base*) nommé aussi *ETCD* (*Equipement Terminal de Circuit de Données*).

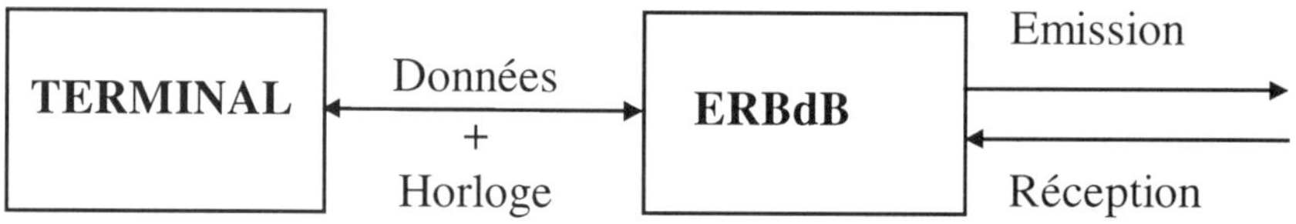

Figure 5-1

Cet adaptateur entre le terminal nommé *ETTD* (*Equipement Terminal de Traitement de Données*) et le canal de transmission doit être capable à la réception de transformer correctement les signaux électriques reçus en valeurs numériques malgré les distorsions (bruit, filtrage) du signal.

1.3. Transmission synchrone/asynchrone

Il existe deux types de transmission de données. Le premier est la transmission *asynchrone*. L'intervalle de temps qui sépare l'envoi de chaque mot est aléatoire et dépend de l'émetteur (Figure 5-2).
La synchronisation du récepteur sur le message envoyé est réalisée à l'aide d'un ou plusieurs bits de *Start* (début) et de *Stop* (fin) qui encadrent chaque mot, signifiant ainsi au récepteur le début et la fin du message.

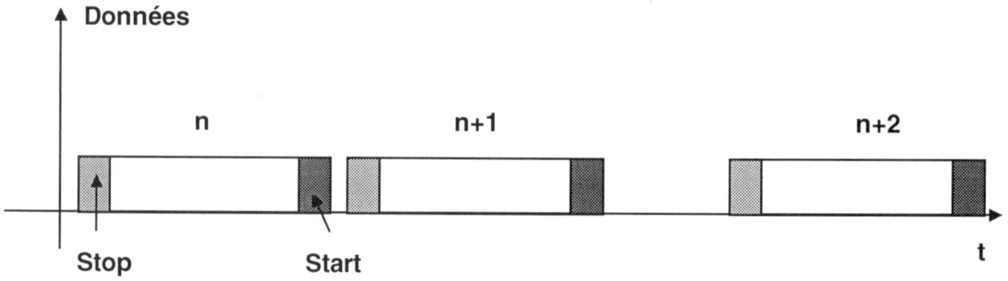

Figure 5-2

Le second est la transmission *synchrone*. Les données sont rythmées par une horloge qui assure un temps constant entre chaque bit envoyé, mais aussi entre chaque mot. Les données sont remplacées par des octets de synchronisation lorsqu'il n'y a aucune information à émettre.

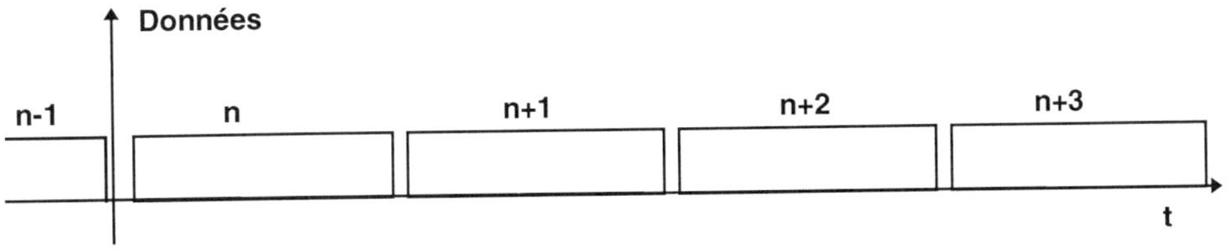

Figure 5-3

En règle générale, le récepteur doit reconstituer l'horloge si elle n'est pas transmise. Il utilise pour cela des techniques de *récupération d'horloge* ou *récupération de rythme* qui permettent d'extraire celle-ci à partir du signal reçu.

1.4. Formats et codes

Un message binaire est représenté par une suite de 1 et de 0 (Figure 5-4). La mise au format d'un signal binaire est rendue nécessaire par l'utilisation du canal de transmission. Celui-ci présente des caractéristiques électriques qui lui sont propres. Aussi faut-il adapter le signal à ces caractéristiques afin de réduire au minimum les distorsions induites lors de la transmission. Certains formats permettent de récupérer aisément l'horloge de bits.

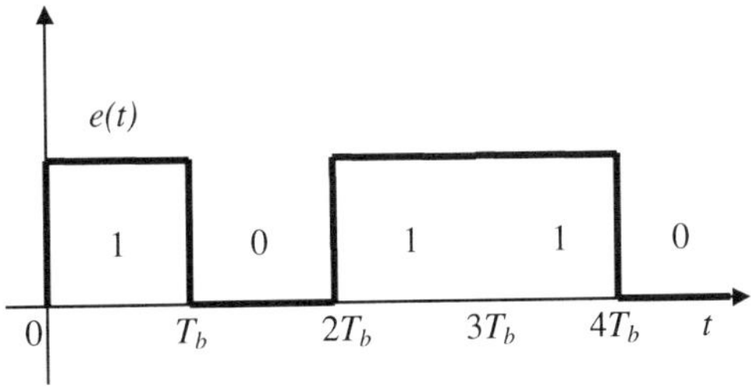

Figure 5-4

Plusieurs types de formats sont utilisés. Il existe en réalité deux catégories très différentes : les formats *retour-à-zéro (RZ)* et *non-retour-à-zéro (NRZ)*.

a) Formats RZ

- *Unipolaire RZ :*

C'est une représentation unipolaire, c'est-à-dire que le niveau logique 1 correspond à une tension positive V_0 durant la première demi-période T_b et 0V durant la seconde. Le niveau 0 correspond à une tension nulle (Figure 5-5).

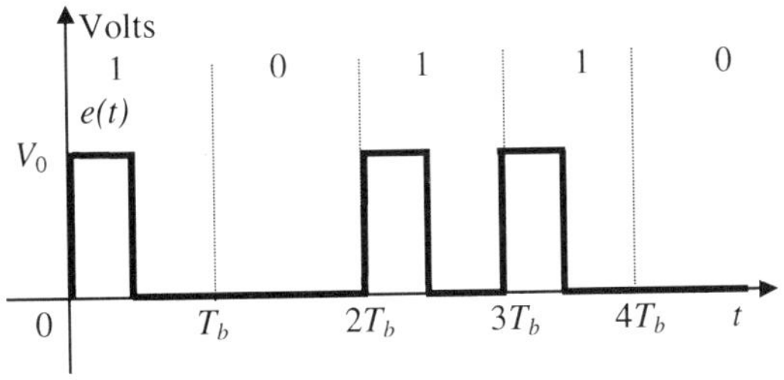

Figure 5-5

- *Bipolaire RZ* :

Le premier 1 logique est représenté par une tension positive V_0 pendant la première demi-période et 0V durant la seconde. Le 0 logique est toujours représenté par une tension nulle. Le second 1 logique correspond à une tension négative $-V_0$. Le troisième reprend alors le format du premier et ainsi de suite (Figure 5-6).

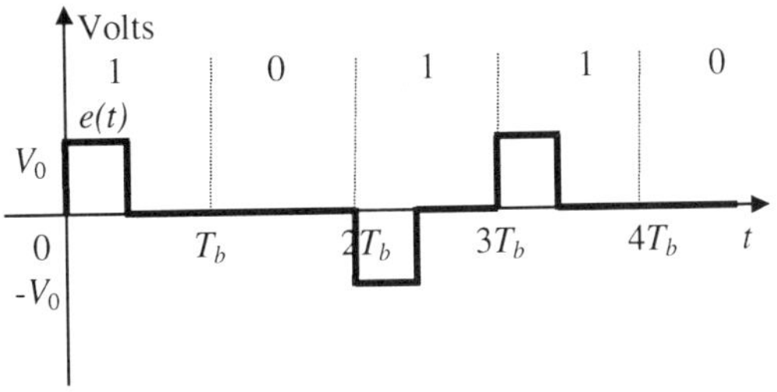

Figure 5-6

b) Formats NRZ

- *Unipolaire NRZ* :
C'est un codage naturel où le 1 logique est représenté par la tension positive V_0 et le 0 logique par 0V (voir Figure 5-7).

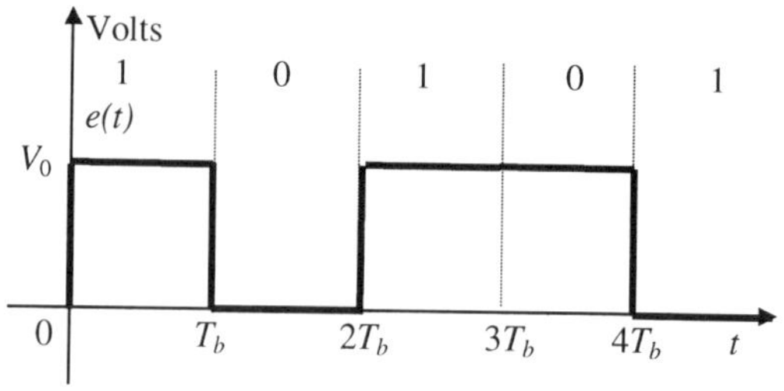

Figure 5-7

- *Polaire NRZ* :
Le niveau logique 1 est représenté par la tension positive V_0 et le 0 logique par la tension négative $-V_0$ (voir Figure 5-8).

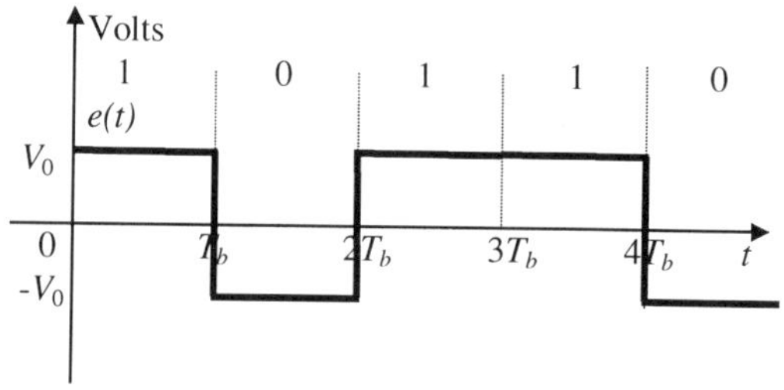

Figure 5-8

- *Code Manchester* :
Le code Manchester ou biphase remplace le bit 0 par le code 01 (front montant) et le bit 1 par le code 10 (front descendant). On associe ensuite un format au signal numérique (ex: NRZ). Chaque bit de niveau logique 1 est représenté par une tension positive V_0 pendant une demi-période T_b suivi d'une tension négative $-V_0$. Le bit 0 a la représentation inverse du bit 1 (Figure 5-9). L'information est maintenant codée dans les transitions du signal.

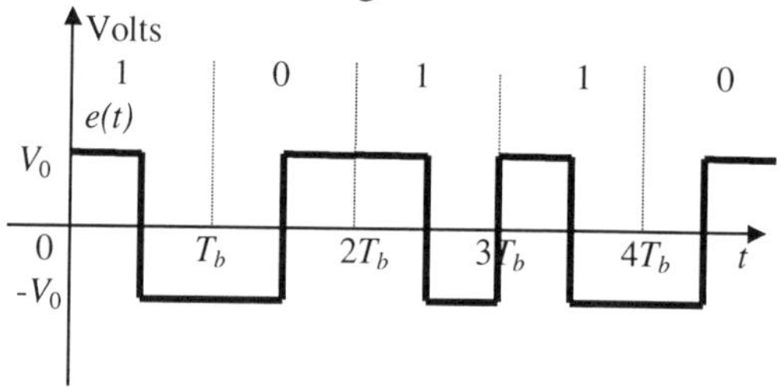

Figure 5-9

- *Code Haute Densité Bipolaire d'ordre n (HDBn)* :
C'est un format bipolaire à l'intérieur duquel est ajouté un bit de viol lorsque il y a une suite de n zéros (Figure 5-10, n=3). Ce bit de viol permet d'augmenter la densité du message et de diminuer ainsi la fluctuation de la phase (*gigue de phase*) lors de la récupération de l'horloge.

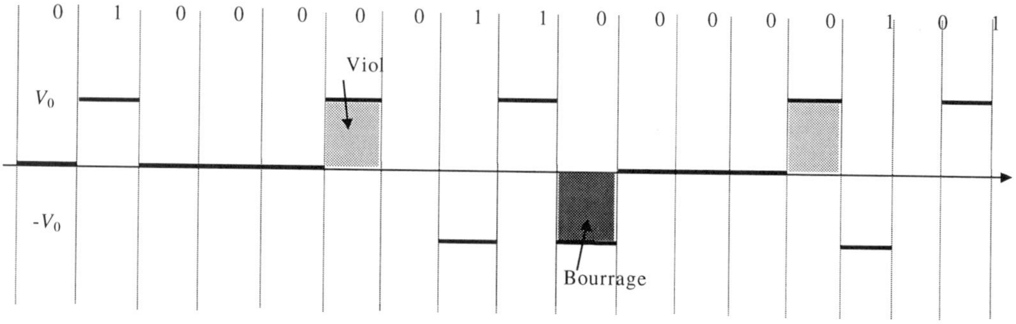

Figure 5-10

Un bit de bourrage est ensuite introduit afin d'assurer la neutralité électrique, c'est-à-dire une tension moyenne nulle. Chaque séquence de quatre zéros provoque l'apparition d'un bit mis à 1 sur le quatrième zéro. Ce bit apparaît avec la même polarité que le précédent 1 (bit de viol). L'apparition de ces bits de viol peuvent modifier la neutralité électrique. Un bit de bourrage qui respecte la loi de bipolarité est ajouté sur le premier zéro de la séquence de quatre bits afin de rétablir cette neutralité. Ce type de code est utilisé pour les transmissions téléphoniques numériques (MIC). Ces codes sont souvent utilisés dans les transmissions numériques en bande de base car ils assurent une composante continue nulle, une largeur de spectre réduite et permettent parfois une auto-correction.

c) Codage du canal

La communication des données peut être entachée d'erreurs. Il est possible de diminuer ou d'éliminer ces erreurs par des méthodes de contrôle d'erreur. Il existe deux techniques très différentes.

La première consiste à renvoyer l'information si une erreur est détectée (*ARQ*, *Automatic Repeat Request*). Cette méthode est utilisée dans des liaisons entre ordinateurs (protocole *Xmodem*) lorsqu'il est possible de transmettre un accusé de réception (*ACK*) assez rapidement (full-duplex). La détection de l'erreur dans ce cas est faite par l'envoi d'un octet (ou plusieurs) qui représente la somme (modulo 1 octet) des octets envoyés. Si la somme des octets reçus ne correspond pas à cet octet, le récepteur envoie un octet de non réception (*NACK*) afin que l'émetteur lui renvoie l'ensemble des données.

La deuxième méthode consiste à utiliser des codes *auto-correcteurs* (*FEC: Forward Error Correction*). Le symbole binaire est codé en un autre symbole de plus grande taille en utilisant un algorithme approprié afin que le récepteur soit capable de restituer le symbole initial lorsqu'une erreur est détectée.

Il y a deux familles différentes de codes auto-correcteurs :

- Codage par blocs *: on fait correspondre à chaque mot de* k *bits un mot de* n *bits, avec* n>k. *On appelle* distance de Hamming *la différence* d_H=n-k. La *théorie du codage* assure qu'il est possible :

→ de détecter une erreur portant sur d_H-1 bits.
→ de corriger toute les erreurs portant sur (d_H-1)/2 bits.

A l'aide d'un bit de parité, on peut détecter une erreur sur 1 bit (d_H=2), mais il est impossible de la corriger.

- *Codage par convolution* : on transforme k mots de n bits (trame d'entrée) en m mots de n bits (trame de sortie), avec $m>k$. Les mots sont transformés à l'aide d'un algorithme proche du produit de convolution.

Ce code est très robuste aux erreurs et permet une bonne restitution à la réception. Le décodage optimal est basé sur *l'algorithme de Viterbi* (commande optimale).

d) Analyse spectrale des différents formats et codes

Les signaux transmis dans le canal ont des propriétés qui dépendent du format utilisé. Nous allons étudier et tracer l'occupation spectrale de ces signaux. On ne peut pas calculer la transformée de Fourier d'un signal aléatoire. Il existe des outils tels que la *densité spectrale de puissance* qui permet d'obtenir des informations sur le spectre du signal.

- *Densité spectrale de puissance* :

Considérons le signal numérique $s(t)$ décomposable en une somme de signaux élémentaires telle que :

$$s(t) = \sum_{n=-\infty}^{+\infty} \alpha_n . e(t - nT_b) \tag{5-1}$$

avec $e(t)$ le signal élémentaire sur une période de bit (T_b). Les coefficients α_n dépendent du format utilisé et peuvent prendre les valeurs 1, -1 ou 0.

Le signal est composé d'une somme d'échantillons $e(t)$. Effectuons le calcul sur un intervalle de temps fini $T=(2N+1)T_b$. On obtient ainsi :

$$s(t) = \sum_{n=-N}^{N} \alpha_n . e(t - nT_b)$$

La densité spectrale de puissance (chapitre 1) est la transformée de Fourier de la fonction d'autocorrélation du signal. La transformée de Fourier du signal $s(t)$ est donnée par la relation suivante :

$$S(f) = TF[s(t)] = \sum_{n=-N}^{N} \alpha_n . TF[e(t - nT_b)]$$

En utilisant le théorème du retard, on obtient :

$$S(f) = E(f). \sum_{n=-N}^{N} \alpha_n e^{j2\pi f n T_b}$$

En remplaçant l'expression de $S(f)$ dans l'équation de la densité spectrale de puissance (équation 1-64), on obtient :

$$DSP_s(f) = \lim_{T \to \infty} \left(\frac{|E(f)|^2}{T} \left| \sum_{n=-N}^{N} \alpha_n e^{-j2\pi f n T_b} \right|^2 \right) \tag{5-2}$$

En considérant et développant l'expression (5-2), on obtient la relation de la densité spectrale de puissance pour un signal binaire quelconque :

$$DSP_s(f) = \frac{|E(f)|^2}{T_b} . \sum_{k=-\infty}^{\infty} R_k e^{j2\pi f k T_b} \tag{5-3}$$

Lorsque les coefficients R_k sont différents de zéro, on peut écrire ce résultat la forme suivante [COU.93] :

$$DSP_s(f) = \frac{|E(f)|^2}{T_b} . \left((R_0 - R_k) + \frac{R_k}{T_b} . \sum_{n=-\infty}^{\infty} \delta(f - \frac{n}{T_b}) \right) \tag{5-4}$$

R_0 correspond à la fonction d'autocorrélation du signal à l'instant t=0. La densité spectrale de puissance se décompose en deux parties. Une partie continue et une partie discrète qui représente les raies aux fréquences multiple de la fréquence de bits.

- *Polaire NRZ* :
Le format polaire NRZ est constitué de deux valeurs distinctes V_0 et -V_0 (Figure 5-8). La fonction élémentaire $e(t)$ est représentée (Figure 5-11) par un signal d'amplitude V_0, de durée T_B.

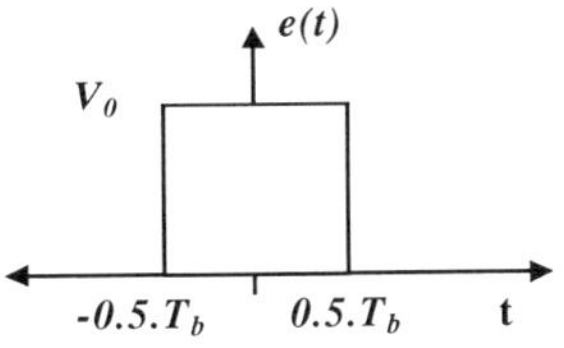

Figure 5-11

On déduit la transformée de Fourier du signal élémentaire $E(f)$:

$$E(f) = V_0.T_b.\frac{\sin(\pi.f.T_b)}{\pi.f.T_b} \tag{5-5}$$

La réponse en fréquence est tracée sur la courbe ci-dessous (Figure 5-12). Le calcul de la fonction d'autocorrélation des coefficients α se décompose en deux parties : R_0 et R_k.

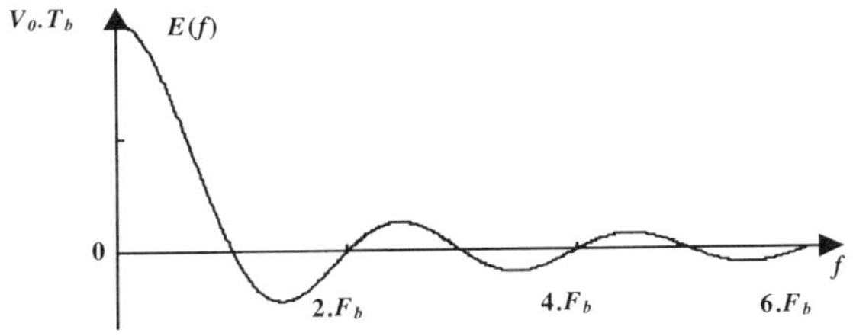

Figure 5-12

A l'instant t=0, il y a deux niveaux logiques possibles : 1 ou 0. Le nombre de combinaisons C_o est donc égal à 2. On considère qu'il y a équiprobabilité dans le nombre d'apparition des niveaux logiques 1 et 0, c'est-à-dire que la probabilité P_r qu'un niveau logique 1 apparaisse sur le signal est égale à celle d'un niveau logique 0. On déduit Pr=0,5.

$$R_0 = \sum_{j=1}^{2}\left(\alpha_n^2\right)_j.\mathrm{Pr}_j = (1)^2.\frac{1}{2} + (-1)^2.\frac{1}{2} = 1$$

Le niveau logique 1 est représenté par V_0 et le niveau logique 0 par -V_0. Les termes α_n prennent 2 valeurs : α_1=1 et α_0=-1.

Le calcul de R_k correspond au calcul de la fonction d'autocorrélation pour les instants différents de 0. Il y a quatre choix possibles : 11, 10, 01, 00. Le nombre C_o est égal à 4 et la probabilité P_r=0,25. En remplaçant les niveaux logiques par leurs valeurs (1 et -1), on obtient :

$$R_k = \sum_{j=1}^{4}\left(\alpha_n\alpha_{n+k}\right)_j.\mathrm{Pr}_j = (1).(1).\frac{1}{4} + (1).(-1).\frac{1}{4} + (-1).(1)\frac{1}{4} + (-1).(-1)\frac{1}{4} = 0$$

$$DSP_s(f) = V_0^{\,2}.T_b\left(\frac{\sin(\pi.f.T_b)}{\pi.f.T_b}\right)^2 \qquad (5\text{-}6)$$

En reportant ces résultats dans l'équation (5-3), on obtient l'expression finale de la densité spectrale de puissance d'un signal numérique au format polaire NRZ .

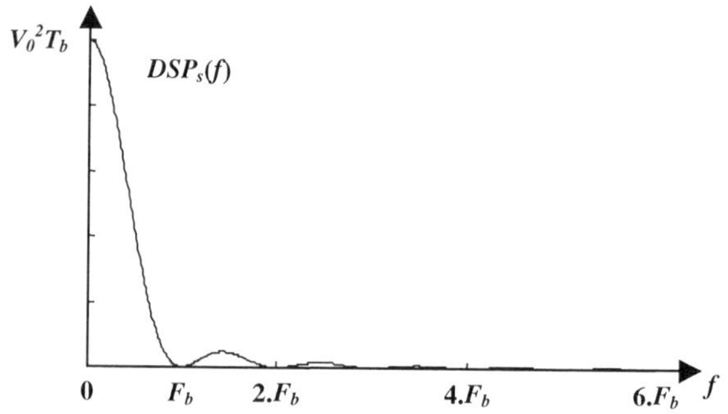

Figure 5-13

On remarque que le spectre du signal numérique est principalement contenu dans le domaine [0-F_b]. Le format polaire NRZ a une forte densité spectrale dans les basses fréquences et notamment pour le continu (Figure 5-13).

Cette particularité peut être pénalisante si le support de transmission ne laisse pas passer la composante continue.

De plus, ce format ne présente aucune raie spectrale à la fréquence rythme ou fréquence de bits. Il est donc difficile de récupérer le signal d'horloge.

- *Unipolaire NRZ* :
Le format unipolaire NRZ se différencie du format polaire NRZ par deux valeurs non symétriques (Figure 5-7). Le niveau logique 1 est associé à une tension V_0 et le niveau logique 0 à une tension nulle. Les termes α peuvent prendre 2 valeurs distinctes 1 et 0. On garde le signal élémentaire *e(t)* utilisé pour le format polaire NRZ. En considérant les mêmes conditions d'équiprobabilité d'apparition des deux niveaux logiques on obtient :

$$R_0 = (1)^2.\frac{1}{2} + (0)^2.\frac{1}{2} = \frac{1}{2}\,, \qquad R_k = (1).(1).\frac{1}{4} + (1).(0).\frac{1}{4} + (0).(1)\frac{1}{4} + (0).(0)\frac{1}{4} = \frac{1}{4}$$

La densité spectrale de puissance du signal unipolaire NRZ est :

$$DSP_s(f) = \frac{T_b.V_0^{\,2}}{4}.\left(\frac{\sin(\pi.f.T_b)}{\pi.f.T_b}\right)^2 + \frac{V_0^{\,2}}{4}\delta(f) \qquad (5\text{-}7)$$

La densité spectrale de puissance du format unipolaire NRZ est quasiment identique à celle du format polaire NRZ avec une raie à la fréquence 0 qui représente la valeur moyenne au carré du signal.

Les autres termes de la partie discrète du spectre sont nuls car la fonction *E(f)* s'annule pour la fréquence de bits et ses multiples.

- *Manchester NRZ* :

Ce format est très différent des précédents. Un niveau logique 1 est traduit par $1.e(t)$ et un niveau logique 0 par $(-1).e(t)$. On déduit de ces hypothèses les termes α_n , avec $\alpha_1=1$ et $\alpha_0=-1$. La transformée de Fourier de $e(t)$ est égale à :

$$E(f)=V_0.i.\frac{1-\cos(\pi f T_b)}{\pi f}$$

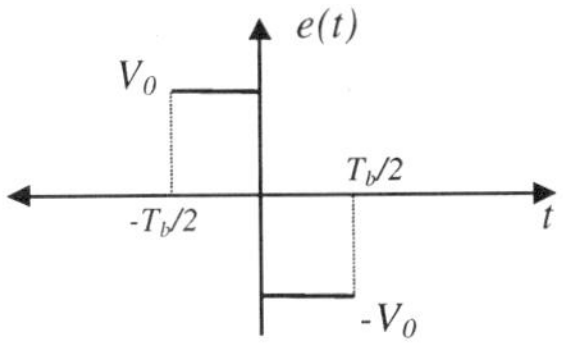

Figure 5-14

On déduit, de cette équation, l'expression du module au carré :

$$\left|E(f)\right|^2=V_0^2.T_B^2\left(\frac{1-\cos(\pi f T_b)}{\pi f T_B}\right)^2 \tag{5-8}$$

Les composants de la fonction d'autocorrélation sont :

$$R_0=(1)^2.\frac{1}{2}+(-1)^2.\frac{1}{2}=1,\qquad R_k=(1).(1).\frac{1}{4}+(1).(-1).\frac{1}{4}+(-1).(1)\frac{1}{4}+(-1).(-1)\frac{1}{4}=0$$

L'utilisation de l'équation (5-4) : $DSP_s(f)=V_0^2.T_B\left(\frac{1-\cos(\pi f T_b)}{\pi f T_B}\right)^2$

Le format Manchester NRZ possède des caractéristiques fréquentielles différentes des formats NRZ polaire ou unipolaire. Il n'a pas de composante continue (Figure 5-15). On peut ainsi transmettre sur le même fil la tension d'alimentation et le signal contenant l'information. Le spectre est centré autour de $0{,}74F_b$.

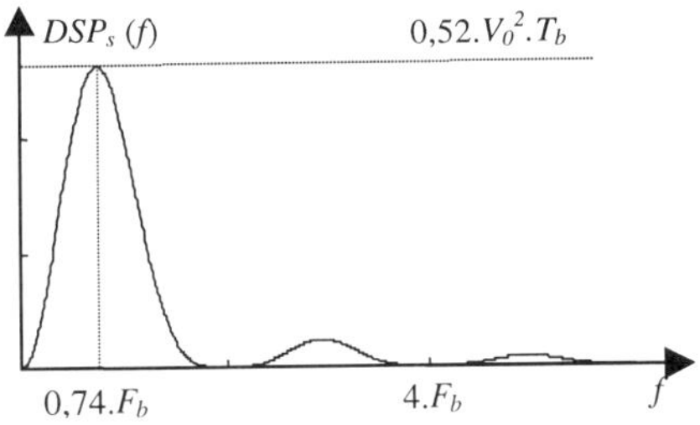

Figure 5-15

La composante du spectre autour de la fréquence F_b est non nulle. On peut ainsi récupérer à l'aide d'un filtre sélectif l'horloge de bits. Ce format est utilisé notamment dans la norme *IEEE MAC*802.3 (*Ethernet*).

- *Unipolaire RZ* :

La fonction élémentaire $e(t)$ est modifiée (Figure 5-17), on a :

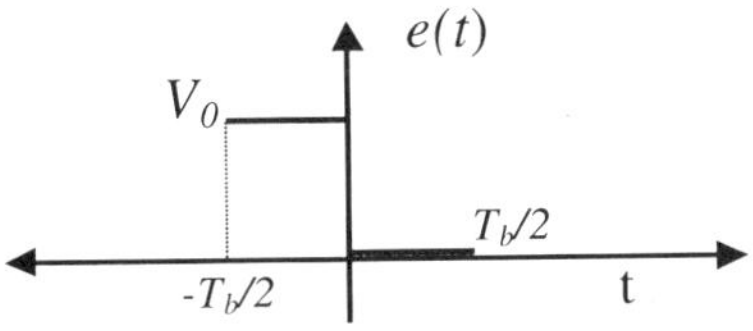

Figure 5-16

La transformée de Fourier de $e(t)$ est égale à : $E(f)=i.\frac{V_0 T_B e^{i\frac{\pi}{2}fT_B}}{4}\left(\frac{\sin(0{,}5\pi f T_B)}{0{,}5\pi f T_B}\right)$

Les coefficients α_n ont deux valeurs distinctes: $\alpha_1=1$, $\alpha_0=0$. On obtient ainsi $R_0=1/2$ et $R_k=1/4$.

$$DSP_s(f)=\frac{V_0^{\,2}T_B}{16}\left(\frac{\sin(0{,}5\pi fT_B)}{0{,}5\pi fT_B}\right)^2\left[1+\frac{1}{T_b}\sum_{n=1}^{\infty}\delta(f-\frac{n}{T_b})\right] \qquad (5\text{-}9)$$

Le résultat est intéressant (Figure 5-17). On a dans ce cas un spectre continu avec des raies supplémentaires. Ce format permet très facilement de récupérer l'horloge de bits en réalisant un asservissement sur le signal à l'aide d'une *PLL*.

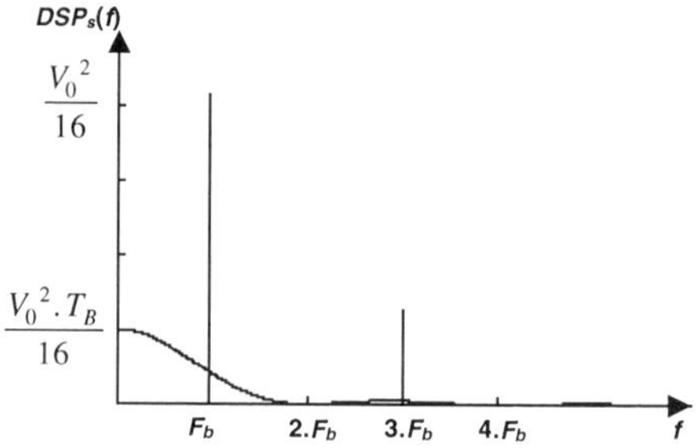

Figure 5-17

1.5. Brouillage

La technique de brouillage du signal est utilisée afin d'étaler le spectre du signal et d'assurer ainsi une meilleure transmission en supprimant les pointes d'énergie à certaines fréquences.

La technique la plus utilisée est la combinaison du signal à transmettre avec un signal *pseudo-aléatoire*, c'est-à-dire un signal numérique dont les états sont générés de façon partiellement aléatoire suivant une loi bien précise. Cette combinaison est réalisée à l'aide d'une fonction *OU exclusif.*

Le décodage du signal ou son *débrouillage* est assuré par la fonction OU exclusif entre le signal brouillé et la séquence pseudo-aléatoire. Il est indispensable que le récepteur ait la même séquence pseudo-aléatoire que l'émetteur.

2. Régénération du signal

La bande passante d'un signal numérique aléatoire est en théorie infinie. Lorsque le signal est transmis par l'intermédiaire d'un canal qui possède une bande passante finie, il se produit une modification du signal. Les bits transmis risquent alors d'interférer les uns avec les autres mettant en péril la qualité de la transmission. Ce paragraphe présente les effets de cette interférence et les moyens de l'éviter.

2.1. Principe

Le signal numérique transmis en bande de base est sujet à des distorsions (bruits, bande passante). Il est indispensable lors de la transmission de régénérer le signal afin que la lecture des états à la réception soit correcte.

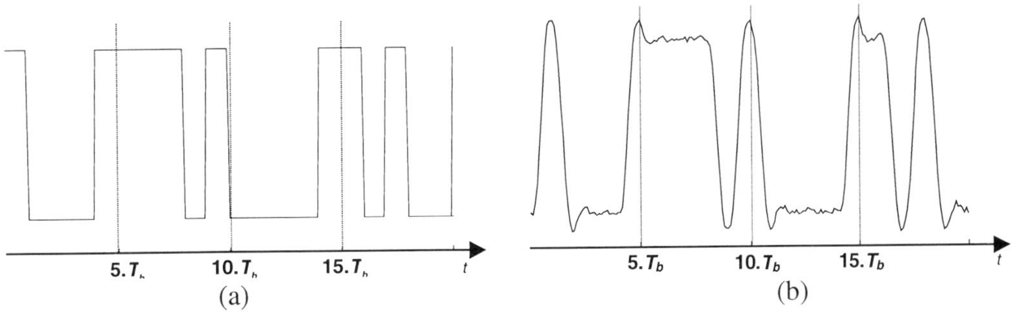

Figure 5-19

Le signal d'origine (Figure 5-19 a) est altéré lors de sa transmission (Figure 5-19 b). La régénération de ce signal binaire n'est pas seulement une remise à niveau du signal par l'utilisation d'un simple comparateur.

Il faut synchroniser les bits avec l'horloge initiale (récupération de l'horloge). Sinon, une fluctuation de la phase (gigue de phase) va apparaître et provoquer des erreurs de transmission des bits.

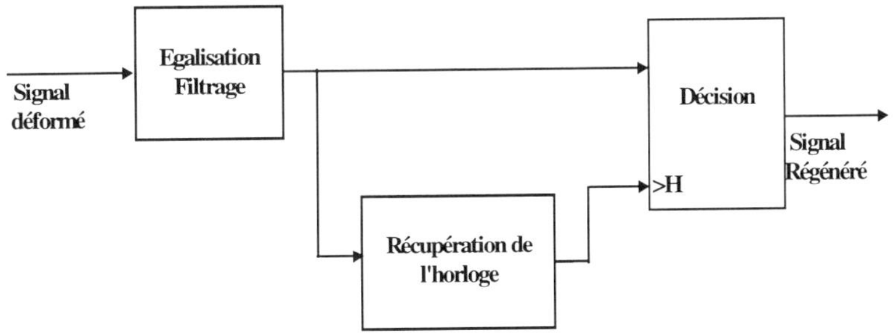

Figure 5-20

Le synoptique de régénération (Figure 5-20) se compose de trois parties. La première est *l'égalisation-filtrage* qui consiste à éliminer *l'interférence intersymbole*. La seconde est la récupération de l'horloge.

Cette phase est importante et consiste à extraire le rythme de l'horloge du signal. La troisième partie est la partie décisionnelle qui consiste à définir sur le front d'horloge le niveau 1 ou 0 du signal. La fonction de décision est typiquement réalisée par un *comparateur*.

2.2. Interférence intersymbole

Le canal de transmission possède une réponse impulsionnelle qui lui est propre. Celle-ci modifie le message transmis. *L'interférence intersymbole* est le passage du signal de la réponse impulsionnelle d'un bit dans le temps du bit voisin (Figure 5-21).

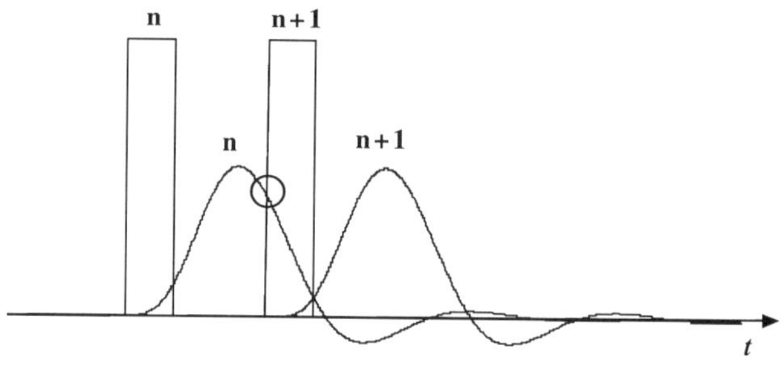

Figure 5-21

Ainsi, si l'on essaie de reconstituer le signal lors de la réception sans aucune précaution, le signal binaire obtenu sera totalement différent du signal initial. En effet, une mise en forme utilisant un comparateur va décaler les instants d'apparition des symboles binaires et rendre l'information inutilisable.

L'interférence entre deux symboles rend la reconstitution du signal extrêmement difficile, voire impossible dans certains cas. Aussi faut-il la minimiser afin de régénérer le signal avec un *taux d'erreur binaire* faible (c'est le rapport des symboles binaires reçus avec erreur sur la totalité des symboles transmis).

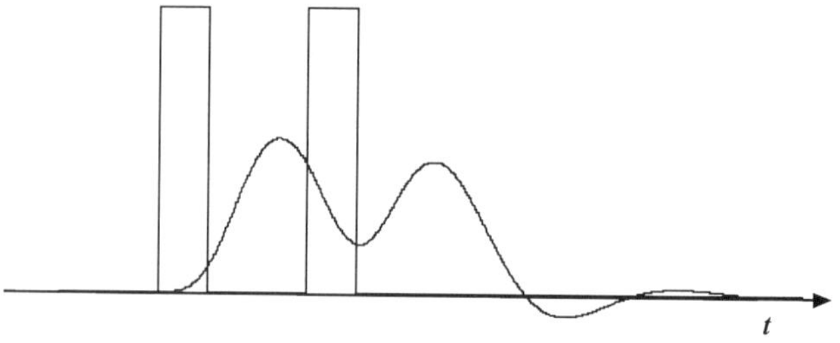

Figure 5-22

Le signal résultant (Figure 5-22) est la somme des réponses impulsionnelles associées à chacun des bits.

2.3. Diagramme de l'œil

Le *diagramme de l'œil* est une représentation très compacte du signal. On peut rapidement voir si celui-ci n'a pas subi de trop grandes distorsions lors de la transmission. On peut aussi visualiser les instants où le signal est à un niveau établi. On connaît ainsi les instants optimaux où le signal peut être mis en forme.

La construction de ce diagramme s'effectue en utilisant une fenêtre de largeur $kT_b+\Delta T_b$ que l'on fait glisser sur le signal. A chaque pas kT_b on relève le signal à l'intérieur de la fenêtre on le reporte sur un diagramme dont l'échelle en abscisse est comprise entre ΔTb et kT_b. On obtient ainsi une superposition de la trace du signal aux instants de la période de bit.

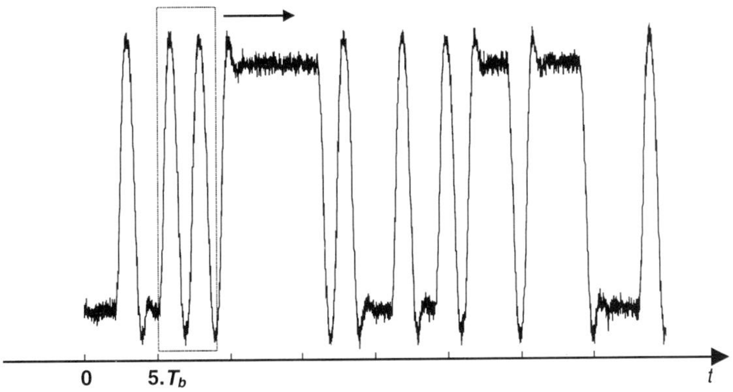

Figure 5-23

Le diagramme doit comporter des niveaux parfaitement définis aux instants de décisions. Le signal peut avoir à ces instants-là un niveau logique 1 ou 0 mais aucun changement de niveau. Ces instants signifient que la transmission du signal a été correctement réalisée, même si le signal a subi une distorsion et une modification (bruits) par son passage dans le canal, tous les symboles ont subi la même modification et le temps de bit T_b est resté constant. Le signal n'a pas subi trop de dommages si le diagramme de l'œil a la forme d'un ou plusieurs yeux ouverts (Figure 5-24).

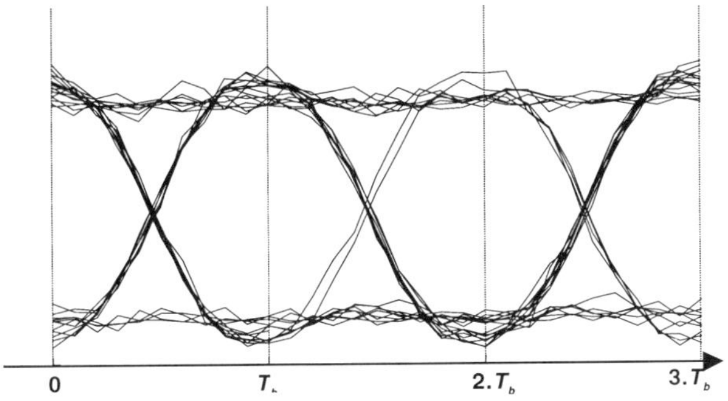

Figure 5-24

En effet, l'ouverture de ce diagramme montre que les changements d'états du signal ont toujours lieu aux mêmes instants et permet ainsi de connaître les instants où la décision du niveau est optimale.

L'exemple qui est présenté est un signal numérique aléatoire, avec un temps de bit T_b. Le signal, après transmission, est représenté à l'aide du diagramme de l'œil. L'échelle des temps est disposée sur 3,05T_b. On distingue trois yeux puisque la base de temps est de 3T_b. Ce signal peut être facilement restitué si la détection du niveau logique se situe aux instants kT_b.

Exemple

La réalisation, au moyen du logiciel Matlab™ de la simulation d'un canal filtre passe-bas sans addition de bruit est présentée (Figure 5-25). Le filtre passe-bas est un filtre de Butterworth du 4ème ordre de pulsation de coupure $40rd/s$. La fréquence de bits est fixée à $10Hz$ (T_b=0,1s).

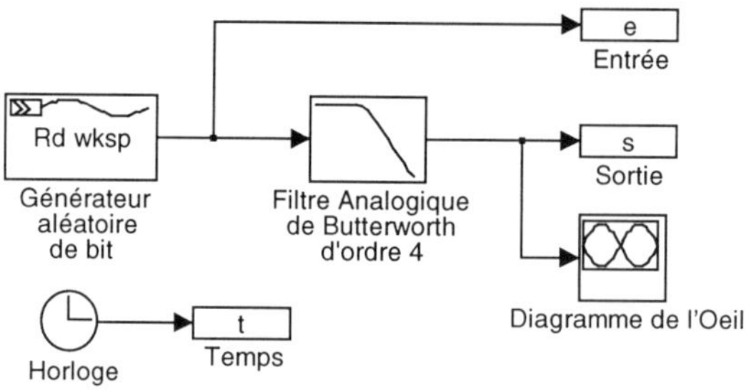

Figure 5-25

Le pas d'intégration est de 0,01s et la méthode utilisée est *Runge-Kutta à l'ordre* 5. La fonction du diagramme de l'œil est intégrée dans le *toolbox Communications* de Matlab™. Il suffit d'indiquer le temps de bits et les niveaux minimum et maximum de tension du signal pour visualiser directement le diagramme l'œil du signal.

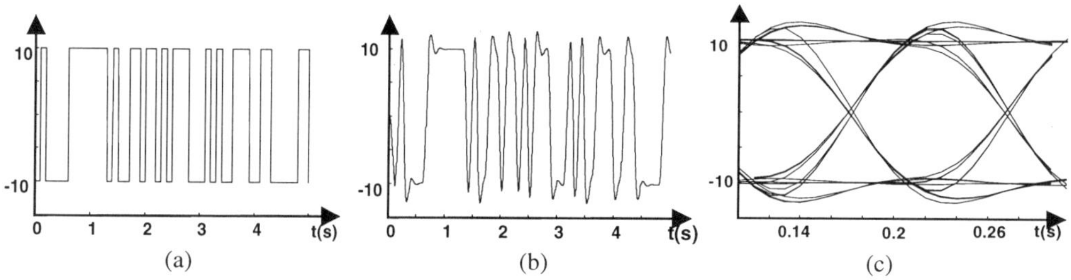

Figure 5-26

La première courbe (Figure 5-26 (a)) représente le signal binaire aléatoire d'entrée, la seconde (Figure 5-26 (b)) le signal de sortie après le passage dans le filtre passe-bas de Butterworth. Le signal a subi une forte distorsion sans altérer la suite de symbole du signal initial. Le diagramme de l'œil (Figure 5-26 (c)) est pris sur un temps de 2,8.T_b. Le diagramme est bien ouvert, il y un peu d'interférence intersymbole.

2.4. Filtrage

a) Critère de Nyquist

On considère le canal de transmission parfait. On souhaite transmettre une suite de symboles sans interférence (Figure 5-27).

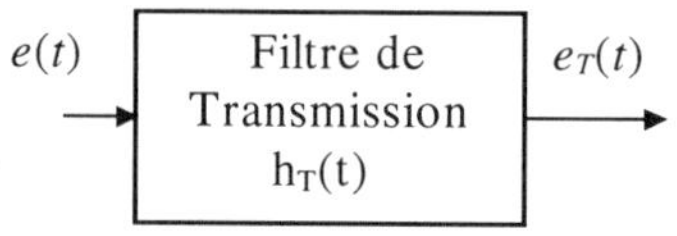

Figure 5-27

Le signal $e(t)$ est composé d'une suite d'impulsions de Dirac :

$$e(t) = \sum_{n=0}^{\infty} \delta(t - nT_s) \text{ avec } T_s \text{ la période des impulsions}$$

Le *critère de Nyquist* assure que le signal $s(t)$ ne subira aucune interférence intersymbole si :

$$s(t) = \frac{\sin(\pi t F_s)}{\pi t F_s} \qquad (5\text{-}10)$$

En effet, cette réponse s'annule à tous les instants multiples de T_s, c'est-à-dire à tous les instants de décision des symboles voisins. On a $s(t) = h_T(t) * e(t)$. L'impulsion de Dirac est l'élément neutre du produit de convolution. On peut en déduire l'expression de $h_T(t)$.

$$h_T(t) = s(t) = \frac{\sin(\pi t F_s)}{\pi t F_s}$$

En réalisant la transformée de Fourier inverse, on obtient :

$$H_T(f) = 1 \text{ lorsque } -\frac{F_s}{2} < f < \frac{F_s}{2} \text{ et}$$

$$H_T(f) = 0 \text{ lorsque } |f| > \frac{F_s}{2}$$

Ce filtre est appelé *filtre de Nyquist* ou *filtre idéal.* En théorie si le signal de transmission respecte le critère énoncé l'interférence intersymbole est complètement éliminée.

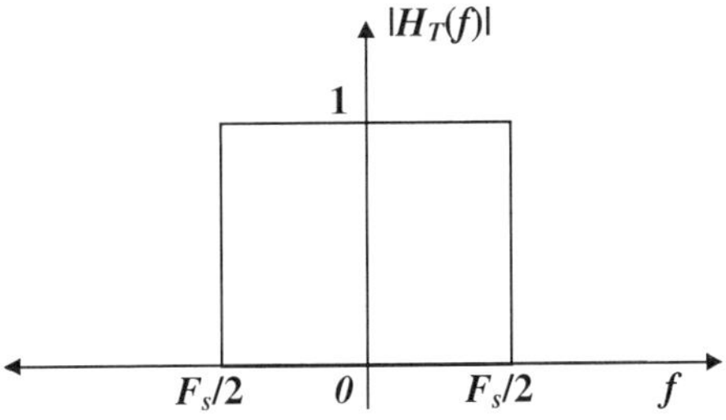

Figure 5-28

Ce critère énonce qu'il est impossible de transmettre sans interférence intersymbole plus de F_s bit/sec dans un canal ayant une largeur de bande de $F_s/2$ Hz. Ce filtre est physiquement irréalisable, car il présente une pente infinie à la fréquence de coupure, c'est-à-dire un ordre infini.

b) Méthode du cosinus surélevé

La méthode du cosinus surélevé est une méthode qui présente un filtre dont la réponse impulsionnelle s'annule à tous les multiples de T_s mais aussi à $(1 + n/2)T_s$, c'est-à-dire à tous les instants de transition. C'est la condition du *critère de Nyquist élargi ou deuxième critère de Nyquist.* La fonction de transfert a été aménagée de telle sorte que la pente du filtre à la fréquence de coupure soit d'ordre finie.

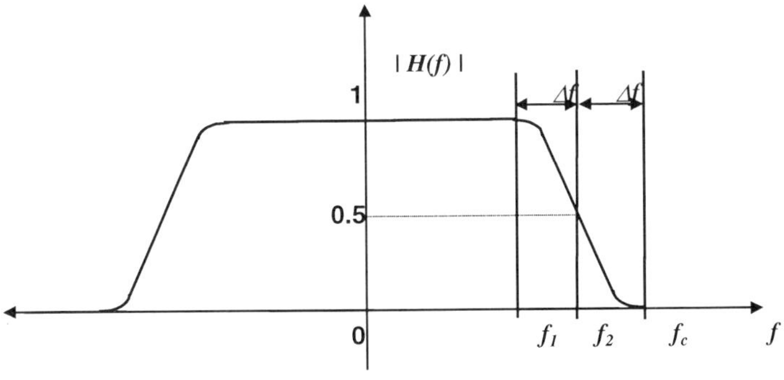

Figure 5-29

La fonction de transfert est alors :

$$H(f) = \begin{cases} 1 & |f| < f_1 \\ 0{,}5.\left\{1+\cos\left[\dfrac{(\pi.(|f|-f_1))}{2.\Delta f}\right]\right\} & f_1 < |f| < f_c \\ 0 & |f| > f_c \end{cases} \quad (5\text{-}11)$$

La réponse impulsionnelle est donnée par l'équation suivante :

$$h(t) = 2.f_2\left(\frac{\sin(2.\pi.f_2.t)}{2.\pi.f_2.t}\right)\left(\frac{\cos(2.\pi.\Delta f.t)}{1-(4.\Delta f.t)^2}\right)$$

Le critère élargi de Nyquist sera satisfait si $f_2 = F_s/2$. Le coefficient de surélévation $r = \dfrac{\Delta f}{f_2}$ peut varier entre les valeurs 0 et 1. Une courbe est (Figure 5-30) présentée lorsque r=0.

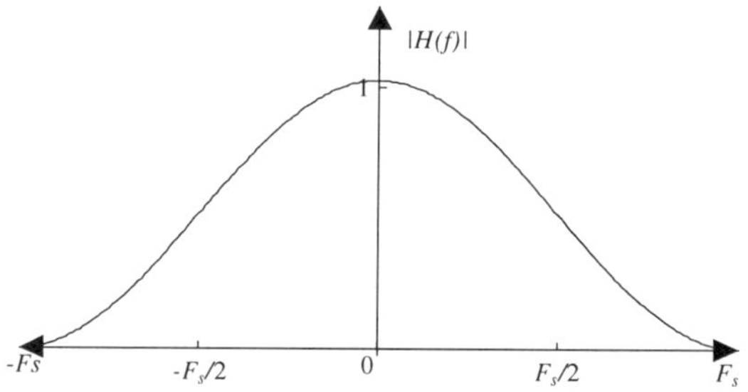

Figure 5-30

On remarque que ce filtre n'est pas causal (Figure 5-31). Il est cependant possible de réaliser un filtre proche de celui-ci en décalant la réponse impulsionnelle $h(t)$ à l'aide d'un retard pur.

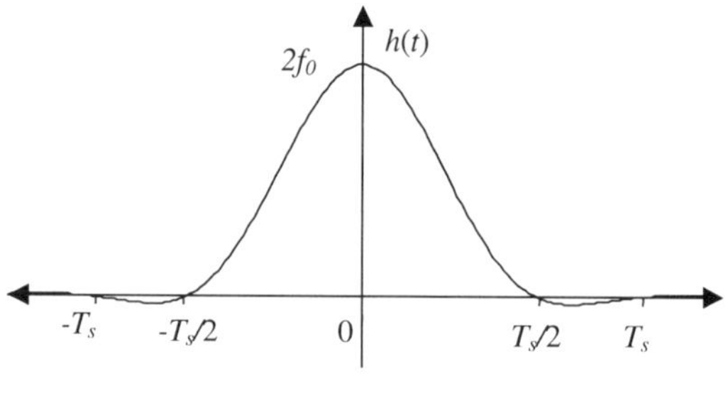

Figure 5-31

2.5. Egalisation

A la réception, le signal doit subir un traitement afin de reconstituer l'information telle qu'elle a été envoyée. Les méthodes d'égalisation du signal permettent cette reconstitution.

a) Principes

Le paragraphe précédent suppose que la chaîne de transmission ne modifie pas le signal. En réalité le signal subit une distorsion lors de son passage à travers le canal. La chaîne de transmission (Figure 5-32) devient une association de trois blocs (on considère le bruit nul). Le premier est le filtre de transmission.

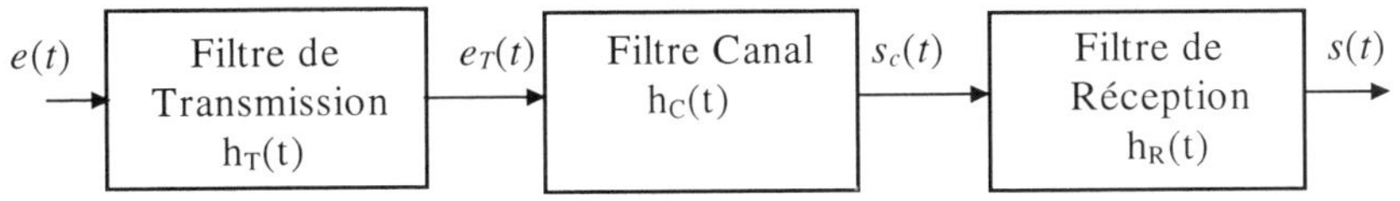

Figure 5-32

Le second bloc est le filtre du canal et le troisième le filtre de réception. Ce dernier est utilisé pour compenser les distorsions occasionnées principalement par le canal (interférence intersymbole). Le critère de Nyquist doit s'appliquer à l'ensemble de la réponse.

La réponse impulsionnelle de l'ensemble $h(t)$ s'écrit :

$$h(t) = h_T(t) * h_C(t) * h_R(t)$$

Cette équation permet d'écrire la fonction de transfert, dans le cas continu, de l'ensemble:

$$H(f) = H_T(f).H_C(f).H_R(f) \tag{5-12}$$

L'équation dans le cas d'un régime discret est : $H(z) = H_{TC}(z).H_R(z)$, avec $H_{TC}(z)$ la transformée en z du produit des fonctions de transfert du filtre de transmission et du canal. Les solutions continue et discrète qui assurent une restitution idéale, c'est-à-dire qui minimisent l'interférence intersymbole du signal sont :

- Le cas continu : $H_R(f) = \dfrac{H(f)}{H_T(f).H_C(f)}$ (5-13)

- Le cas discret : $H_R(z) = \dfrac{H(z)}{H_{CT}(z)}$ (5-14)

Le filtre de réception H_R est aussi appelé *filtre égalisateur*. Les paramètres de la réponse impulsionnelle du canal peuvent évoluer dans le temps. Aussi réalise-t-on un filtrage qui va adapter les paramètres de la réponse impulsionnelle du filtre égalisateur. On utilise pour cela la technique du *filtrage adaptif*.

2.6. Filtrage adaptatif

La technique du filtrage adaptatif est largement utilisée [BEL.89] pour l'identification des systèmes linéaires mais aussi en télécommunications pour l'égalisation. Le principe (Figure

5-32) repose sur la minimisation de la différence entre le signal mis en forme après la prise de décision et le signal de sortie du filtre.

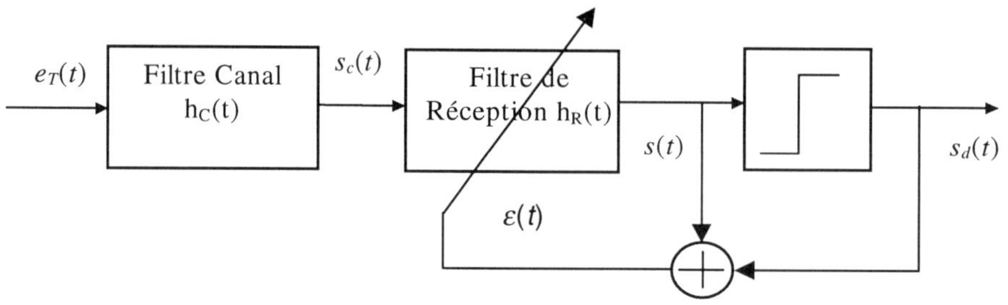

Figure 5-33

Cette différence permet d'ajuster les coefficients du filtre égalisateur. La technique la plus utilisée est la technique du *gradient*. Si l'on considère la structure d'un filtre *RII* de fonction de transfert $H(z)$ (équation 2-14), la technique d'adaptation du gradient dans le cas unidimensionnel (1entrée/1sortie) s'exprime sous la forme suivante :

$$\begin{aligned} a_{n,k+1} &= a_{n,k} + \delta . s_{c_{k+1-n}} . \varepsilon_{k+1} \\ b_{m,k+1} &= b_{m,k} + \delta . s_{k+1-m} . \varepsilon_{k+1} \end{aligned} \qquad (5\text{-}15)$$

Avec δ, le pas d'adaptation, une constante positive qui est déterminée par les limites de stabilité des données, k représente les instants d'échantillonnage, n et m les indices des coefficients.

2.7. Récupération de l'horloge

La récupération de l'horloge dépend du format du signal. On a vu que le spectre du signal possède des caractéristiques très différentes selon le format utilisé. Il existe cependant 2 cas très différents. Le format possède une raie à la fréquence de bit (F_b) tel que le format unipolaire RZ.

La méthode consiste à asservir une horloge à la fréquence rythme du signal en utilisant une *boucle à verrouillage de phase* (*PLL* : *Phase Locked Loop*, ex: *CD4046*). Le comparateur de phase extrait un signal qui est proportionnel à la différence de phase entre le signal d'entrée et le retour (Figure 5-34).

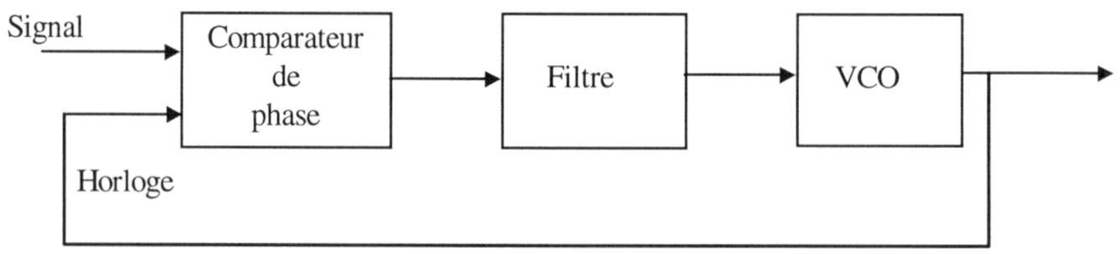

Figure 5-34

Cette méthode est intéressante mais il existe des risques de décrochage de la P.L.L ou d'une dérive de la phase lorsque le signal possède une suite de zéros trop importante.
La deuxième méthode consiste à filtrer le signal autour de $F_b/2$ si le spectre du signal ne possède pas de raie à F_b. Le signal ainsi filtré est élevé au carré et filtré ensuite à la fréquence F_b.

3. Applications

La transmission en bande de base est utilisée par beaucoup de systèmes de communication publics (RNIS, TRANSPAC). Le CCITT (nouvellement UIT-T) a établi des avis concernant ces différents modes de transmission.

3.1. Les jonctions

Les jonctions ou interfaces représentent les caractéristiques fonctionnelles de *la couche physique* du modèle *OSI*. Cette couche décrit toute la partie matérielle du support de transmission. Elle comprend les caractéristiques mécaniques des connecteurs, des lignes, les caractéristiques électriques du signal (niveau de tension, format) ainsi que les caractéristiques fonctionnelles qui décrivent les fonctions de chacune des broches.
La couche physique du réseau TRANSPAC (*X*25) fait l'objet d'une recommandation de l'UIT sous la dénomination *X*21 et *X*21*bis* (voir tableau). Ces différentes caractéristiques ont fait l'objet de normes précises qui émanent parfois d'organismes différents (*ISO*, *EIA*).

3.2. La jonction V24

a) La norme

La recommandation V24 (CCITT) proche de la RS232-C (EIA) utilise un connecteur 25 broches (DB 25). Les caractéristiques électriques des signaux sont résumées dans un tableau (Tableau 5-1). Le format des signaux est du type NRZ.

Niveau logique	0	1	Indéterminé
Tension (V)	3<V<25	-25<V<-3	-3<V<3

Tableau 5-1

b) La transmission asynchrone

La transmission via la jonction V24 est asynchrone c'est-à-dire que chaque caractère regroupant plusieurs bits est envoyé séparément sans horloge de synchronisation. Cependant la durée du temps de bits est définie à l'avance entre l'ETTD et l'ETCD.

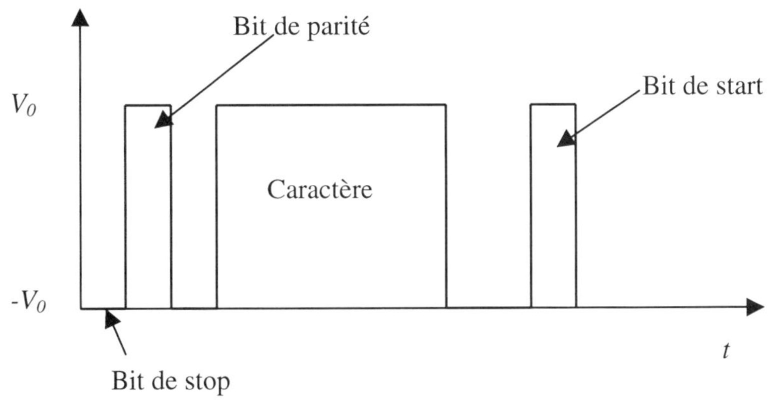

Figure 5-36

Afin de restituer les bits reçus, on ajoute des bits de signalisation qui permettent de lancer l'horloge interne du récepteur pour la prise de décision des bits reçus. Au début du caractère envoyé figure un bit de start (Figure 5-36) permet de lancer et de synchroniser l'horloge de réception.

A la fin du caractère, sont ajoutés un bit de *parité* et un bit de *stop* pour signifier la fin de la transmission Cette figure est l'exemple de la transmission du caractère *a* (97_H) avec un bit de stop et un bit de parité pair. Il est possible de paramétrer le nombre de bits de stop (1, 1,5 ,2), la parité (paire ou impaire) et le nombre de bits qui constituant le caractère.

Il est indispensable que l'ETTD et l'ETCD soient configurés de la même façon (vitesse, bit de parité, bit de stop) afin de pouvoir décoder le caractère.

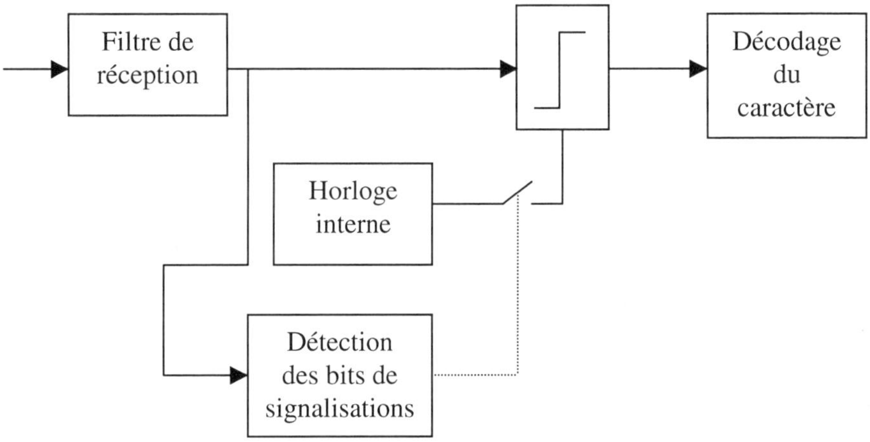

Figure 5-37

Cette figure présente un synoptique du récepteur asynchrone utilisé pour la réception d'un signal émis entre un ETTD et un ETCD via la jonction V24 (Figure 5-37).

4. Exercices

5-1

On se propose d'étudier les propriétés des formats bipolaires.

1. Déterminer la fonction élémentaire $e(t)$ qui caractérise le format bipolaire RZ.
2. Calculer $E(f)$. En déduire le module.
3. Combien de coefficients α_n sont nécessaires pour décrire ce format ? Quels sont-ils ?
4. Calculer le terme R_0 ainsi que les termes R_k lorsque k=1 et k>1. Quelle est la particularité de ce type de format ?
5. Déduire des résultats précédents la densité spectrale de puissance.
6. Tracer celle-ci. Comparer l'encombrement spectral de ce type de format avec le format Manchester. Conclusion.
7. En comparant les signaux issus des codes bipolaires RZ et HDB3, déduire l'allure de l'encombrement spectral du code HDB3. Quel est l'intérêt des codes bipolaire haute densité ?

1. En utilisant la figure (Figure 5-6) qui caractérise le format bipolaire RZ, on obtient :

$e(t)=V_0(u(t+T_b/2)-u(t))$: c'est la même fonction que le format unipolaire RZ.

2. $$E(f)=\int_{-\infty}^{\infty} e(t).e^{-i.2.\pi.f.t}dt = i.V_0.\left(\frac{e^{i.\pi.f.T_B}-1}{2.\pi.f}\right) = i.V_0.T_B.e^{i.\frac{\pi}{2}.f.T_B}\left(\frac{sin(0,5.\pi.f.T_B)}{0,5.\pi.f.T_B}\right)$$

$$|E(f)| = V_0.T_B.\left(\frac{sin(0,5.\pi.f.T_B)}{0,5.\pi.f.T_B}\right)$$

3. Le signal bipolaire RZ peut être représenté par 3 valeurs : 1, -1 et 0. Les valeurs 1 et -1 représentent alternativement le 1 logique et la valeur 0 le zéro logique.

4. Le calcul de R_0 c'est-à-dire des $a_n.a_n$ est donc égal à : $R_0 = \frac{1}{2}.1+\frac{1}{2}.0=\frac{1}{2}$

Il faut différencier les cas k=1 et k>1. En effet, le format bipolaire a la particularité d'associer alternativement 2 états différents pour le niveau logique 1. C'est une suite de 1 et de -1. Ainsi, le cas d'un simple retard T_b est différent à traiter qu'un retard supérieur à T_b.

k=1: il y a quatre possibilités : 1.-1,1.0,0.1,0.0 → $R_1 = -\frac{1}{4}$

k>1 :

$$R_k = \frac{1}{8}.(1.1)+\frac{1}{8}.(1.-1)+\frac{1}{8}(-1.1)+\frac{1}{8}(-1.-1)+\frac{1}{8}.(1.0)+\frac{1}{8}.(0.1)+\frac{1}{8}.(-1.0)+\frac{1}{8}.(0.-1)=0$$

5. En utilisant l'équation (5-3), on obtient :

$$DSP_s(f)=V_0^{\,2}.T_B.\left(\frac{\sin(0,5.\pi.f.T_B)}{0,5.\pi.f.T_B}\right)^2\left(\frac{1}{2}-\frac{1}{2}.\cos(2.\pi.f.T_B)\right)$$

.

6. L'encombrement spectral est plus réduit que le format Manchester. Il est centré autour de $0,5.F_b$ (voir ci-contre).

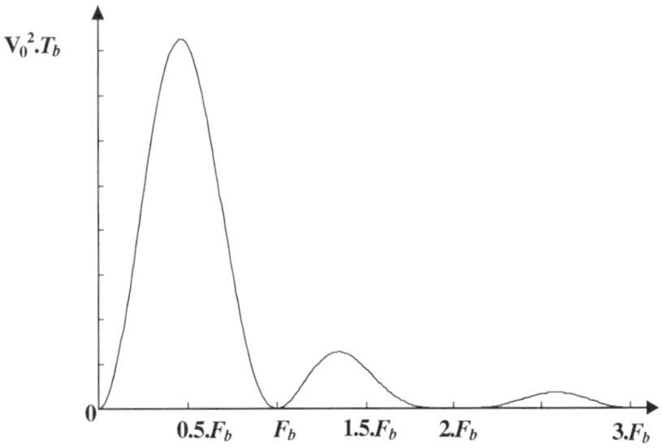

7. Le signal *HDB*3 est un signal bipolaire avec un ajout de bits lorsqu'il y a une suite de 3 zéros, ceci afin d'assurer une composante moyenne nulle et un spectre plus réduit. On peut en déduire que la densité spectrale du code *HDB*3 sera encore plus réduit et centré autour de $0,5.F_b$.

5-2

La bande passante d'un canal de transmission de type passe-bas est B=1 kHz. Calculer la valence du signal de transmission afin d'avoir un débit de 12 kbit/s. En déduire la résolution du CAN (Convertisseur Analogique Numérique) nécessaire à ce type de transmission.

Le débit d'un signal est donné par la relation : $D = B.log_2\, v$ → $v = 2^{\frac{D}{B}} = 2^{\frac{12000}{1000}} = 2048$.

Il faut un CAN de 12 bits au minimum.

5-3

Cet exercice a pour but l'étude d'un signal numérique à travers une ligne filaire.

1. Calculer l'énergie et la puissance normalisées du signal $e(t)$ (Figure 5-38)

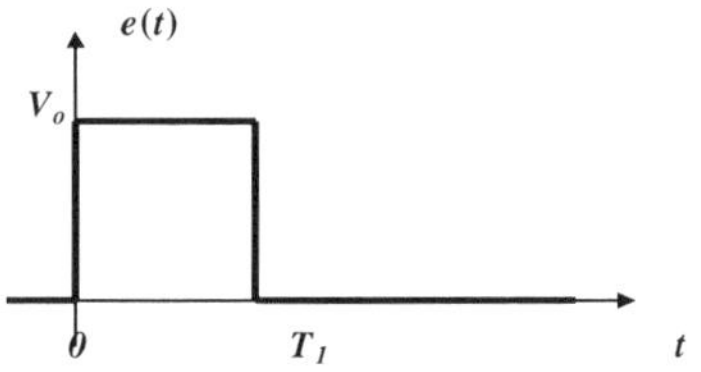

Figure 5-38

2. On envoie le signal $e(t)$ sur une ligne bifilaire. Cette ligne peut être modélisée par un filtre passe-bas du 1er ordre.

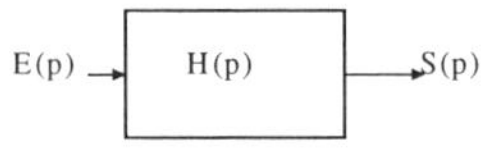

Figure 5-39

$$H(p)=\frac{1}{1+\tau p},\qquad \tau=1\mu s,\qquad T_1=1\mu s,\qquad V_o=5V.$$

- Déterminer l'expression du signal $s(t)$. Etudier et tracer $s(t)$.

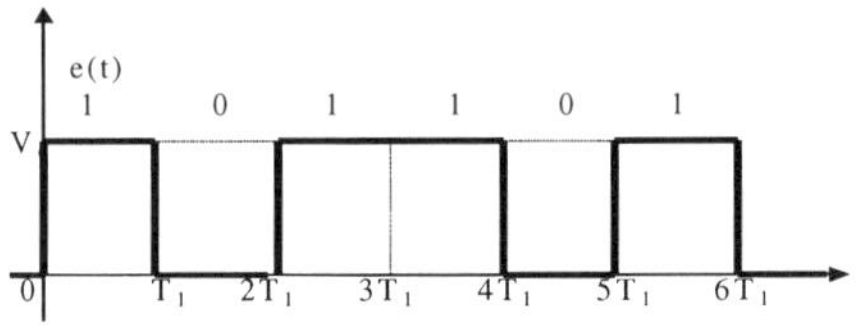

Figure 5-40

3. On considère maintenant le signal $e(t)$ (Figure 5-40). En utilisant le résultat de la question 1., déterminer l'énergie et la puissance normalisée de $e(t)$.
4. Le signal $e(t)$ est injecté sur la ligne (Figure 5-39). Déterminer et tracer $s(t)$. Tracer le signal physique idéal $s_p(t)$ qu'il faut obtenir. Superposer sur un diagramme les signaux $s(t)$, $s_p(t)$ et $e(t)$ sur l'intervalle de temps $[0,T_1]$. Conclusions.
5. Quelle solution faut-il adopter pour avoir un signal proche du signal idéal en sortie de ligne ?

1. $E=\int_0^{T_1} V_0^2 dt = V_0^2 T_1$, $P=0$, on est en présence d'un signal à énergie finie (chapitre 1).

2. On utilise la transformée de Laplace.

$s(t)=TL^{-1}[S(p)]$ avec $S(p)=H(p).E(p)$.

Le signal d'entrée e(t) peut être mis en équation en utilisant la fonction échelon :

$$e(t)=V_0\{\ u(t)-u(t-T_1)\ \},\quad L[e(t)]=E(p)=\frac{1}{p}-\frac{e^{-T_1 p}}{p}.$$

On obtient ainsi l'expression du signal de sortie $S(p)=\frac{V_0}{1+\tau p}.\left(\frac{1}{p}-\frac{e^{-T_1 p}}{p}\right)$.

En utilisant une table des transformées de Laplace, on obtient l'expression du signal de sortie : $s(t)=V_0\left\{\ u(t).(1-e^{-\frac{t}{\tau}})-u(t-T_1).(1-e^{-\frac{(t-T_1)}{\tau}})\ \right\}$

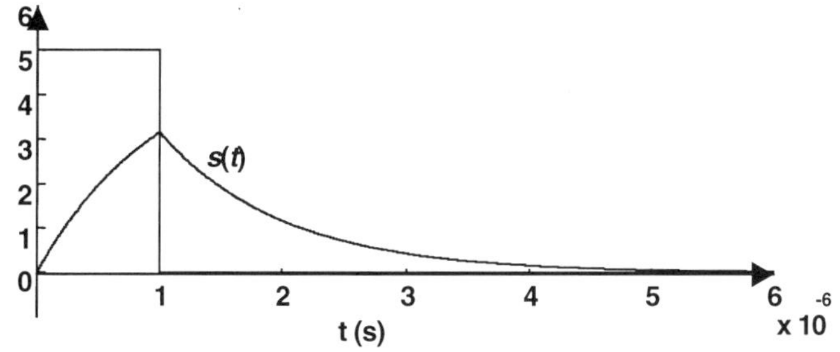

3. L'énergie du nouveau signal est la somme des énergies de chaque bit différent de zéro, c'est-à-dire : $E=4.V_0^2T_1$, $P=0$

$$e(t)=V_0\left\{\ u(t)-u(t-T_1)+u(t-2.T_1)-u(t-4.T_1)+u(t-5.T_1)-u(t-6.T_1)\ \right\}$$

4. En utilisant le résultat de la question b), on obtient le résultat suivant :

$$s(t)=V_0\left\{\ u(t)(1-e^{-\frac{t}{\tau}})-u(t-T_1)(1-e^{-\frac{(t-T_1)}{\tau}})+u(t-2.T_1)(1-e^{-\frac{(t-2T_1)}{\tau}})-u(t-4.T_1)(1-e^{-\frac{(t-4T_1)}{\tau}})\right.$$
$$\left.+u(t-5.T_1)(1-e^{-\frac{(t-5T_1)}{\tau}})-u(t-6.T_1)(1-e^{-\frac{(t-6T_1)}{\tau}})\ \right\}$$

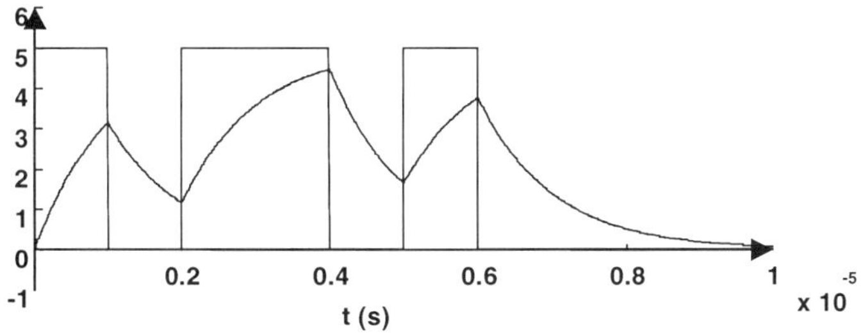

Le signal de sortie est représenté sur la figure ci-dessus. La superposition des signaux issues de s(t) sur l'intervalle $[0,T_b]$ est sur la figure ci-contre.

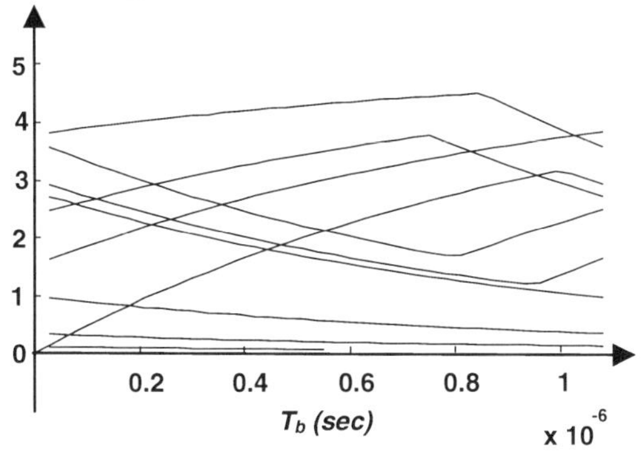

5. Il faut compenser le signal s(t) à l'aide d'un filtre passe-haut.

5-4

On considère le signal de la figure ci-dessous :

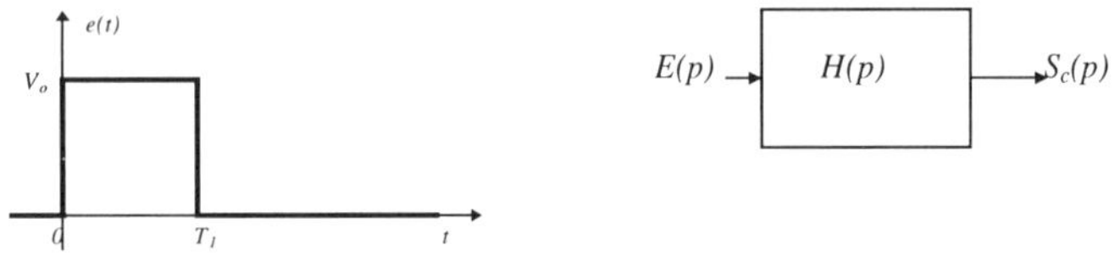

Figure 5-41

$$H(p) = \frac{1}{1+\tau p}, \quad \tau = 1\mu s, \quad T_1 = 1\mu s, \quad V_o = 5V.$$

1. Rappeler l'expression de $s_c(t)$ pour $0<t<T_r$.

2. On réalise le schéma suivant :

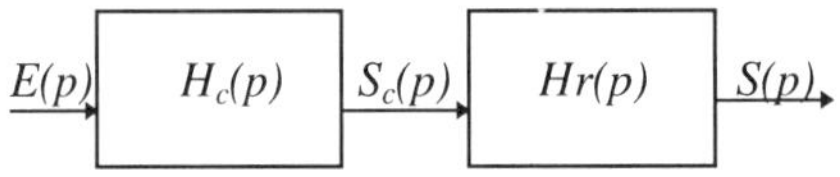

Figure 5-42

Calculer $H_r(p)$ tel que $H_c(p).H_r(p)=1$

3. Réaliser le filtre numérique $H_r(z)$. On remplacera $p \rightarrow (1-z^{-1})/T_e$. Donner le domaine de validité de cette approximation.

4. Déterminer les valeurs numériques de $s(nT_e)$ lorsque $s_c(nT_e) = 5.(1-e^{-\frac{nTe}{\tau}})$. A.N: $0<t<T_r$, $T_e=0,1\mu s$.

5. Calculer le module de $H_r(j\omega)$ ($z = e^{jT_e\omega}$).

6. Etudier et tracer la fonction $|H_r(j\omega)|$. Interpréter les résultats obtenus à la question.

1. Le résultat a été établi à l'exercice précédent, on a :

$$s_c(t) = V_0\left\{ u(t).(1-e^{-\frac{t}{\tau}}) - u(t-T_1).(1-e^{-\frac{(t-T_1)}{\tau}}) \right\}$$

2. $H_r(p) = \dfrac{1}{H_c(p)} = 1+\tau p$, cette fonction de transfert n'est pas physiquement réalisable en temps continu. Cependant, on peut réaliser une fonction de transfert en temps discret qui a un comportement identique dans la plage de fréquence souhaitée.

3. On remplace la variable p par $\dfrac{(1-z^{-1})}{T_e}$, Te étant la période d'échantillonnage du filtre égalisateur. On obtient : $H(z) = \dfrac{S(z)}{S_c(z)} = 1 + \dfrac{\tau}{T_e}(1-z^{-1})$

Cette approximation est valable lorsque $T_e << \tau$, c'est vrai dans ce problème car $10.T_e=\tau$.

$$S(z) = S_c(z)\left\{1+\frac{\tau}{T_e}(1-z^{-1})\right\} \rightarrow s(nT_e) = s_c(nT_e).(1+\frac{\tau}{T_e}) - s_c((n-1)T_e).\frac{\tau}{T_e}$$

4. Application Numérique

La solution numérique du signal de sortie filtré est donnée par la relation : $s(nT_e) = 11.s_c(nT_e).-10.s_c((n-1)T_e)$. Si l'on applique le signal $s_c(t)$ on obtient la courbe ci-contre. Les valeurs numériques sont présentées dans le tableau ci-dessous.

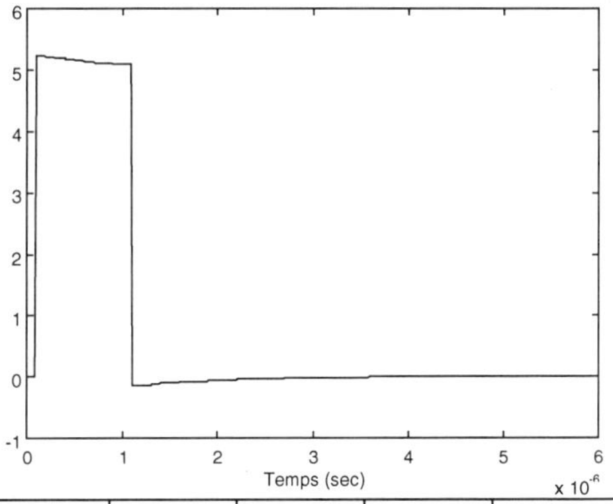

n	*0*	*1*	*2*	*3*	*4*	*5*	*6*	*7*	*8*	*9*
$s(nT_e)$	0	5.2339	5.2117	5.1915	5.1568	5.1419	5.1284	5.1162	5.0951	-0.1479

5. $H_r(j\omega) = 11 - 10e^{-jT_e\omega}$,

$$\left|H_r(j\omega)\right| = \sqrt{(11-10\cos(T_e\omega))^2 + \sin^2(T_e\omega)} = \sqrt{(122-110\cos(T_e\omega))}$$

6.

Le spectre de ce filtre est périodique de période $\dfrac{2\pi}{T_e}$. Cependant, entre 0 et 0,5MHz, on a le spectre désiré, ce qui est suffisant pour reconstituer le signal $e(t)$.

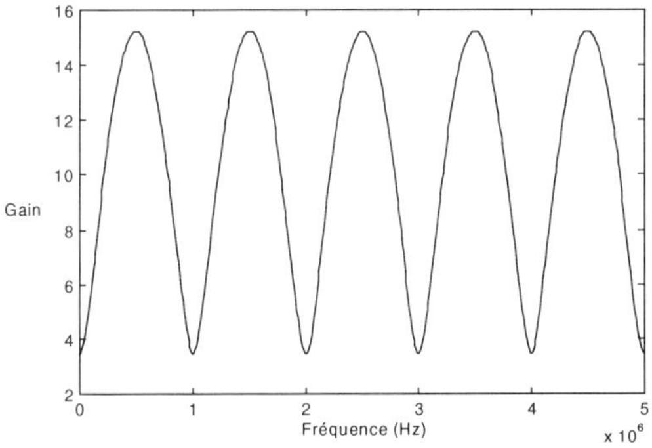

5-5

1. Soit la fonction de transfert suivante : $H_c(f) = \dfrac{1}{1 + j2\pi\tau f}$ (régime sinusoïdal)

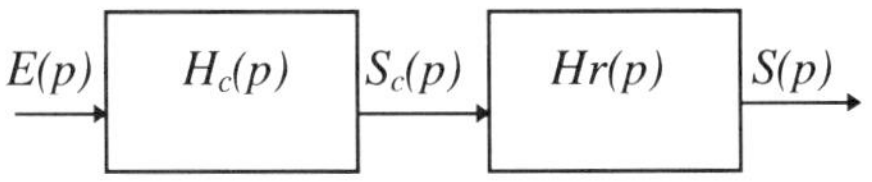

Figure 5-43

Etudier et tracer $|H_c(f)|$ lorsque $f \in \left]-\infty,+\infty\right[$. Calculer les points caractéristiques :

$$f_1 = \frac{1}{2\pi\tau},\ f_2 = \frac{\sqrt{3}}{2\pi\tau} \text{ et } f_3 = \frac{10}{2\pi\tau}$$

2. Calculer $H_r(f)$ tel que le produit $H_c(f).H_r(f)$ soit un filtre de Nyquist (filtre idéal) de bande passante $B_p = \left[\dfrac{-10}{2\pi\tau}, \dfrac{10}{2\pi\tau}\right]$.

3. En utilisant la transformée de Fourier inverse, déterminer la réponse impulsionnelle $h_r(t)$. Discrétiser $h_r(t)$.
4. Calculer les 10 premiers échantillons de $h_r(nT_e)$ lorsque τ=1ms et Te=0.153ms.
5. En utilisant le produit de convolution discret (chapitre 2), calculer $s(nTe)$ lorsque $s_c(nT_e) = (1 - e^{-\frac{nTe}{\tau}})$. Tracer $s_c(nT_e)$.
6. Représenter à l'aide des fonctions multiplication et addition un schéma de ce filtre. Quel est l'intérêt d'une telle structure ?

1.

f(Hz)	$\frac{1}{2\pi\tau}$	$\frac{\sqrt{3}}{2\pi\tau}$	$\frac{10}{2\pi\tau}$
$\lvert H_c(f)\rvert$	$\frac{1}{\sqrt{2}}$	$\frac{1}{2}$	≈ 0.1

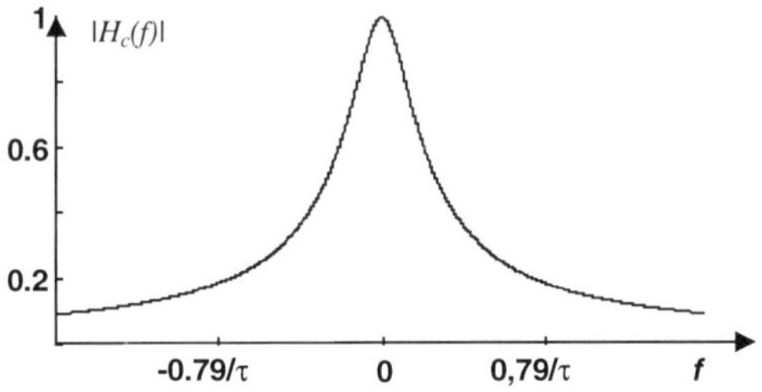

2. $H_r(f).H_c(f)=1$ à l'intérieur de $B_p \rightarrow Hr(f)=1+j2\pi f\tau$

$$3.\ h_r(t) = \frac{1}{2\pi}\int_{-\frac{10}{2\pi\tau}}^{\frac{10}{2\pi\tau}} H_r(f).e^{i.2.\pi.f.t}df = \frac{1}{\pi.t}sin\left(\frac{5.t}{\pi.\tau}\right) + \frac{5}{\pi^2.t}cos\left(\frac{5.t}{\pi.t}\right) - \frac{\tau}{\pi.t^2}sin\left(\frac{5.t}{\pi.t}\right)$$

$$h_r(nT_e) = \frac{1}{\pi.n.T_e}sin\left(\frac{5.n.T_e}{\pi.\tau}\right) + \frac{5}{\pi^2.n.T_e}cos\left(\frac{5.n.T_e}{\pi.\tau}\right) - \frac{\tau}{\pi.n^2.T_e^2}sin\left(\frac{5.n.T_e}{\pi.t}\right)$$

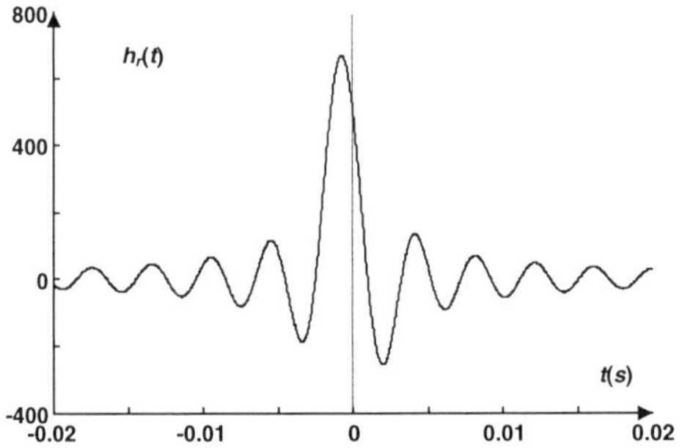

Réponse impulsionnelle →

4.

n	1	2	3	4	5	6	7	8	9	10
$h_r(nT_e)$	436.55	359	276.6	192.4	109.1	29.66	-43.55	-108.2	-162.5	-205.1

On divise par la somme des éléments (884) afin de normaliser les coefficients (réponse indicielle égale à 1).

n	1	2	3	4	5	6	7	8	9	10
$H_N(nT_e)$	0.49	0.406	0.313	0.218	0.123	0.034	-0.05	-0.122	-0.183	-0.232

4. On utilise le produit de convolution discret : $s_c(n) = \sum_{k=1}^{N} h_r(k).e(n-k)$

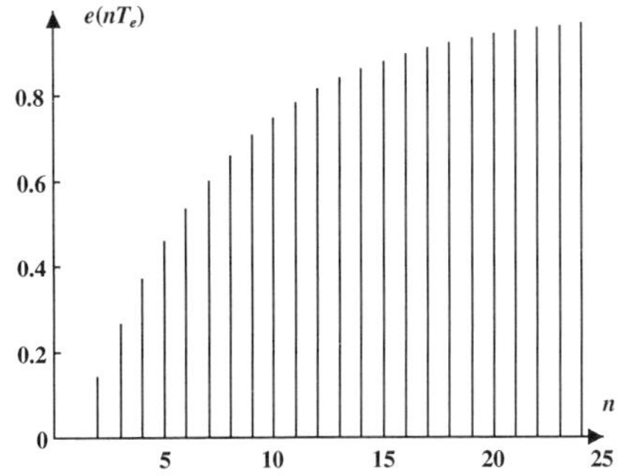

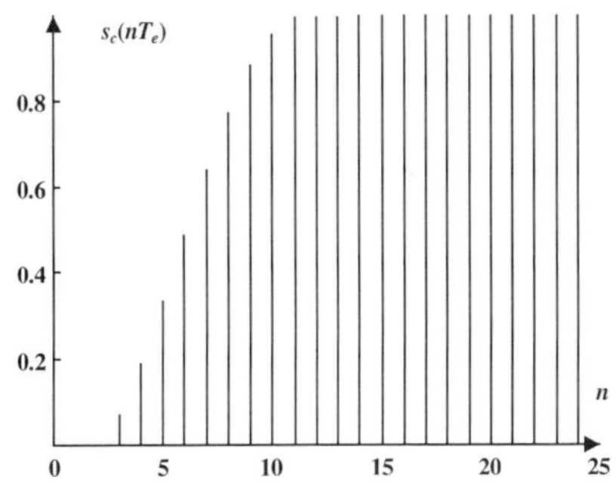

5. Il y a un retard d'une période d'échantillonnage entre l'entrée et la sortie. On obtient le schéma suivant.

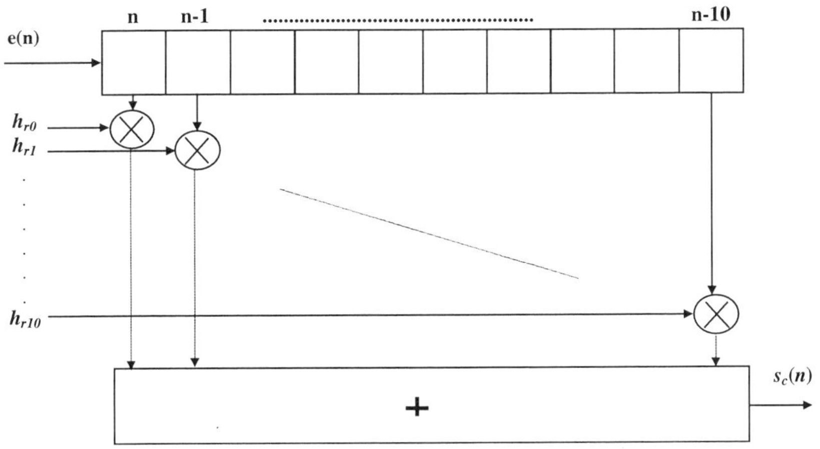

5-6

Transmission d'un signal numérique par liaison série, génération d'un signal.
On réalise le montage de la figure ci-dessous.

1. Déterminer en utilisant l'annexe de la configuration matérielle de la sortie série pour compatible PC, quelle est la voie connectée à l'oscilloscope.
2. Donnez la valeur d'initialisation du registre de commande de ligne et des registres diviseur pour avoir les caractéristiques suivantes: 1200bit/sec, 1 bit d'arrêt, pas de parité, 8 bits de transmission.
3. En vous aidant des annexes, réalisez un programme sur le PC qui envoie le caractère *a* de façon séquentielle sur l'oscilloscope qui l'affichera sur son écran. On utilisera la sortie COM1.
4. Visualiser et relever la séquence du signal présent sur le câble. Décomposer le résultat en vous aidant du code ASCII du caractère envoyé.

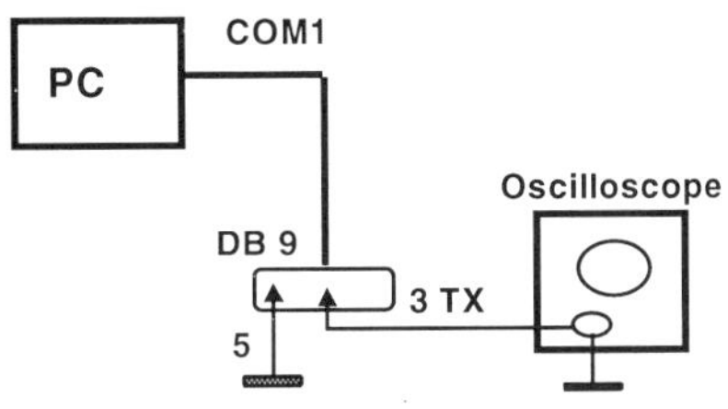

Figure 5-44

1. La voie connectée à l'oscilloscope est la 3, c'est-à-dire le canal de transmission. C'est par cette voie que transite le signal électrique transmis par le PC.
2. On initialise tout d'abord le registre de contrôle de ligne (COM1→$3FB_H$).
 8bits de transmission, 1bit d'arrêt, pas de parité, accès au registre diviseur :
 → $10110011_b=179_d$
3. On initialise ensuite le registre diviseur ($3F8_H$ et $3F9_H$), 1200bit/s=115200/N
 → N=115200/1200 = 96, on initialise le registre de poids faible à la valeur
 96 → $3F8_H$ et 0 → $3F9_H$

On enlève le bit d'accès au registre diviseur → $00110011_b=51_d$

4. *Programme*

```
#include <dos.h>
#include <stdio.h>
main() {
int c ;
/*-----Initialisation------*/
outportb(0x3FB,179); /* on écrit le mot 183 (décimal) dans la case mémoire 3FB (hexadécimal) */
outportb(0x3F8,96);
outportb(0x3F9,0);
outportb(0x3FB,51)
/* Transmission du caractère tapé au clavier */
do
c=getche();
outportb(0x3F8,c) ;    /* Ecriture dans le registre de transmission du caractère à envoyer */
while(c!=27);          /*taper ESC pour sortir du programme*/
        }
```

Ce programme a été écrit en Turbo C Borland™. La fonction ouportb permet d'écrire un entier de 8bits dans une case mémoire donnée. Il existe des fonctions équivalentes dans tous les autres langages.

5. On a relevé à l'aide de l'oscilloscope le signal sur la broche 3 (DB9) du COM2 du PC. Le signal qui représente le caractère "*a*" est sur la figure ci-contre.

Selon la norme V24, la logique est inversée 1→-10V, 0→10V. Le code ASCII du caractère *a* est 97 c'est-à-dire : 01100001. Il y a un bit de *Start* au début du message et un bit de *Stop* (bit d'arrêt) à la fin du message.

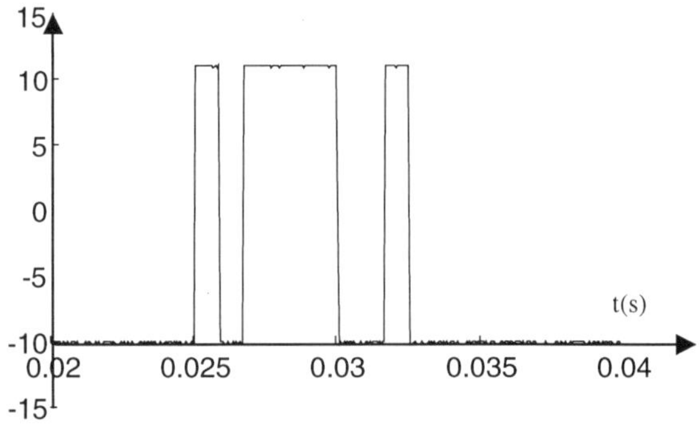

Chapitre 6

Modulations numériques

1. Définition

Le rôle d'une modulation numérique est de transformer une information source de type analogique en une succession discrète de données numériques de type 0 ou 1 constituant un nombre binaire.
Trois étapes fondamentales sont à la base de ces procédés :

- *l'échantillonnage* du signal message primaire, de façon à le représenter comme une suite de données espacées dans le temps,
- *la quantification* de ces données pour limiter le nombre de valeurs possibles pour ce signal.
- *le codage*, déjà évoqué au cours du chapitre 5.

Si l'opération d'échantillonnage n'est pas typique de la mise en œuvre d'une modulation numérique et ne détériore pas à priori le signal source, la quantification en revanche en est une caractéristique et joue un rôle déterminant sur la qualité de la restitution du signal primaire.

2. Echantillonnage et quantification

2.1. Principe de l'échantillonnage

Ce procédé consiste à ne garder du signal que des « échantillons », généralement prélevés à des instants réguliers. Son principe ayant été détaillé au cours du chapitre 2, nous n'évoquons ici que le cas de l'échantillonnage réel utilisé dans les modulations numériques.
L'opération s'apparente à une multiplication du signal primaire par une fonction rectangle constituée d'une suite d'impulsions de durée τ et de période T_e.

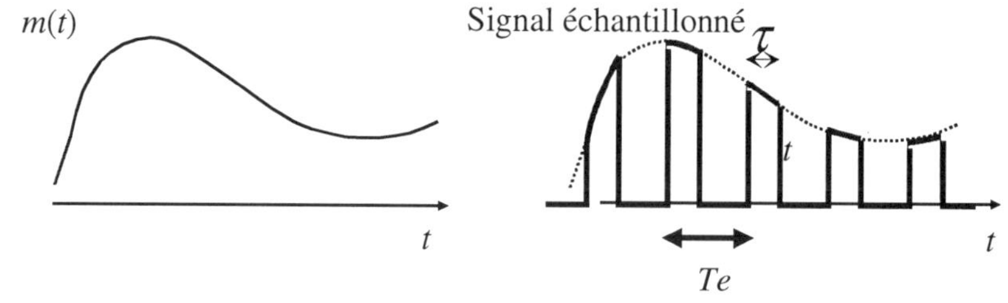

Figure 6-1

Ainsi, chaque impulsion conserve le profil du signal analogique de départ pendant sa durée (*échantillonnage naturel*).

Une variante de ce procédé est l'*échantillonnage bloqué.* Cette technique peut être interprétée comme un échantillonnage idéal suivi du maintien de la valeur de l'échantillon pendant la durée de l'impulsion.

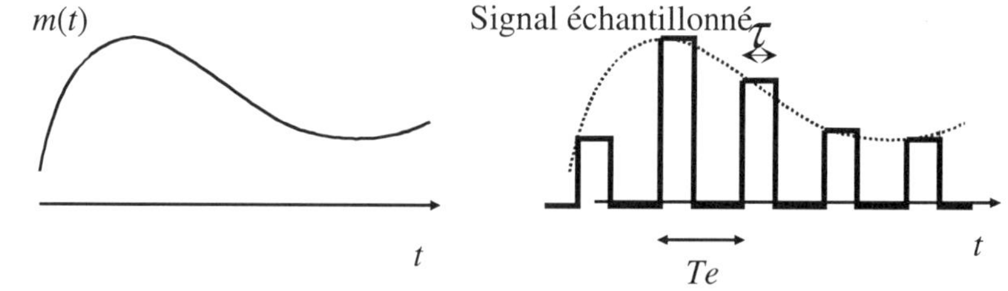

Figure 6-2

Dans tous les cas, la durée des impulsions et les différents types d'échantillonnages ont un effet sur la forme des spectres des signaux échantillonnés, en particulier un affaiblissement possible des bandes latérales du spectre du signal. De plus, tel type sera privilégié en fonction de la modulation utilisée pour transmettre le signal (par exemple, l'échantillonnage avec maintien pour des applications Delta ou MIC avec $\tau = T_e$ pour obtenir un signal « en escaliers », en vue de faciliter le codage des données).

Le concepteur devra alors avoir présent à l'esprit ces différences afin de choisir la technique la plus adaptée à son problème.

2.2. Quantification

a) Principe

L'échantillonnage ayant été effectué, le signal se présente comme une suite d'impulsions dont les amplitudes peuvent prendre une infinité de valeurs. L'opération de quantification consiste à attribuer à une valeur d'impulsion quelconque, une valeur approchée la plus voisine possible faisant partie d'un ensemble *fini* de valeurs *attribuables et prédéterminées.* Ces valeurs quantifiées sont appelées *niveaux de quantification*, l'écart entre deux niveaux consécutifs constituant une *plage de quantification* ou *échelon*, notée Δ. Ainsi, tous les échantillons de valeur différente mais concentrés à l'intérieur d'une même plage se verront affecter le même niveau de quantification (figure 6-3).

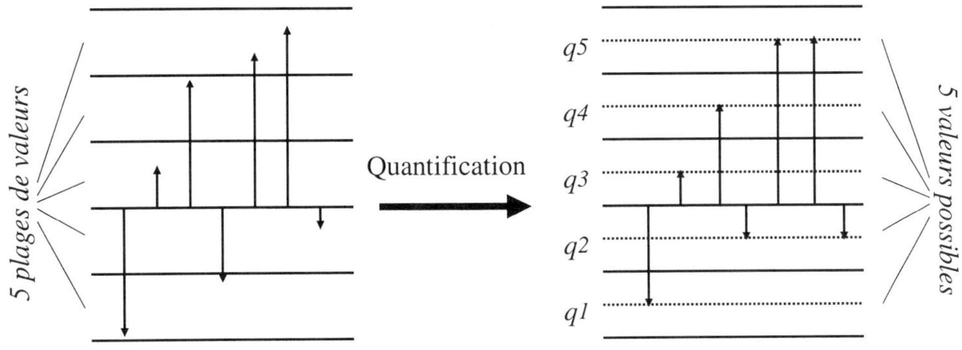

Figure 6-3

Dans ce cas, une infinité de valeurs possibles est remplacé par 5 valeurs quantifiées (q_1 à q_5).

b) Erreur de quantification - bruit de quantification

La différence aléatoire existant entre le signal source $m(t)$ et le signal quantifié, noté $m_q(t)$, est appelée *erreur* ou *bruit de quantification*, et notée $\varepsilon_q(t)$, de sorte que :

$$\varepsilon_q(t) = m(t) - m_q(t) \tag{6-1}$$

Cette erreur peut être considérée comme un bruit qui se superpose au signal, lié directement à la quantification. On peut ainsi définir un *rapport signal sur bruit de quantification*, noté $(R_{S/N})_q = \left(\dfrac{S}{N}\right)_q$, comme le rapport de la puissance P_S du signal $m(t)$, à la puissance P_N du bruit de quantification $\varepsilon_q(t)$.

Ce rapport va directement caractériser la *qualité* de la quantification.

c) Quantification uniforme (linéaire)

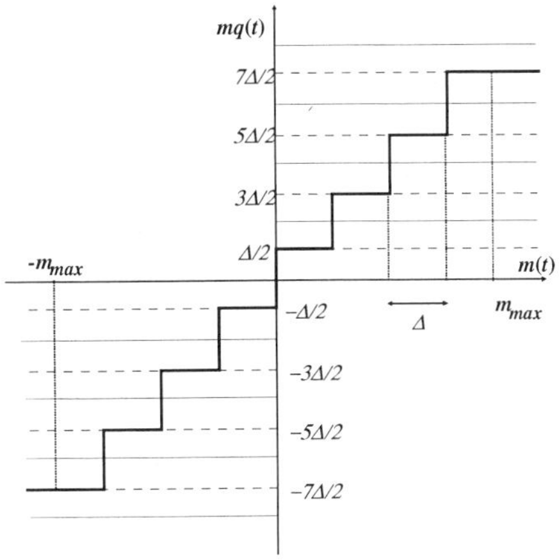

Pour ce type de quantification, toutes les plages de quantification ont une *valeur unique* Δ.

Figure 6-4

La figure 6-4 représente la fonction de transfert d'une quantification uniforme pour un signal d'entrée $m(t)$ compris entre $\pm m_{max}$.

Toutes les valeurs du signal $m(t)$ supérieures (resp. inférieures) à $+m_{max}$ (resp. $-m_{max}$) sont écrêtées et prennent la valeur du plus haut niveau (resp. plus bas).

Si q désigne le nombre de niveaux de quantification :

$$q = \frac{2m_{max}}{\Delta} \tag{6-2}$$

Dans tous les cas, l'erreur de quantification est telle que :

$$-\frac{\Delta}{2} \le \varepsilon_q(t) \le \frac{\Delta}{2} \tag{6-3}$$

Supposons que toutes les valeurs de $\varepsilon_q(t)$ comprises entre $-\frac{\Delta}{2}$ et $\frac{\Delta}{2}$ soient équiprobables, ce qui est le cas si la plage de quantification est faible devant plage de variation maximale du signal.
La puissance moyenne du bruit de quantification peut s'écrire :

$$P_N = \left\langle \varepsilon_q^2(t) \right\rangle = \int_{-\Delta/2}^{\Delta/2} \varepsilon_q^2 . f\left(\varepsilon_q\right) . d\varepsilon_q \tag{6-4}$$

où $f\left(\varepsilon_q\right)$ désigne la densité de probabilité de ε_q telle que : $\int_{-\infty}^{+\infty} f\left(\varepsilon_q\right) . d\varepsilon_q = 1$ (6-5)

Cette densité étant supposée constante, l'équation (6-5) devient :

$$f\left(\varepsilon_q\right) . \int_{-\Delta/2}^{+\Delta/2} d\varepsilon_q = 1 \Leftrightarrow f\left(\varepsilon_q\right) . \left[\varepsilon_q\right]_{-\Delta/2}^{+\Delta/2} = 1 \Leftrightarrow f\left(\varepsilon_q\right) = \frac{1}{\Delta} = cte \tag{6-6}$$

D'où, en reportant dans l'équation (6-4) : $P_N = \frac{\Delta^2}{12}$ (6-7)

La puissance moyenne du signal dépend de sa densité de probabilité. Prenons l'exemple d'une répartition Gaussienne représentée sur la figure 6-5 .

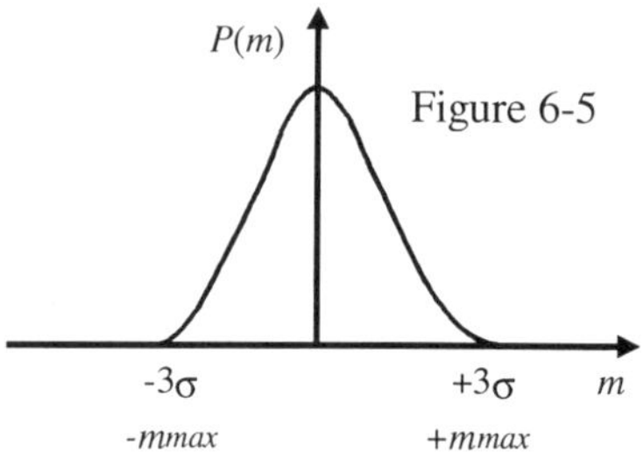

Figure 6-5

Si $m_{\max} = 3\sigma$, $\sigma^2 = \frac{1}{9} m_{max}^2 = \frac{\left(2m_{max}\right)^2}{36} = P_S$.
On en déduit d'après (6-2) et (6-7) :

$$\left(\frac{S}{N}\right)_q = \frac{P_S}{P_N} = \frac{\left(2m_{max}\right)^2 / 36}{\Delta^2 / 12} = \frac{1}{3} q^2 \tag{6-8}$$

Pour un signal sinusoïdal $m(t)$ d'amplitude maximale A , on peut écrire :

$$P_S = \frac{A^2}{2} \tag{6-9}$$

de sorte que :

$$\left(\frac{S}{N}\right)_q = \frac{A^2 / 2}{\Delta^2 / 12} = \frac{3}{2}\left(\frac{A}{m_{\max}}\right)^2 q^2 \tag{6-10}$$

Ces résultats sont importants en pratique. Ils montrent que $\left(R_{S/N}\right)_q$ diminue si l'amplitude du signal est trop faible devant $m_{\max}$. De plus, il est proportionnel au *carré du nombre de niveaux de quantification.*
Dans tous les cas, la loi qui décrit le comportement du rapport signal sur bruit de quantification dépend du carré de la valeur efficace du signal primaire.

d) Quantification non uniforme

Nous avons montré dans le cas d'une quantification uniforme que le rapport signal sur bruit de quantification est d'autant plus fort que la puissance du signal est élevée.
Quant à la puissance du bruit de quantification, elle a été supposée constante et indépendante du niveau du signal d'entrée, de sorte que $\left(R_{S/N}\right)_q$ n'est pas constant. Il peut même chuter quelquefois vers de très faibles valeurs.
Prenons par exemple un signal téléphonique. La probabilité que son amplitude instantanée soit de faible niveau est beaucoup plus forte que la probabilité d'apparition de forts niveaux. Le fait d'utiliser une quantification uniforme implique alors un rapport signal sur

bruit de quantification non constant, quasiment toujours de faible valeur, avec quelques pics correspondant à des niveaux élevés (figure 6-6).

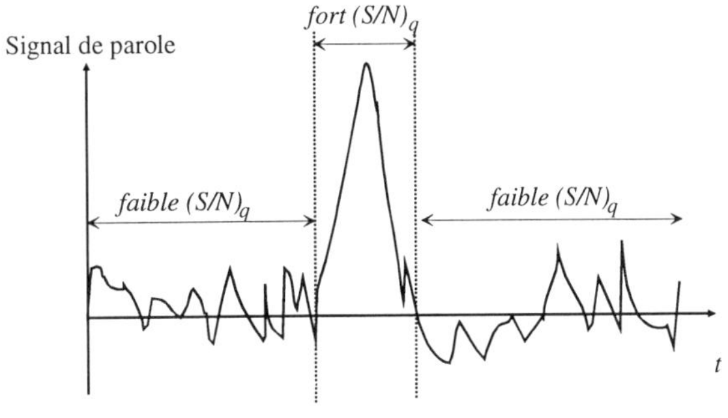

Figure 6-6

Afin de ne pas détériorer la transmission, l'idée est d'essayer d'obtenir un rapport $(R_{S/N})_q$ le plus constant possible, quelle que soit la puissance du signal d'entrée. Dans ce cas, l'erreur de quantification n'est plus constante, et le pas Δ dépendra de l'amplitude de ce signal. Ce principe est appelé *quantification non uniforme*.

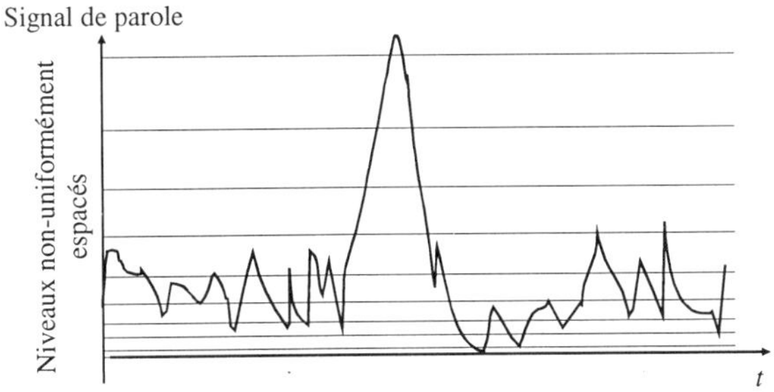

Figure 6-7

En reprenant le cas du signal téléphonique précédent, le pas de quantification sera faible pour les faibles niveaux d'entrée et augmentera avec la puissance du signal à quantifier.

e) Compression continue

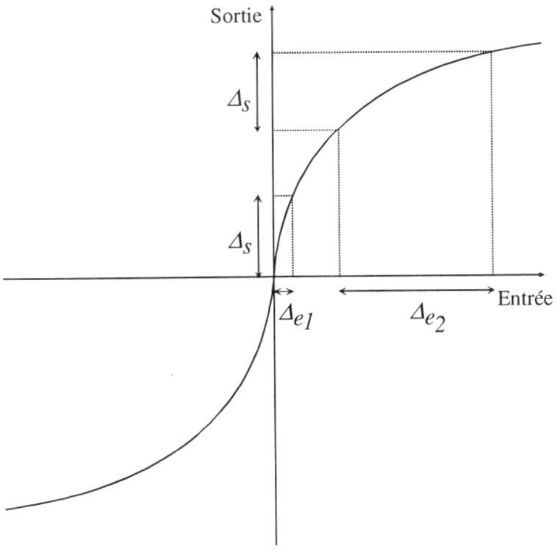

Figure 6-8

En réalité, on peut obtenir une quantification non uniforme en *comprimant* le signal, puis en utilisant une quantification uniforme. L'organe de compression, appelé *compresseur*, possède une caractéristique d'entrée sortie représentée sur la figure 6-8.
A une variation Δe_1 entre deux signaux d'entrée faibles correspond en sortie une variation Δs donnée, pouvant être identique à celle provoquée par l'écart Δe_2 entre deux niveaux d'entrée élevés. Les faibles amplitudes sont en quelque sorte « amplifiées » ou « favorisées » par rapport aux fortes valeurs.

Le signal de sortie est ensuite appliqué à un quantificateur uniforme de façon à obtenir une quantification non uniforme du signal source. Généralement, les lois de compression sont de type *logarithmique* (voir exercice 6-6). En effet, elles permettent de garder une proportion à peu près constante entre la hauteur de l'échelon de quantification et l'amplitude instantanée du signal. Ainsi, l'erreur relative de quantification est constante quelle que soit l'amplitude du signal. Ces lois répondent à des normes précises et correspondent à un compromis par rapport à une loi logarithmique idéale qui ne pourrait pas être utilisée (par exemple à cause d'une limite infinie en 0). Leur définition varie suivant leur emploi géographique :

Si $m(t)$ désigne le signal à compresser, $m_c(t)$ le signal compressé, $x = \frac{m(t)}{m_{max}}$, $y = \frac{m_c(t)}{m_{c\,max}}$

- Loi A (Europe, ex-URSS)	**- Loi µ (Etats-Unis, Japon)**
$y = \begin{cases} \frac{A.x}{1+\ln A} & \text{pour } 0 \le \lvert x \rvert \le \frac{1}{A} \\ \frac{1+\ln(A.\lvert x \rvert)}{1+\ln A} sign(x) & \text{pour } \frac{1}{A} \le \lvert x \rvert \le 1 \end{cases}$	$y = \left\{ \frac{\ln(1+\mu \lvert x \rvert)}{\ln(1+\mu)} sign(x) \right.$ avec $\mu = 255$

Tableau 6-1

Les valeurs de $A = 87{,}6$ et $\mu = 255$ sont normalisées. Elles ont été calculées pour donner un rapport signal sur bruit de quantification à peu près constant d'environ $35dB$ pour un niveau du signal d'entrée maximal jusqu'à un niveau $40dB$ plus faible. A la réception et après transmission du signal, l'utilisation d'un *expanseur* est nécessaire afin de reconstituer le signal source. Celui-ci aura une caractéristique proche de la courbe réciproque du compresseur (exponentielle). L'ensemble « compresseur-expanseur » est souvent désigné sous le terme de *compandeur*.

f) Compression par segments

D'un point de vue pratique, il est très difficile d'obtenir des caractéristiques analogiques de compression et d'extension purement réciproques, de sorte qu'on leur préfère une approximation, dite « par segments », beaucoup plus favorable à une réalisation et un traitement numérique.

Exemple

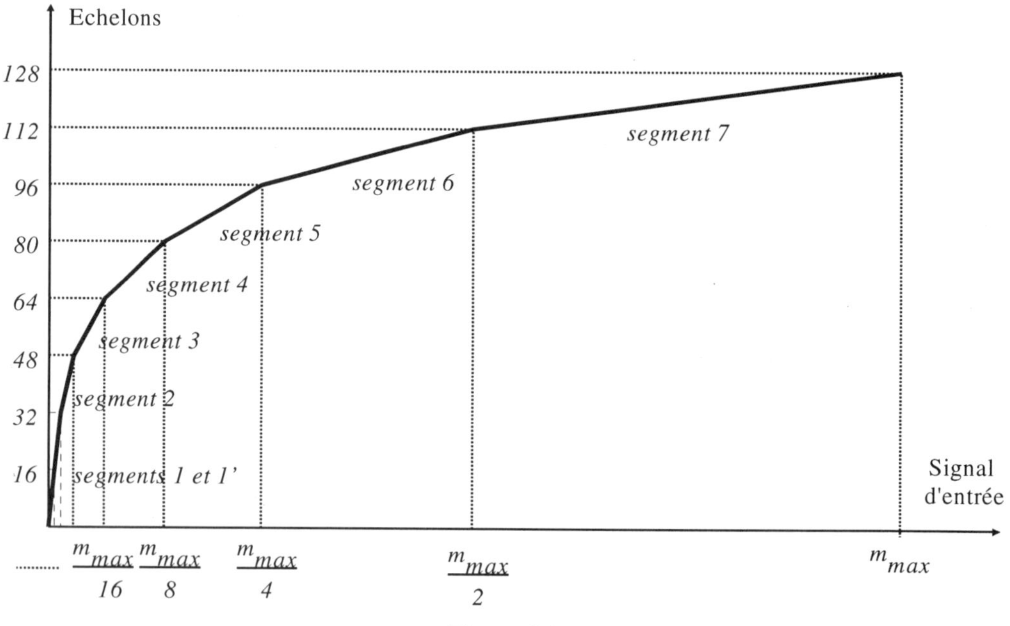

Figure 6-9

Elle approche la courbe de compression correspondant à loi A par 13 segments, chacun comportant 16 niveaux identiques (sauf le segment central qui en possède 64), soit au total 256 niveaux.

La valeur de Δ double d'un segment à l'autre (quantification non uniforme).

Segment	1 et 1'	2	3	4	5	6	7
Δ (mV)	1,5	3	6	12	24	48	96

Tableau 6-2

-Le rapport maximal signal sur bruit de quantification reste alors quasiment constant :

- 128ème échelon - segment 7 $\begin{cases} S = 3072mV \\ N = 48mV \end{cases} \Rightarrow \left(\dfrac{S}{N}\right)_q = 10log\left(\dfrac{3072}{48}\right)^2 = 36dB$
- 100ème échelon - segment 6 $\begin{cases} S = 960mV \\ N = 24mV \end{cases} \Rightarrow \left(\dfrac{S}{N}\right)_q = 10log\left(\dfrac{960}{24}\right)^2 = 32dB$
- 72ème échelon - segment 4 $\begin{cases} S = 288mV \\ N = 6mV \end{cases} \Rightarrow \left(\dfrac{S}{N}\right)_q = 10log\left(\dfrac{288}{6}\right)^2 = 34dB$
- 40ème échelon - segment 2 $\begin{cases} S = 72mV \\ N = 1{,}5mV \end{cases} \Rightarrow \left(\dfrac{S}{N}\right)_q = 10log\left(\dfrac{72}{1{,}5}\right)^2 = 34dB$
- 10ème échelon - segment 1 $\begin{cases} S = 15mV \\ N = 0{,}75mV \end{cases} \Rightarrow \left(\dfrac{S}{N}\right)_q = 10log\left(\dfrac{15}{0{,}75}\right)^2 = 26dB$

Il faut noter cependant une diminution de ce rapport sur le segment 1.

3. Modulation d'impulsions codées (MIC, PCM)

3.1. Principe

La modulation par impulsions codées (PCM : Pulse Code Modulation) est le résultat des trois opérations suivantes :

- l'échantillonnage avec maintien du signal source à la fréquence f_e,
- la quantification sur q niveaux,
- le codage de ces niveaux sur n bits.

Figure 6-10

Le codage consiste à affecter à chaque valeur échantillonnée et quantifiée une représentation sous forme d'un mot à n - bits appelé *code* (voir chapitre 5). Si chaque bit possède une durée τ, la durée totale du mot correspondant à un échantillon donné est telle que $n.\tau \leq T_e$.

Les opérations de quantification et de codage sont généralement effectuées par un même circuit (CAN : Convertisseur Analogique Numérique ou Codeur).
Si q désigne le nombre de niveaux de quantification et n le nombre de bits de codage, alors : $n = log_2 q$ soit $q = 2^n$ (6-11)

Exemple

En téléphonie, l'utilisation d'une modulation MIC à compression par segments non uniforme loi A permet de coder les 256 niveaux de quantification par $n = log_2 256 = 8$ bits.

Le codage utilisé sera par exemple le suivant :

P	1	2	3	4	5	6	7

bit de polarité du signal 1 si positif 0 si négatif	3 bits codent les 8 segments par polarité	4 bits codent 16 niveaux par segment

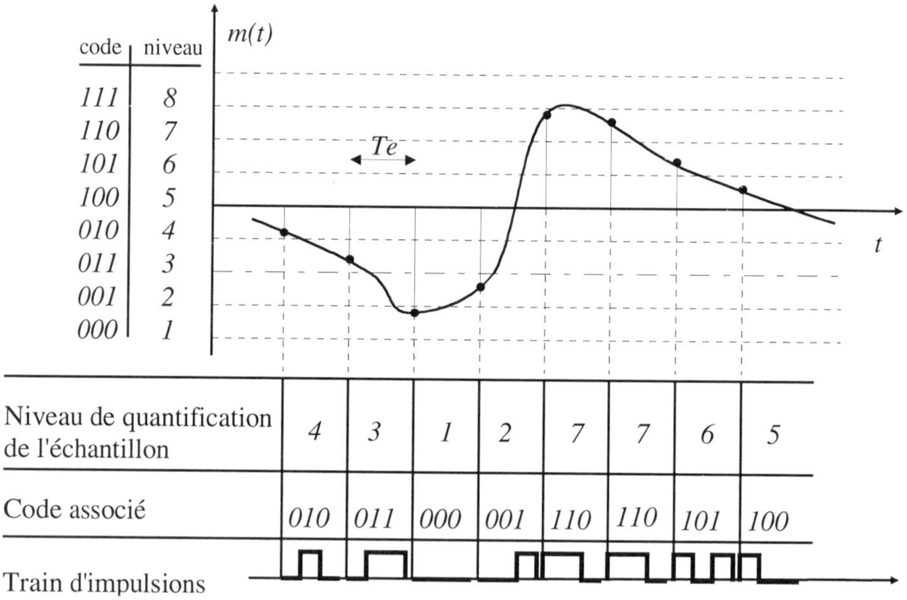

Figure 6-11

3.2. Rapport $(S/N)_q$

Pour une quantification uniforme d'un signal sinusoïdal, d'après l'équation (6-10) :

$$\left((R_{S/N})_q\right)_{dB} = 10\log\left(\frac{3}{2}\left(\frac{A}{m_{\max}}\right)^2 q^2\right) = 6{,}02n + 1{,}76 + 20\log\left(\frac{A}{m_{\max}}\right) \qquad (6\text{-}12)$$

Cette loi constitue *la règle des 6dB* : elle montre que le rapport signal sur bruit de quantification double chaque fois que l'on augmente d'une unité le nombre de bits de codage. Elle reste vraie si l'on utilise une loi de quantification non uniforme à loi A ou μ. On démontre à cet effet (voir exercices) que $(R_{S/N})_q$ reste quasiment constant et vaut :

$$(R_{S/N})_q = 6{,}02n - 10{,}1 \text{ dB} \qquad (6\text{-}13)$$

3.3. Débit et largeur de bande MIC

Pour un codage sur n bits d'un signal de fréquence maximale f_{max}, échantillonné à f_e, le débit minimal D est alors : $D = n.f_e$ (6-14)

La largeur de bande minimale nécessaire pour transmettre ce débit est alors (voir chapitre 4) : $B_{\min} = \frac{D}{2} = n.f_{\max} = \frac{n.f_e}{2} = f_{MIC}$ (6-15)

3.4. Applications – exemples

a) Téléphonie	Pour un signal dans la bande $300 - 3400Hz$
Echantillonnage	$f_e = 8kHz$ sur 8 bits,
Rapport signal sur bruit de quantification	Fixé après test à $35dB$ pour le niveau maximal du signal et jusqu'à $40dB$ en dessous de ce niveau
Quantification	*Europe* : loi A 13 segments sur 256 niveaux avec inversion de bits de rang pair *Etats-Unis :* loi μ à 15 segments sur 256 niveaux avec inversion de tous les bits, sauf celui de signe
Débit	$D = n.f_e = 8x8kHz = 64kbit/s$
Largeur de bande MIC	$B_{\min} = 32kHz$
b) Enregistrement musical	Pour un signal à $f_{\max} = 15kHz$
Echantillonnage	$f_e = 44{,}1kHz$ sur 16 bits
Quantification	
Débit	$D = n.f_e = 16x44{,}1kHz = 0{,}7Mbit/s$
Largeur de bande MIC	$B_{\min} = 350kHz$
c) Télévision (signaux vidéo)	Pour un signal à $f_{max} = 5MHz$
Echantillonnage	$f_e = 13{,}3MHz$ sur 8 bits
Quantification	Uniforme
Débit	$D = n.f_e = 8x13{,}3MHz = 106Mbit/s$
Largeur de bande MIC	$B_{\min} = 52MHz$

Tableau 6-3

4. Modulations différentielles

4.1. Principe

En modulation MIC classique, les échantillons sont traités systématiquement de manière instantanée. Or, certains signaux (vidéo par exemple) peuvent posséder des informations redondantes d'un instant d'échantillonnage à l'autre, de sorte que la transmission n'est pas optimisée.

Le principe des modulations différentielles est de quantifier et coder non plus la valeur instantanée de l'échantillon mais la *différence* entre l'échantillon et une valeur *estimée* à partir des valeurs des échantillons précédents. Une telle extrapolation n'est possible que si le signal à moduler n'est pas complètement aléatoire ni inconnu.

4.2. Modulation MIC différentielle (MDIC, DPCM : Differential PCM)

a) Principe

C'est une modulation différentielle à q *niveaux* de quantification. Dans ce cas, la différence entre le signal d'entrée échantillonné et sa valeur estimée est transmise par le modulateur sur $n = \log_2 q$ bits.

b) Modulation et démodulation

La complexité des systèmes de modulation et de démodulation est directement liée à celle de l'estimateur. Dans sa forme la plus simple, l'estimateur est d'ordre 0. Il n'introduit dans ce cas qu'un simple retard et la valeur estimée à sa sortie est celle de l'instant d'échantillonnage immédiatement précédent.
L'extrapolation peut être plus généralement d'ordre supérieur. Dans ce cas, la valeur à l'instant d'échantillonnage est estimée à partir d'un certain nombre de valeurs précédentes, le nombre considéré des valeurs fixant l'ordre de l'estimateur.

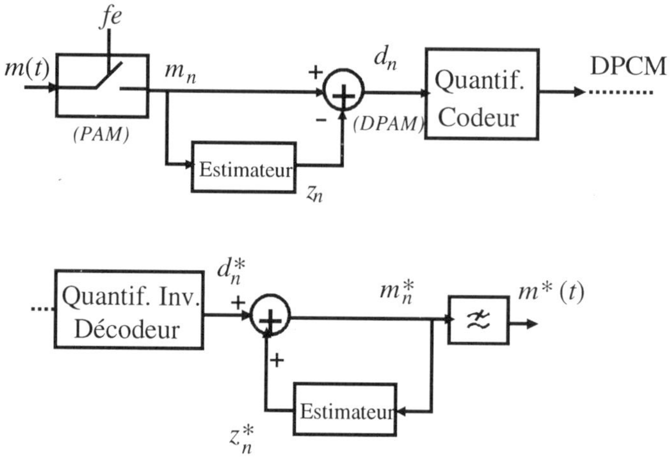

Figure 6-12

L'estimateur est tel que : $$z_n = \sum_{i=1}^{K} a_i . m_{n-i} \qquad (6\text{-}16)$$

Pour un estimateur d'ordre 0 (avec $a_i = 0$ pour $i > 1$) : $z_n = a_1 m_{n-1}$
où a_i sont les coefficients de l'estimateur.
Le signal analogique d'entrée est échantillonné (m_n). Il est ensuite soustrait à la valeur estimée du signal z_n pour donner la différence $d_n = m_n - z_n$. Celle-ci est quantifiée sur q niveaux puis codée pour être transmise sur le canal. A la réception, le signal DPCM est décodé en DPAM $(m_n - z_n)$. En ajoutant la valeur z_n issue de l'estimateur, on obtient m_n qui, par filtrage passe-bas, permet de reconstituer $m(t)$. L'estimateur est couramment un *filtre numérique* (voir chapitre 3), et son ordre dépasse rarement 2 ou 3.
En réalité, la valeur estimée utilisée dans le démodulateur n'est pas exactement identique à celle que le modulateur soustrait au signal d'entrée car elle en diffère d'une erreur de quantification (z_n^* au lieu de z_n). Cet inconvénient peut être évité en utilisant un système de modulation et de démodulation basé sur le principe de la figure 6-20.

c) Application

Pour le codage de la voix en qualité téléphonique, le rapport $(R_{S/N})_q$, comme en PCM, suit la règle des 6dB suivante :

$$(R_{S/N})_q = 6{,}02n + \alpha \quad \text{avec} \quad -3 < \alpha < 15 \qquad (6\text{-}17)$$

La valeur de α varie suivant les propriétés du signal analogique d'entrée. Cette loi montre que dans certains cas, la modulation DPCM peut améliorer $(R_{S/N})_q$ de manière non négligeable par rapport à une modulation PCM avec compression A ou μ (où

$\alpha = -10dB$). Cependant, la modulation DPCM nécessite deux ou trois fois moins de bits de codage que PCM. Ceci implique que les systèmes téléphoniques utilisant la modulation DPCM travaillent à des débits de l'ordre de $24kbit/s$ ou $32kbit/s$ et pas à $64kbit/s$, débit normalisé pour ma modulation PCM.

Exemple

Modulation DPCM d'un modulant dans la bande 3,2KHz avec $n = 4$ et $f_e = 8KHz$, soit $D = n.f_e = 32Kbit/s$.

4.3. Modulation delta (ΔM)

a) Principe

Ce procédé est une *modulation différentielle à 1 bit* (2 niveaux de quantification). Dans ce cas, la valeur estimée du signal par l'estimateur est celle de l'instant d'échantillonnage immédiatement précédant l'échantillon traité (estimateur d'ordre 0).
Cette modulation peut être considérée comme une modulation DPCM à 2 niveaux de quantification. Son débit est égal à f_e et la bande passante minimale nécessaire à sa transmission est théoriquement n- fois plus faible qu'en modulation MIC. En réalité, ces deux bandes ne sont pas très différentes car nous verrons par la suite que la modulation Delta nécessite des fréquences d'échantillonnages beaucoup plus élevées que la modulation MIC.

b) Modulateur et démodulateur

Leurs schémas de principe sont représentés sur la figure 6-13. Le comparateur réalise simultanément l'opération de soustraction et de quantification sur deux niveaux, sa sortie pouvant prendre deux valeurs $\pm V$. Le signal Delta est alors représenté sur la figure 6-14.

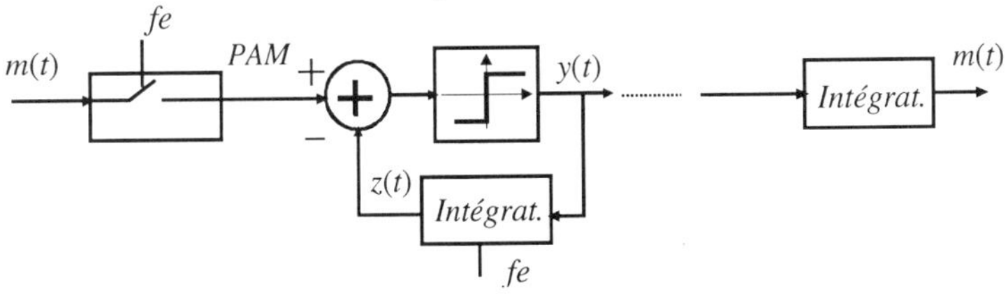

Figure 6-13

La sortie de l'intégrateur à l'instant d'échantillonnage nT_e est donnée par :

$$z_n = \frac{1}{V}\sum_{i=0}^{n} \Delta . y_i \qquad (6\text{-}18)$$

A chaque instant d'échantillonnage, elle augmente ou diminue d'une valeur Δ. La démodulation s'effectue en sens inverse en utilisant un intégrateur qui donne en sortie une approximation du signal d'entrée correspondant à un signal $z(t)$ « lissé ».

c) Saturation de pente et granularité

Il existe deux cas critiques d'erreurs en modulation delta. Ceux-ci s'analysent en évaluant le rapport du pas de quantification à la période d'échantillonnage T_e.

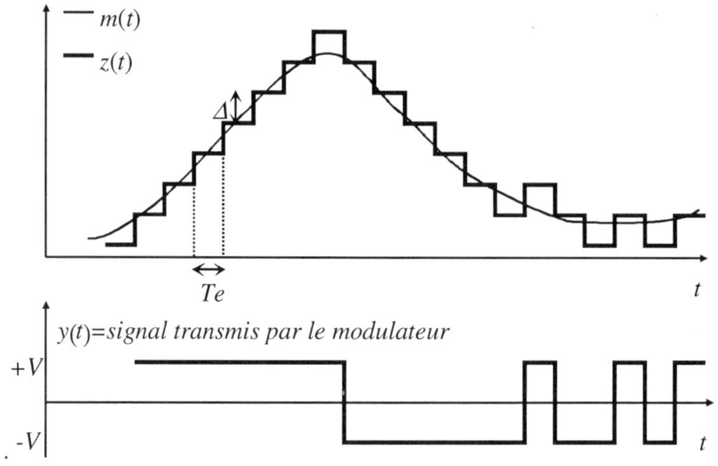

Figure 6-14

Un premier phénomène pouvant être observé est la *saturation de pente*. Dans ce cas, la variation du signal source est trop rapide et ne peut pas être « rattrapée » par le signal quantifié (figure 6-15).

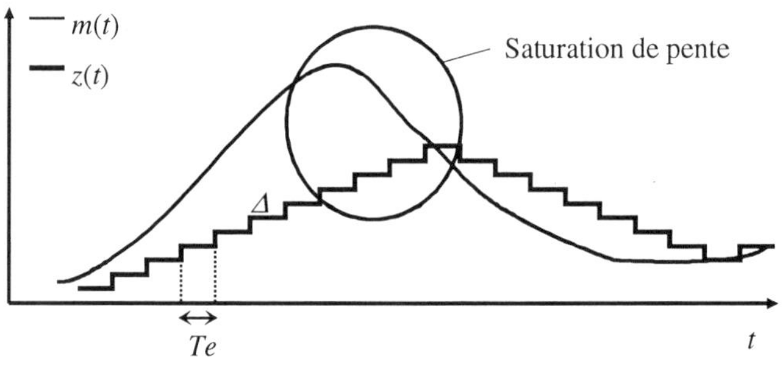

Figure 6-15

Le signal transmis lors de cette saturation de pente est une suite ininterrompue de niveaux haut ou bas ne contenant pas d'information utile.

Une première solution pour s'affranchir de ce problème serait d'augmenter la valeur de Δ. Or, Δ représente la distorsion de quantification et doit être le plus faible possible. On constate en fait que la saturation de pente est évitée tant que :

$$\left|\frac{dm(t)}{dt}\right| < \frac{\Delta}{T_e} \tag{6-19}$$

Augmenter la fréquence d'échantillonnage permet alors de rendre cette condition plus facilement réalisable. En modulation delta, il est courant d'utiliser des fréquences d'échantillonnage égales à 10 fois la fréquence de Shannon.

Un autre phénomène, appelé *bruit de granularité*, est représenté figure 6-16.

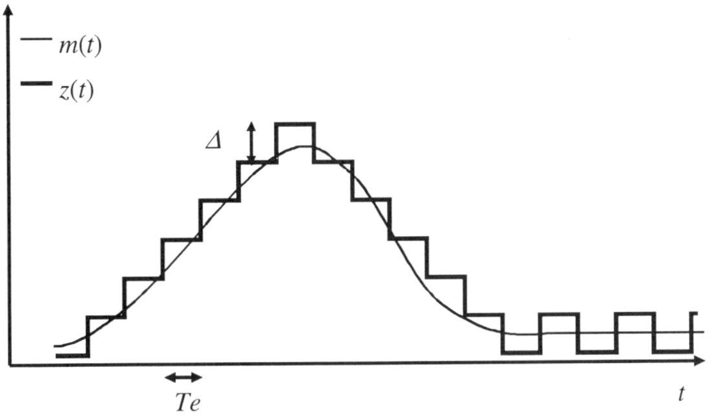

Figure 6-16

Ce bruit de granularité apparaît pour n'importe quelle valeur du pas de quantification, mais reste faible pour des valeurs de Δ faibles. Il peut par contre être gênant pour des signaux très lentement variables. Le fait d'utiliser un Δ faible favorise souvent la saturation de pente. Le choix de la valeur optimale de Δ permet d'obtenir un compromis entre ces deux limitations de fonctionnement. La mise en œuvre d'une modulation adaptative (paragraphe 5) permet souvent d'apporter une solution à ce double problème.

d) Une variante : la modulation delta-sigma (ΔΣM)

La modulation Delta convient bien à des signaux dont le spectre diminue vers les hautes fréquences du fait du problème de la saturation de pente. Une amélioration est envisageable en *intégrant* le signal primaire avant de le moduler, ce qui revient à multiplier son spectre par $1/f$. Il devra alors être dérivé après démodulation pour s'identifier au signal source (figure 6-17) : c'est le principe de la modulation Delta –Sigma.

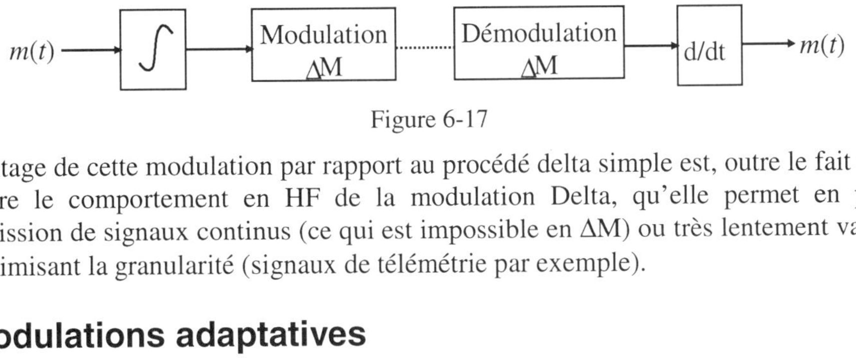

Figure 6-17

L'avantage de cette modulation par rapport au procédé delta simple est, outre le fait qu'elle améliore le comportement en HF de la modulation Delta, qu'elle permet en plus la transmission de signaux continus (ce qui est impossible en ΔM) ou très lentement variables en minimisant la granularité (signaux de télémétrie par exemple).

5. Modulations adaptatives

5.1. Principe

Les modulations linéaires décrites dans les paragraphes précédents posent pour principe que les valeurs des pas de quantification utilisés sont prédéfinis. A chaque valeur instantanée du signal d'entrée correspond un pas de quantification donné (unique en modulation delta, variable en MIC).

En modulation delta, les effets conjoints de la saturation de pente et de la granularité imposent le choix d'une valeur de Δ « optimale » constituant un compromis plus ou moins acceptable.

Une solution pour réduire au minimum les effets de ces perturbations est de réaliser un système capable d'adapter ce pas de quantification à la pente du signal primaire : ce pas variable est déduit des échantillons précédents du signal à l'aide d'un estimateur approprié. Si celui-ci détecte une variation rapide du signal, il va tendre à augmenter Δ de façon à le rattraper. On appelle ce principe une *modulation adaptative*.

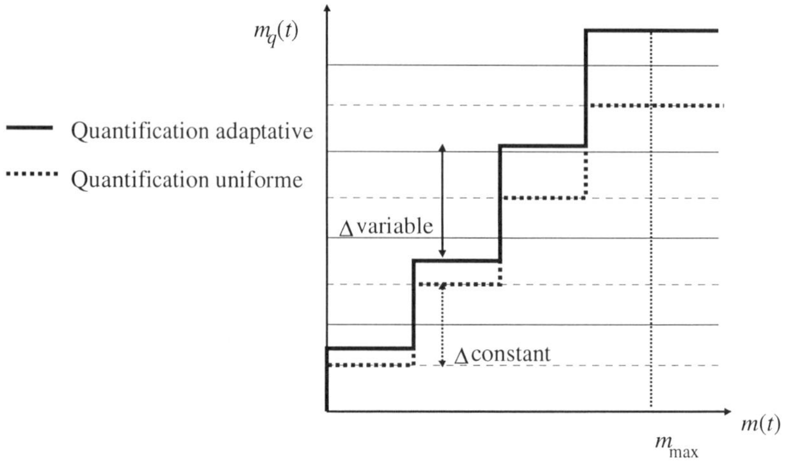

Figure 6-18

5.2. MIC différentielle adaptative (MICDA, ADPCM)

En ADPCM, la quantification adapte son pas en fonction du signal source. Le principe de base est représenté sur la figure 6-19.

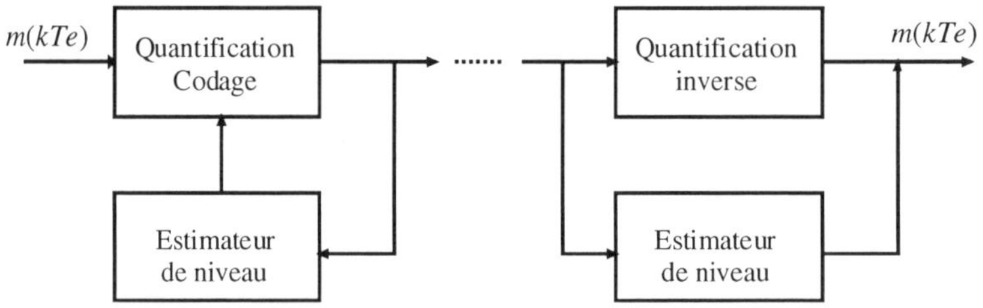

Figure 6-19

L'ADPCM n'est pas en soi une méthode originale de modulation mais plutôt une optimisation de la modulation DPCM du point de vue des fortes pentes (saturation de pente).

Exemple : ADPCM CCITT G.721 (32kbit/s)

Ce système standardisé utilise en entrée un signal MIC 64kbit/s pour le codage de la parole. L'algorithme de compression est du type loi A ou μ. Ce signal est transformé en données ADPCM 32kbit/s.

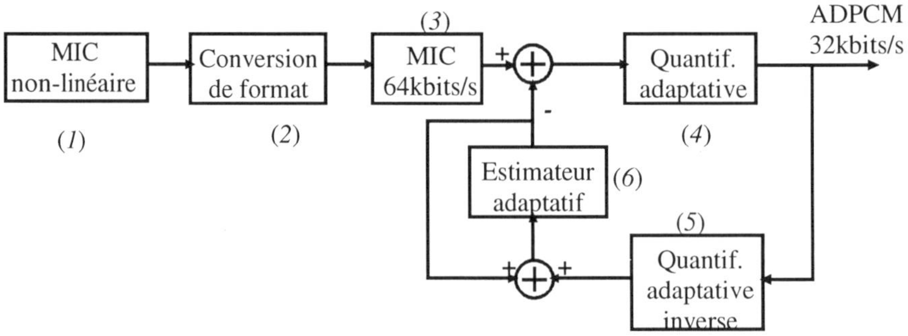

Figure 6-20

Les standards MIC 64kbit/s (G.711) (1) est transformé (2) par conversion de format en MIC linéaire (3). Un quantificateur 4 bits (4) traite le signal différence entre le signal d'entrée et sa valeur estimée. Sa sortie constitue le signal ADPCM 32kbit/s. Une opération de quantification inverse (5) permet de reconstituer le signal différence. L'estimateur (6) utilise alors les valeurs précédentes de l'instant d'échantillonnage pour calculer la valeur estimée suivante qui est réinjectée et soustraite pour reformer le signal différence. L'ensemble est généralement géré par DSP (Digital Signal Processing). On peut constater ici l'amélioration obtenue par rapport à la figure 6-12 en évitant la propagation de l'erreur de quantification.

5.3. Modulation delta adaptative (AΔM) et CVSD

Le principe de la modulation delta adaptative est le même que celui de la modulation ADPCM avec codage sur 1 bit. Le pas de quantification varie de façon discrète et s'adapte pour éviter le bruit de granularité et la saturation de pente. Certains algorithmes, après avoir détecté une série pré-définie de 1 ou de 0, imposent une variation quantifiée du pas ($2\Delta, 4\Delta...$). Le principal avantage de cette modulation est sa simplicité de mise en œuvre. Cependant, elle n'est pas très performante, en particulier pour le signal de parole lorsque des erreurs sont introduites par la transmission.
La modulation CVSD (Continuously Variable Slope Delta Modulation) est un type particulier de modulation delta adaptative pour lequel le pas de quantification dépend des valeurs précédentes de sortie du modulateur et varie d'une façon continue, contrairement à la modulation AΔM.

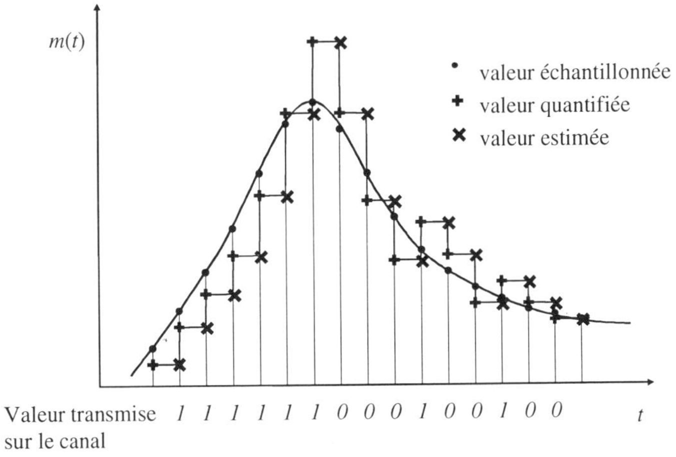

Figure 6-21

L'algorithme qui régit la modulation CVSD détecte une série consécutive de 0 ou de 1 signifiant que la pente du signal augmente ou diminue régulièrement, de sorte qu'il puisse ajuster avec le plus faible retard possible la valeur du pas de quantification. Du fait que la valeur de Δ peut être plus grande qu'en modulation Delta, la modulation CVSD produit une qualité de modulation plus médiocre qu'en AΔM ou ADPCM. Cependant, elle est moins sensible aux erreurs dues à la transmission grâce à une estimation des valeurs sur plusieurs échantillons précédents.

Les systèmes basés sur la modulation CVSD sont commercialisés depuis quelques années. Certains constructeurs proposent des circuits intégrés permettant de faire varier Δ en fonction des 3 ou 4 derniers bits de la séquence de données pour des applications au codage de la parole. Cependant, la standardisation de la modulation ADPCM la rend la plus utilisée actuellement.

Dans tous les cas, chaque fois que le critère de choix d'une modulation sera un faible coût de mise en œuvre, les modulations ΔM s'imposeront. En revanche, si le critère à prendre en compte est le meilleur rapport signal sur bruit en sortie, les modulations basées sur le MIC ont l'avantage. Elles bénéficient de plus de l'antériorité et sont très largement répandues.

6. Application : le système téléphonique primaire Européen MIC 30 voies

6.1. Multiplexage temporel (TDM : Time Division Multiplexing)

C'est une technique de traitement de données par mélange temporel ayant pour but de permettre l'acheminement sur un même canal (appelé *canal composite* ou *voie haute vitesse HV*), un ensemble d'informations provenant de différents canaux à faibles débits (appelés *voies basses vitesses BV*) lorsque celles-ci doivent communiquer simultanément d'un même point de départ à un même point d'arrivée.

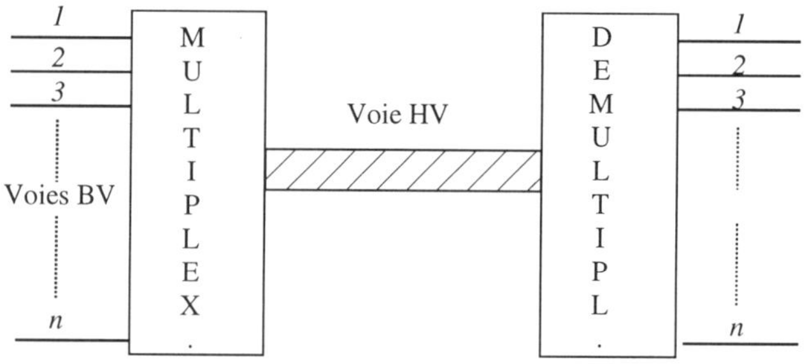

Figure 6-22

A l'autre bout de l'acheminement, un démultiplexeur opère à l'inverse.
Ce multiplexage est dit *temporel* dans la mesure où les données correspondant à chaque voie sont intercalées dans le temps. Ainsi circulent séquentiellement et cycliquement sur la voie HV des informations appartenant à différentes sources.

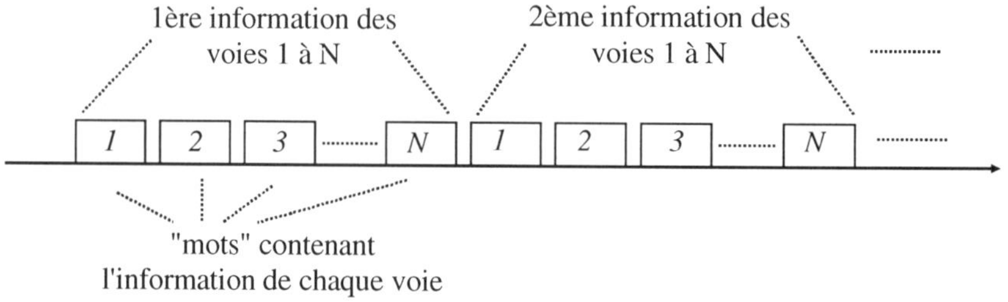

Figure 6-23

Le multiplexage peut être effectué soit après l'opération d'échantillonnage de chaque voie et avant le codage, soit après celui-ci.

Lors du démultiplexage des voies, c'est-à-dire de la ré-affectation des données en fonction de leur source d'origine, il faut que l'on puisse distinguer les différents échantillons. Pour cela, on intercale dans la succession de données un *mot de repère*, dont l'occurrence est égale à la période d'échantillonnage (figure 6-24).

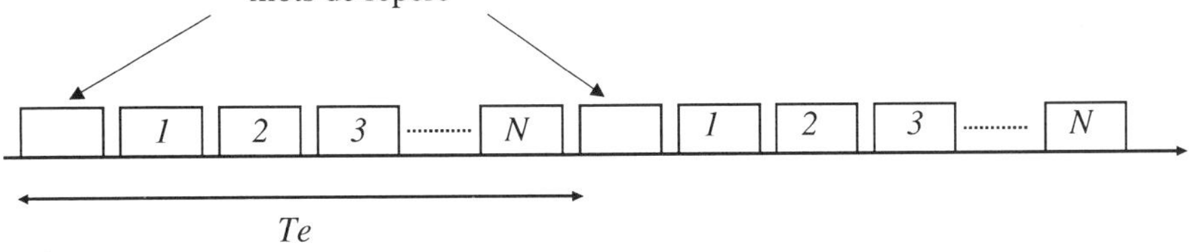

Figure 6-24

L'ensemble constitué du mot de repère et de l'information de même rang pour toutes les voies est appelé *trame*. Sa durée est égale à T_e.

6.2. Système téléphonique MIC 30 voies Européen

a) Caractéristiques

Il permet de transmettre simultanément sur un même support 30 voies téléphoniques classiques :

- $B =$ bande passante du signal à coder $= 300 - 3400 Hz$ et $f_e = 8 kHz$,
- numérisation MIC avec loi A $(= 87{,}6)$ de compression 13 segments sur 8 bits, $D_{BV} =$ débit basse vitesse $= 64 kbit/s$,
- multiplexage temporel à 32 intervalles de temps (IT) comprenant un IT de verrouillage de trame (VT) et un IT de signalisation (SI).

b) Structure de la trame

Elle est découpée en 32 IT, chacun composé d'un octet (8 bits), numérotés de 0 à 31 .

0	1	2	....	16	....	30	31

La période d'échantillonnage $T_e = \dfrac{1}{f_e} = 125 \mu s$, correspond à la durée de la trame.

Chaque IT possède une durée égale à $t_{IT} = \dfrac{125}{32} = 3{,}9 \mu s$

Chaque bit dure $t_b = \dfrac{3{,}9 \mu s}{8} = 488 ns$.

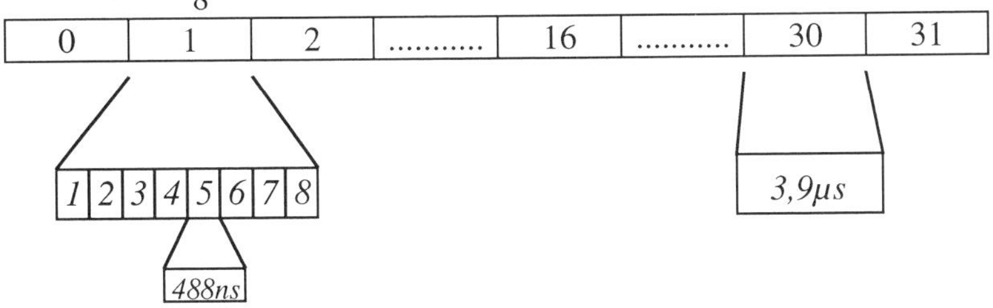

Le débit de la voie HV composée de 30 voies est donc :

$$D = 32 x 8 x 8 = 2048\ kbit/s = 2{,}048\ Mbit/s \qquad \text{(« trame à 2Mbits »)} \tag{6-23}$$

c) Rôle des IT

- les IT de 1 à 15 et 17 à 31 sont affectés aux voies de parole téléphonique ou à la transmission numérique (données, fax..). Ils ont chacun un débit de 64 kbit/s.

- l'IT0 contient le mot de repère évoqué précédemment, appelé *mot de verrouillage de trame*, et noté VT. Il ne joue pas le même rôle selon qu'il se situe dans une trame *paire* ou *impaire*. Le verrouillage de trame permet de synchroniser les équipements de réception sur le cycle des données émises à la mise en marche du système, puis d'une manière périodique afin de vérifier le *synchronisme* du fonctionnement général. Dans ce cas précis, on parle de verrouillage *regroupé*, c'est-à-dire dont les informations sont groupées dans un même IT en tête de trame. Il existe un autre type de verrouillage dit *réparti* si le mot possède des informations localisées dans plusieurs IT différents, ou bien sur plusieurs trames différentes.

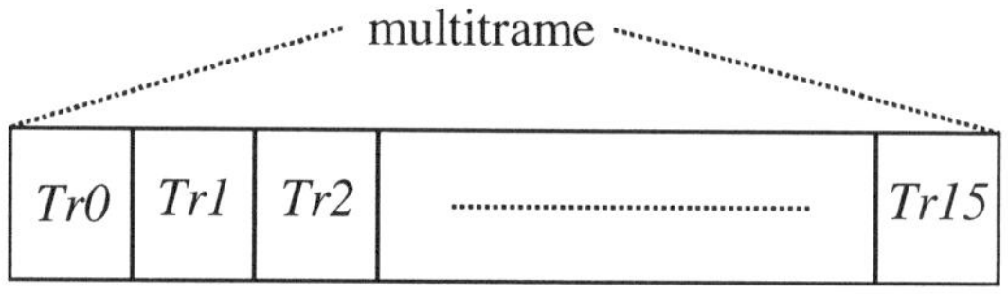

Figure 6-25

- l'IT16 est réservé à la *signalisation* des 30 voies. Celle-ci a pour but de transmettre les informations relatives ou pas aux données (maintenance des systèmes, tests, commandes, gestion du réseau...), pour la commande des opérations de commutation. Elle est ici de type *« hors octet regroupé »*, c'est-à-dire regroupé dans l'IT16.

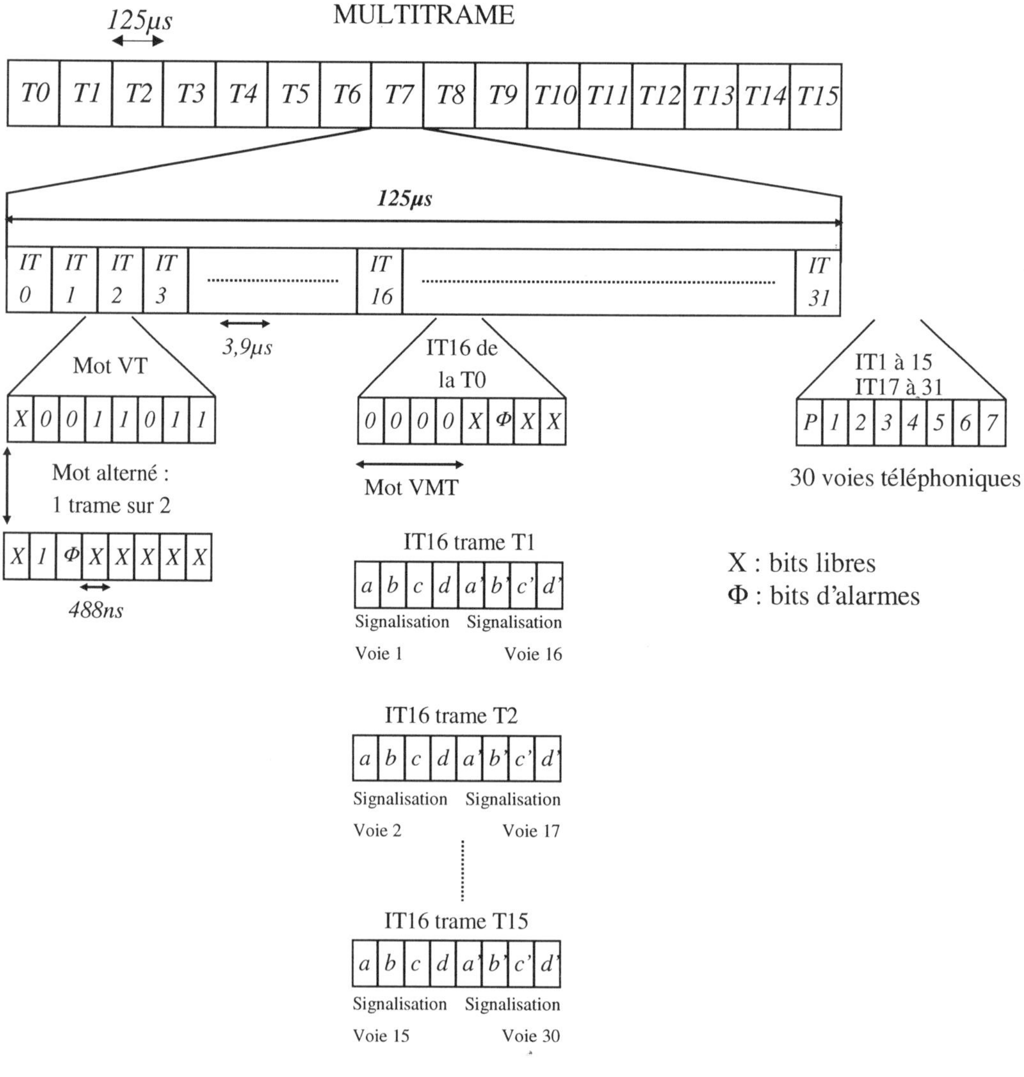

Figure 6-26

Chaque IT16 a pour rôle la signalisation simultanée de deux voies. Il faut donc 15 IT16, soit 15 trames, pour signaliser toutes les voies de données. L'ensemble de ces 15 trames, auxquelles on ajoute une 16ème trame appelé trame 0, constitue une *multitrame.*

Cette trame 0 comprend dans l'IT16 un mot de repère, appelé *mot de verrouillage multitrame (VMT)* nécessaire lors du multiplexage à la synchronisation des trames. Il occupe les quatre premiers bits de cet IT (Figure 6-26).

La signalisation peut être effectuée différemment dans d'autres cas :

- en remplaçant un bit de données par un bit de signalisation. On parle alors de *« vol de bit »* ou de signalisation *« dans l'octet »*,

- en rajoutant dans l'IT un bit supplémentaire de signalisation : c'est le cas de la signalisation *« hors octet reparti »*,

- en attribuant un IT spécifique « au besoin » à la signalisation : c'est la signalisation par *canal sémaphore.*

6.3. Systèmes d'ordre supérieur

Il est possible d'obtenir un nombre plus élevé de voies multiplexées en réalisant des systèmes d'ordre supérieur, c'est-à-dire pouvant multiplexer un certain nombre de systèmes d'ordre immédiatement inférieur.

Ordre	**Nombre de voies**	**Nombre de bits par trame**	$D = n.f_e$ **(Mbit/s)**
1	30	256	2,048
2	120	1056	8 ,448
3	480	4296	34,368
4	1920	17408	139,264
5	7600	70624	564,992

Tableau 6-4

La hiérarchie des groupes (PDH : Plesiochrone Digital Hierarchy) qui construit un débit supérieur directement à partir du débit inférieur est alors représentée sur la figure 6-27.

Actuellement, des nouvelles techniques de multiplexage basées sur une hiérarchie synchrone (SDH) se développent. Le principe du multiplexage synchrone permet d'insérer des affluents à différents débits (plésiochrones par exemple) au sein d'une même trame de base.

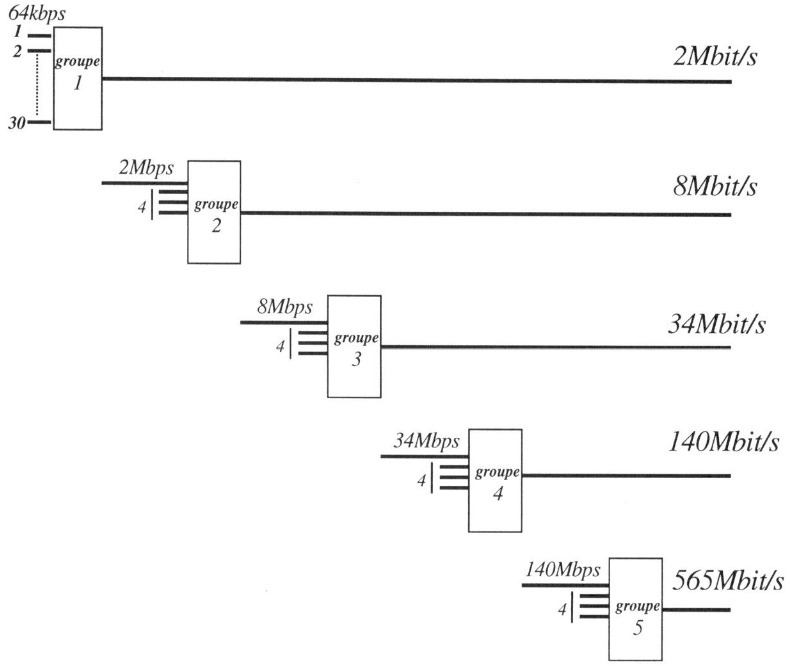

Figure 6-27

Elles peuvent également transmettre des trames MIC classiques à 2Mbit/s et atteignent aujourd'hui des débits très élevés (STM 64 : 64 trames de base à 155,520Mbit/s soit environ 10Gbit/s) [TEC.97].

7. Exercices

6-1

On souhaite quantifier linéairement un signal de parole $m(t)$ dont la densité de probabilité représentée sur la figure 6-28, est telle que : $p(m)=\frac{1}{\sqrt{2}m_{eff}}\exp\left(-\frac{\sqrt{2}|m|}{m_{eff}}\right)$

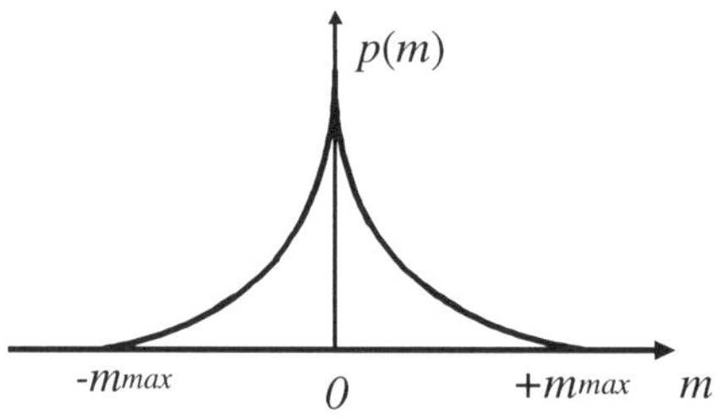

Figure 6-28

1. Montrer que la puissance moyenne de ce signal est telle que $P_S \approx m_{eff}^2$ si $m_{\max} = 4m_{eff}$.
2. Donner l'expression du rapport $(R_{S/N})_q$ de quantification et la loi des 6dB correspondante.

1. $P_S = \sigma_S^2 = \int_{-m_{ax}}^{+m_{max}} m^2 p(m) dm = \frac{\sqrt{2}}{m_{eff}} \int_0^{m_{max}} m^2 \exp\left(-\frac{\sqrt{2}m}{m_{eff}}\right) dm$, la densité étant à valeur moyenne nulle. En opérant successivement par intégrations par parties, on obtient $P_S = 0{,}92 m_{eff}^2 \approx m_{eff}^2$.
2. $(R_{S/N})_q = \frac{P_S}{P_N} = \frac{m_{eff}^2}{\Delta^2/12} = \frac{m_{max}^2/16}{\Delta^2/12} = \frac{3}{16}q^2$ soit $(R_{S/N})_q = 6{,}02n - 7{,}27$ dB.

6-2

Un signal analogique à $f_{max} = 1kHz$ est transmis par un système MIC utilisant une quantification uniforme. La précision obtenue sur les échantillons est de $\pm 2\%$ de la valeur maximale de ce signal.

1. Calculer le nombre de bits composant chaque mot MIC.
2. Calculer la fréquence d'échantillonnage minimale nécessaire.
3. Déterminer le débit minimal du signal PCM. En déduire f_{MIC}.

1. $\frac{\Delta}{2} = 0{,}02 m_{max}$ donc $q = \frac{2m_{max}}{\Delta} = 50$. On en déduit $n = log_2 q = 5{,}64$ soit $n = 6$.
2. $f_{e\,min} = 2 f_{max} = 2kHz$.
3. $D_{min} = n f_{e\,min} = 12 kbit/s$. $f_{MIC} = \frac{D_{min}}{2} = 6kHz$.

6-3

Un système CD échantillonne deux voies musicales ($f_{max} = 20kHz$) à $f_e = 44{,}1kHz$ sur 16 bits.

1. Calculer $(R_{S/N})_q$ pour un signal sinusoïdal d'amplitude égale à m_{max}, puis $m_{max}/2$, puis pour un signal dont la statistique est représentée figure 6-28, en utilisant 6-17 et sachant que pour une quantification uniforme $\alpha = 4{,}77 - 20\log\left(\frac{m_{max}}{V_{eff}}\right)$, V_{eff} représentant la valeur efficace du signal à moduler et m_{max} la tension maximale sur le quantificateur.
2. Déterminer le débit d'enregistrement de chaque voie.

1. $\alpha = 1{,}76dB$ et $(R_{S/N})_q = 98dB$, $\alpha = -4{,}26dB$ et $(R_{S/N})_q = 92dB$,
   $\alpha = -7{,}27dB$ et $(R_{S/N})_q = 89dB$ pour un signal de parole de densité figure 6-28.
2. $D = 0{,}7 Mbit/s$.

6-4

Le système de transmission téléphonique primaire Américain (G733-CCITT) permet de transmettre simultanément 24 voies (téléphoniques, de données...) en multiplexage temporel (TDM). Chaque voie est échantillonnée à $f_e = 8kHz$ et, afin d'obtenir un rapport $(R_{S/N})_q$ le plus constant possible sur la plage de variation du signal d'entrée, le système utilise une quantification non - uniforme basée sur la mise en œuvre de la loi μ.

1. Si q désigne de nombre de niveaux de quantification, sachant que $(R_{S/N})_q = \frac{3q^2}{[\ln(1+\mu)]^2}$, établir la règle des $6dB$ lorsque $\mu = 255$.
2. On souhaite obtenir $(R_{S/N})_q \geq 35dB$. Quel est le nombre de bits à utiliser pour coder en MIC chaque voie téléphonique, ainsi que le nombre de niveaux de quantification ?
3. Calculer le débit de chaque voie.
4. Quelle est la largeur de bande de chaque voie numérisée ? Comparer avec celle de ce même signal sous forme analogique. Conclusion ?

1. $(R_{S/N})_q = 10\log\left(\frac{3}{[\ln(256)]^2} q^2\right) = 6{,}02n - 10{,}1\,\text{dB}$.
2. $6{,}02n - 10{,}1 \geq 35$ soit $n \geq 7{,}47$. On choisit $n = 8$. $q = 2^8 = 256$ niveaux.
3. $D = nf_e = 64kbit/s$.
4. $f_{MIC} = \frac{D}{2} = 32kHz$. Pour un signal téléphonique, $B = 3100Hz$. La numérisation du signal augmente la bande passante nécessaire du support de transmission.

6-5

On souhaite transmettre de la TV numérique en MIC en utilisant la hiérarchie de groupe PDH. Sachant que la fréquence maximale du spectre d'une voie analogique TV $f_{\max} = 6{,}65MHz$, calculer :

1. le débit d'une voie TV induit par un codage sur 8 bits,
2. l'ordre du groupe de multiplexage numérique à utiliser pour cette transmission.

1. $D = 2nf_{\max} = 106{,}4Mbit/s$.
2. 4ème ordre.

6-6

On appelle taux de compression en loi A (resp. en loi μ) noté C_A (resp. noté C_μ) la pente à l'origine de la caractéristique de la loi A (resp. de la loi μ).

1. Tracer les caractéristiques des lois A et μ pour $0 \leq x \leq 1$ avec $A = 87{,}6$ et $\mu = 255$.
2. Etablir l'expression de C_A et C_μ. En déduire leur valeur numérique.
3. Sachant que pour $|x| \geq \frac{1}{A}$, $(R_{S/N})_q = \frac{3q^2C_A^2}{A}$, établir la règle des 6dB en loi A. Comparer avec la même règle en loi μ. Conclusion ?
4. Pour des faibles valeurs du signal d'entrée ($x << 1$), les rapports $(R_{S/N})_q$ en loi A ou μ prennent la même expression et s'écrivent $(R_{S/N})_q = 3q^2C^2_{A\text{ ou }\mu}x^2$. Pour une puissance d'entrée faible donnée, montrer que la loi μ est plus performante que la loi A en termes de rapport signal sur bruit.

1. Voir courbe ci-dessous.

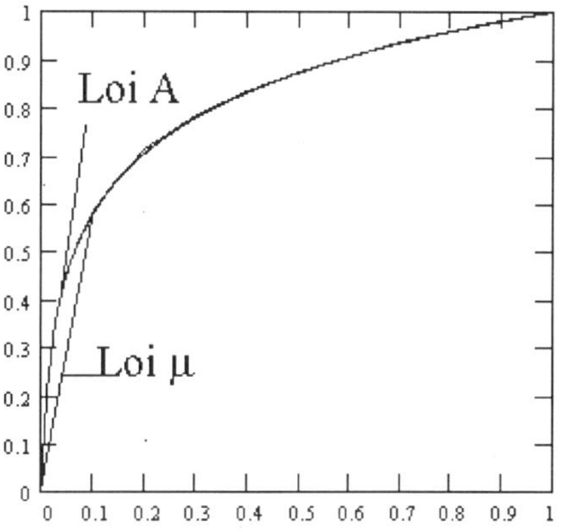

2. $C_A = \dfrac{A}{1 + ln\, A} = 16$. $C_\mu = \dfrac{\mu}{ln(1+\mu)} = 46$.
3. $(R_{S/N})_q = 6{,}02n - 10{,}1\,\text{dB}$. Même règle qu'en loi μ .
4. Pour une puissance d'entrée faible ($x \le 1/A$ ou $1/\mu$), on peut calculer le rapport :

$$\frac{(R_{S/N})_q(\text{loi }\mu)}{(R_{S/N})_q(\text{loi A})} = \frac{3q^2C_\mu^2x^2}{3q^2C_A^2x^2} = \left(\frac{C_\mu}{C_A}\right)^2 = 8{,}27$$

soit $9{,}2dB$ de plus pour le rapport $(R_{S/N})_q$ en loi μ . Cet écart dépend de la statistique du signal d'entrée.

6-7

En modulation ΔM, montrer que l'on doit respecter la condition $\Delta > \dfrac{2\pi f_m m_{max}}{f_e}$, avec f_m fréquence du modulant sinusoïdal, m_{max} valeur crête du signal d'entrée et f_e fréquence d'échantillonnage, afin d'éviter toute distorsion de traînage.

Si $m(t) = m_{max}\, sin\, 2\pi f_m t$, la distorsion de traînage est évitée si $\left|\dfrac{dm(t)}{dt}\right| < \dfrac{\Delta}{T_e}$. Or $\dfrac{dm(t)}{dt} = 2\pi m_{max} f_m\, cos\, 2\pi f_m t$ et $\left|\dfrac{dm(t)}{dt}\right|_{max} = 2\pi m_{max} f_m$. D'où, $2\pi m_{max} f_m < \dfrac{\Delta}{T_e}$ soit $\Delta > \dfrac{2\pi f_m m_{max}}{f_e}$.

6-8

On souhaite évaluer le rapport $(R_{S/N})_q$ pour un système ΔM pour un modulant sinusoïdal et pour un signal analogique de type téléphonique.

1. Montrer que la puissance moyenne de bruit totale peut s'écrire $P_{TN} = \dfrac{\Delta^2}{3}$ si l'on considère une erreur de quantification uniformément répartie de $-\Delta$ à $+\Delta$ où Δ désigne le pas de quantification.
2. Calculer la puissance de bruit P_N dans la bande $[-B;+B]$, où B désigne la bande passante du système de réception Delta, sachant que la DSP de bruit est donnée par $DSP(f) = \dfrac{\Delta^2}{6f_e}$. En déduire en utilisant le résultat de l'exercice 7, l'expression générale de P_N.
3. Calculer $(R_{S/N})_q$ en se servant du résultat de l'équation 6-9.
4. Pour un signal audio de type téléphonique de bande $f_m = 4kHz$, il a été démontré que la saturation de pente est évitée si $\Delta > \dfrac{2\pi 800 m_{max}}{f_e}$. Déterminer dans ce cas l'expression du rapport signal sur bruit de quantification.

5. Application numérique : On souhaite un rapport $(R_{S/N})_q = 35dB$ pour un système Delta. Le modulant analogique de type téléphonique et sa puissance moyenne est égale à $\frac{m_{max}^2}{2}$. Calculer la valeur de la fréquence d'échantillonnage f_e.

1. Pour une densité de probabilité uniformément répartie de $-\Delta$ à $+\Delta$, d'après 6-5 :
$$\int_{-\infty}^{+\infty} f(\varepsilon_q)d\varepsilon_q = 1 \text{ soit } f(\varepsilon_q)\int_{-\Delta}^{+\Delta} d\varepsilon_q = 1 \text{ donc } f(\varepsilon_q) = \frac{1}{2\Delta}.$$
On en déduit : $P_{TN} = \int_{-\Delta}^{+\Delta} \varepsilon_q^2 f(\varepsilon_q)d\varepsilon_q = \frac{1}{2\Delta}\int_{-\Delta}^{+\Delta} \varepsilon_q^2 d\varepsilon_q = \frac{\Delta^2}{3}$.

2. La puissance de bruit dans la bande $[-B;+B]$ est donnée par : $P_N = \int_{-B}^{+B} DSP(f)df = \frac{\Delta^2 B}{3f_e}$. En remplaçant Δ par sa valeur minimale obtenue dans l'exercice 7, on en déduit : $P_N = \frac{4\pi^2 m_{max}^2 f_m^2 B}{3f_e^3}$.

3. $(R_{S/N})_q = \frac{P_S}{P_N}$ avec $P_S = \frac{m_{max}^2}{2}$ soit $(R_{S/N})_q = \frac{3f_e^3}{8\pi^2 f_m^2 B}$.

4. On peut évaluer la puissance de bruit en remplaçant la nouvelle valeur de Δ dans la question 2.
$$(R_{S/N})_q = \frac{P_S}{P_N} = \frac{3f_e^3}{(1600\pi)^2 B}\frac{P_S}{m_{\max}^2}.$$

5. En remplaçant P_S dans l'expression précédente : $(R_{S/N})_q = \frac{3f_e^3}{2(1600\pi)^2 B}$ soit $f_e = 59{,}7kHz$.

6-9

Le multiplexage décrit dans l'exercice 4 est de type « par mot » et utilise la transmission de trames composées de 24 IT.

1. Sachant que ce système doit transmettre 24 voies simultanément, quelles sont les deux solutions que l'on pourrait retenir pour la signalisation des voies ?
2. Dans la pratique, la signalisation s'effectue dans l'octet par « vol de bit » une trame sur 6. Quelle est l'influence de ce « vol de bit » sur la valeur de l'octet ? Calculer le temps qui sépare deux signalisations successives d'une même voie.
3. Le verrouillage de trame (VT) est effectué par 1 bit rajouté en fin de trame. Calculer le débit binaire total, la durée d'un IT ainsi que celle d'un bit.

1. Signalisation dans l'octet par vol de bit ou par rajout de bit supplémentaire.
2. Aucune influence, le vol s'effectuant sur le bit de poids faible et il ne s'agit pas de transmission de donnée mais de voix téléphonique. Durée d'une trame : $T = \frac{1}{f_e} = 125\mu s$. 6 trames s'écoulent entre deux signalisations d'une même voix, donc $6x125 = 750\mu s$.
3. Nombre de bits dans une trame : $8x24 + 1 = 193$. Débit binaire $D = 193x8 = 1{,}544Mbit/s$

Durée d'un IT $= \frac{\text{Durée d'une trame}}{24IT} = \frac{125\mu s}{24} = 5{,}208\mu s$.

Durée d'un bit $= \frac{\text{Durée d'un IT}}{8} = \frac{5{,}208}{8} = 651ns$.

Chapitre 7

Modulations analogiques de signaux analogiques

Dans ce chapitre sont abordés les différents principes et techniques de *modulation* utilisés selon que l'on souhaite transmettre un signal analogique en *bande de base* ou en *bande transposée*.
Un exemple concret appliqué à la réception radio est détaillé.

1. Transmission en bande de base

1.1. Définitions

Une transmission est dite en *bande de base* lorsque le signal source est transmis dans sa bande d'origine.
Il existe alors deux façons pour transmettre un signal analogique :

- soit directement sans aucune modification,
- soit en variant un des paramètres d'un signal impulsionnel, ce que l'on désigne par *modulation analogique d'impulsions.* Cette technique fait l'objet du paragraphe suivant.

1.2. Principales catégories de modulations analogiques d'impulsions

Considérons un message $m(t)$ et un train d'impulsions $p(t)$ donné que nous nommerons « porteuse impulsionnelle ».
Selon que $m(t)$ influence l'amplitude, la durée ou la position d'une impulsion de porteuse, on différencie la Modulation d'Impulsions en Amplitude (MIA - PAM : Pulse Amplitude Modulation), en Durée (MID - PDM : Pulse Duration Modulation) ou en Position (MIP - PPM : Pulse Position Modulation).

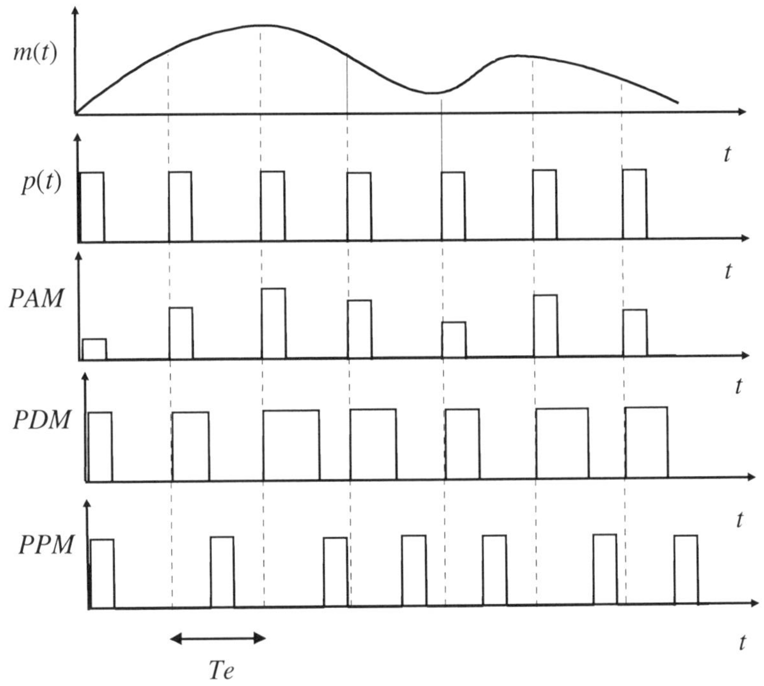

Figure 7-1

1.3. Modulation d'Impulsions en Amplitude (MIA, PAM)

a) Principe

Cette opération s'apparente à un échantillonnage par un signal impulsionnel. L'information fixe l'amplitude de l'impulsion correspondante. Elle est transmise pendant la durée de l'impulsion.

b) Spectre

Si l'on considère les impulsions comme idéales (impulsions de Dirac), le spectre du signal PAM est la convolution dans l'espace des fréquences du spectre du message et du train d'impulsions.

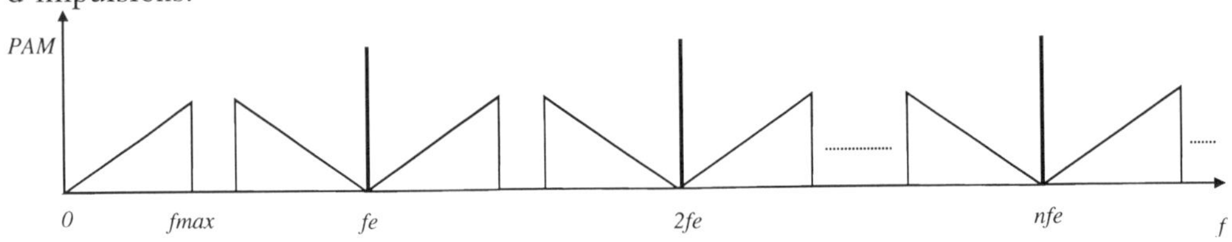

Figure 7-2

Si $f_e = \dfrac{1}{T_e}$ désigne la fréquence du train d'impulsions, la condition de Shannon $f_e \geq 2 f_{max}$ doit être respectée pour éviter tout repliement de spectre (voir chapitre 2).
La démodulation s'effectue normalement simplement par filtrage passe-bas du signal modulé avec une fréquence de coupure du filtre f_c telle que $f_{max} < f_c < f_e / 2$.

1.4. Modulations d'Impulsions en Temps (Pulse Time Modulation)

a) Principe

Dans ce type de modulations, l'information portée par le modulant est « codée » sur l'axe des temps. Ainsi, on distingue deux grands principes de conversion selon que l'information est contenue dans la durée de l'impulsion (PDM), ou dans l'écart temporel instantané par rapport à la position d'échantillonnage (PPM).

b) Modulation

Il est possible de produire directement un signal PDM en utilisant un multivibrateur monostable. Dans ce cas, la valeur du signal modulant modifie la constante de temps du monostable et donc la durée des impulsions en sortie.

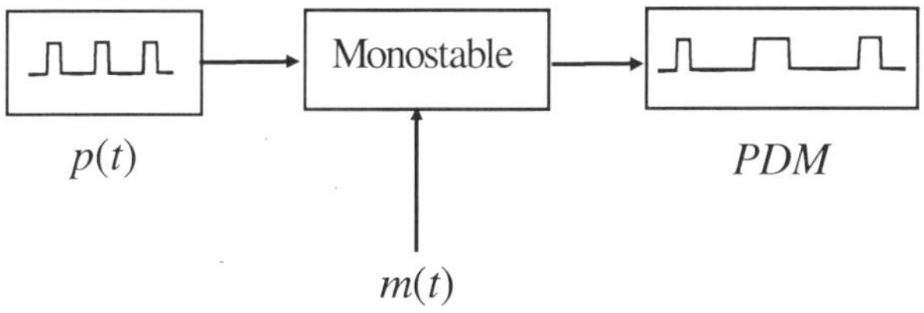

Figure 7-3

Une autre solution consiste à transformer un signal PAM en PDM par un système électronique de conversion amplitude - temps : tout échantillon ayant une amplitude donnée est converti en échantillon de durée donnée.

Le signal PPM est peut être facilement obtenu à partir du signal PDM par déclenchement d'un monostable sur le front arrière de l'impulsion PDM. Ceci est possible si le front avant de l'impulsion PDM est synchronisé avec l'horloge $p(t)$.

c) Démodulation

Elle peut s'effectuer pour un signal PDM, en associant un intégrateur, un échantillonneur-bloqueur et un filtre passe-bas (figure 7-4).

Le signal PDM est d'abord traité pour obtenir sur deux sorties différentes respectivement une impulsion correspondant au passage bas vers haut et haut vers bas. Au passage bas vers haut, l'intégrateur est mis à zéro et l'intégration déclenchée. Attaqué à son entrée par une tension constante *Vréf* , il produit en sortie une rampe. Au passage haut vers bas du signal PDM, l'impulsion Stop arrête l'intégration et l'intégrateur maintien une amplitude constante en sortie, directement proportionnelle à la durée de l'impulsion et égale à la valeur de l'échantillon PAM correspondant. Au top d'horloge suivant, cette valeur est transférée vers un échantillonneur-bloqueur qui donne en sortie une valeur PAM avant la remise à zéro de l'intégrateur. Le signal PAM est converti en signal analogique modulant par filtrage passe-bas.

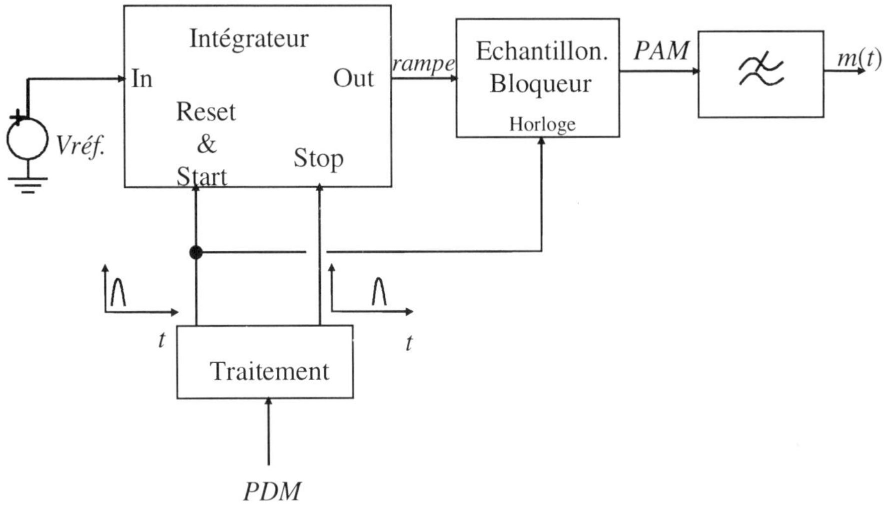

Figure 7-4

La démodulation d'un signal PPM s'effectue de manière analogue en utilisant l'impulsion d'horloge $p(t)$ pour la remise à zéro de l'intégrateur et démarrer l'intégration. Le signal PPM est alors utilisé pour stopper l'intégration.

1.5. Diaphonie temporelle et modulations impulsionnelles

Lors d'une transmission en multiplex temporel (voir chapitre 6) à travers un canal donné, il arrive fréquemment que les impulsions soient déformées et leurs flancs allongés, par exemple à cause du caractère passe-bas du canal. Dans ce cas, il se produit une *interférence* entre deux impulsions consécutives du multiplex par recouvrement appelée *diaphonie temporelle.*

Le démultiplexage et la démodulation du signal ne permettent pas alors de reconstituer parfaitement les messages initiaux.

Ceci explique également pourquoi la modulation PAM n'est quasiment jamais utilisée en tant que technique à part entière de modulation, mais souvent comme préalable avant mise en œuvre d'autres types de modulation, analogiques ou numériques (échantillonnage MIC par exemple).

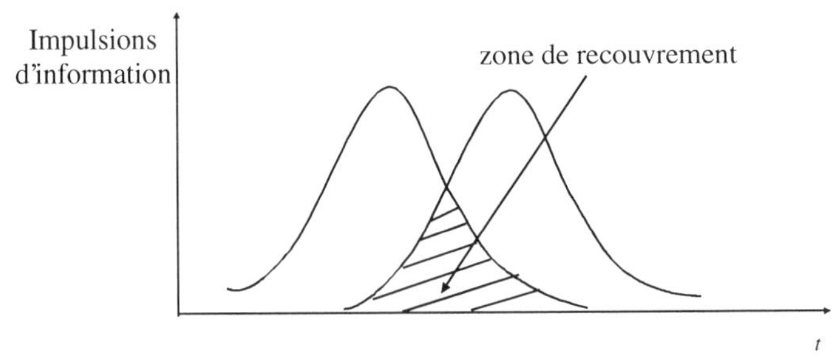

Figure 7-5

1.6. Applications

Si la modulation PAM n'est pas utilisée pour les raisons précitées, les modulations PDM et PPM présentent certains avantages importants, comme par exemple une puissance moyenne de signal indépendante du signal modulant. Celle-ci peut être faible, avec une bonne immunité aux perturbations. En PPM, l'énergie mise en œuvre est minimale, toutes les impulsions ayant une durée et une amplitude égales, ce qui n'est pas le cas en PAM.

Ces modulations ne sont pas très utilisées du fait de la très large bande passante qu'elles imposent au canal de transmission. Leurs principales applications concernent les transmissions infra-rouges (télécommande) ou de télémétrie.

2. Transmission en bande transposée

2.1. Principe de la modulation en bande transposée

D'une manière générale, les fréquences contenues dans les signaux d'information à transmettre ne sont généralement pas directement adaptées aux canaux de transmission. Dans certains cas, on pourrait envisager une transmission directe d'un message sans modifier son spectre de bande de base. Mais il serait alors quasiment impossible de canaliser plusieurs signaux de mêmes caractéristiques (encombrement spectral par exemple) sur un seul support car au niveau du récepteur, les différentes informations ne pourraient pas être triées et mises en relation avec les messages initiaux. Ceci va cependant être réalisable grâce à la transposition de fréquence lors du *multiplexage fréquenciel.*
Il est également facile de constater, par exemple, que la transmission par voie hertzienne devant répondre à des critères dictés par des principes de base de l'électromagnétisme, le rayonnement d'un signal à la fréquence de $3kHz$ nécessiterait la mise en œuvre d'une antenne de dimension de l'ordre de $100km$!
La solution généralement adoptée pour s'affranchir de ces problèmes consiste à utiliser un signal *vecteur* ayant des caractéristiques différentes de celles du message à transmettre. L'information utile est alors « attachée » à ce signal, qui lui possède toutes les qualités requises pour être transmis sur un support donné.
Le principe et la façon dont on lie le signal d'information, appelé *modulant*, au signal vecteur, généralement sinusoïdal et appelé *porteuse*, pour obtenir un signal prêt à être transmis, appelé *modulé*, constituent l'opération de *modulation* sur porteuse sinusoïdale.
Le signal modulant modifie un (ou plus rarement plusieurs) paramètre(s) de la porteuse. Trois cas se présentent alors :
- le message transforme l'amplitude de la porteuse : c'est la *modulation d'amplitude*,
- le message transforme la fréquence de la porteuse : c'est la *modulation de fréquence*,
- le message transforme la phase de la porteuse : c'est la *modulation de phase*.

Cette opération de modulation a pour résultat de déplacer le spectre de bande de base du message vers une bande de fréquences différente, encore appelée *bande transposée*.

2.2. Modulations linéaires d'amplitude

a) Modulation double bande avec porteuse (MDBAP, Amplitude Modulation)

Considérons un signal porteur $p(t) = A_p \cos 2\pi f_p t$.

L'amplitude du signal $s(t)$ résultant de la modulation de $p(t)$ par $m(t)$ s'obtient par l'addition de l'amplitude de la porteuse et de l'onde modulante, soit :

$$s(t) = \left[A_p + m(t)\right] \cos 2\pi f_p t \qquad (7\text{-}1)$$

Si $a = \left|min\left[m(t)\right]\right|$ désigne le module de la valeur minimale de $m(t)$, on pose $m_0(t) = \frac{m(t)}{\left|min\left[m(t)\right]\right|} = \frac{m(t)}{a}$, de sorte que (7-1) peut s'écrire :

$$s(t) = A_p \left[1 + \frac{a}{A_p} m_0(t)\right] \cos 2\pi f_p t$$

En posant $m = \dfrac{a}{A_p}$, l'expression du signal modulé DBAP est :

$$s(t) = A_p\left[1 + m.m_0(t)\right]cos 2\pi f_p t \tag{7-2}$$

Par définition, m est appelé *indice ou taux de modulation.*
Pour un modulant sinusoïdal où $m(t) = A_m\, cos 2\pi f_m t$, $a = A_m$ et $m_0(t) = cos 2\pi f_m t$:

$$s(t) = A_p\left[1 + m\,cos 2\pi f_m t\right]cos 2\pi f_p t \tag{7-3}$$

Dans ce cas, $m = \dfrac{A_m}{A_p} = \dfrac{\Delta A_p}{A_p}$, ΔA_p désignant la variation maximale que peut subir l'amplitude de la porteuse. L'expression de $s(t)$ montre alors que :

- le signal modulé est à la même fréquence $f_p = \dfrac{\omega_p}{2\pi}$ que la porteuse,
- son amplitude varie avec le temps et en fonction de l'amplitude du signal modulant,
- l'indice de modulation caractérise l'influence que peut avoir un message sur l'amplitude de la porteuse.

La figure 7-6 donne un exemple de représentations de $s(t)$ pour différentes valeurs de m.
Il arrive quelquefois que l'amplitude du modulant $m(t)$ devienne plus grande que celle de la porteuse $p(t)$. Dans ce cas, $m > 1$ et l'on parle de *surmodulation.*

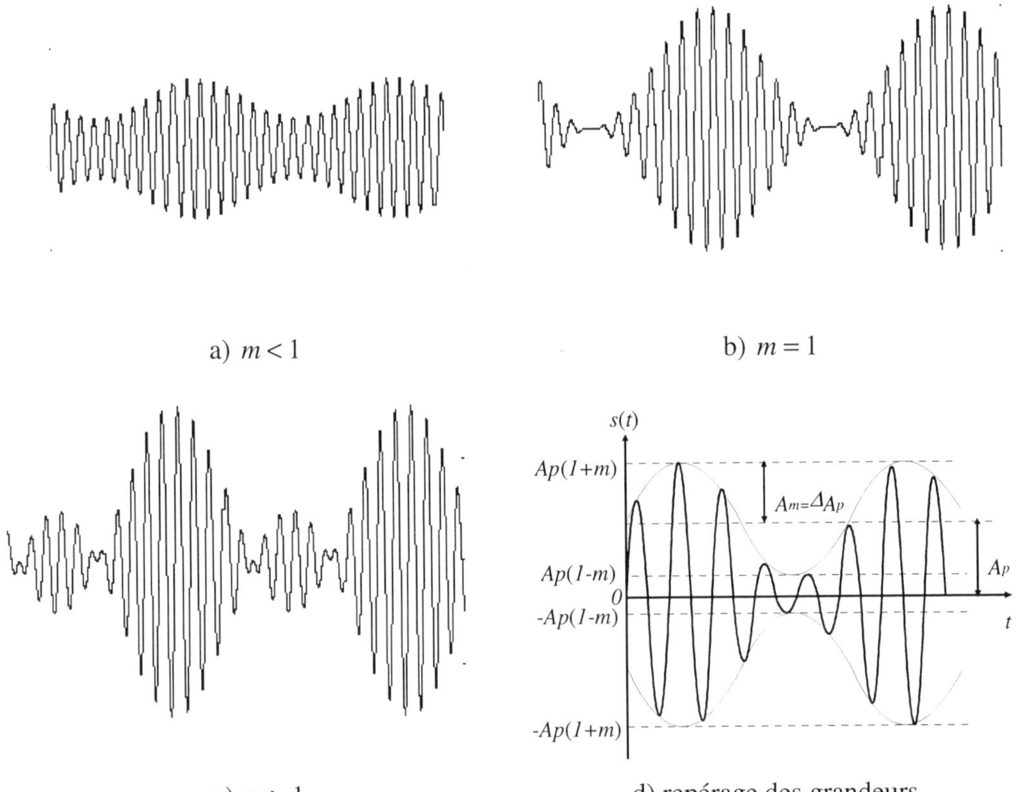

a) $m < 1$ b) $m = 1$

c) $m > 1$ d) repérage des grandeurs

Figure 7-6

- Spectre d'une modulation DBAP[1]

En développant l'équation (7-3) :

$$s(t) = A_p\, cos\, 2\pi f_p t + mA_p\left[cos\, 2\pi f_m t\, cos\, 2\pi f_p t\right] \quad (7\text{-}4)$$
$$= A_p\, cos\, 2\pi f_p t + \frac{mA_p}{2} cos\, 2\pi\left(f_p + f_m\right)t + \frac{mA_p}{2} cos\, 2\pi\left(f_p - f_m\right)t$$

$s(t)$ est la somme de trois ondes sinusoïdales, l'une à la fréquence f_p, les deux autres respectivement à $f_p + f_m$ et $f_p - f_m$ (figure 7-7).

La largeur du spectre de $s(t)$, appelée *bande de l'onde*, notée B est donc :

$$B = \left(f_p + f_m\right) - \left(f_p - f_m\right) = 2 f_m \quad (7\text{-}5)$$

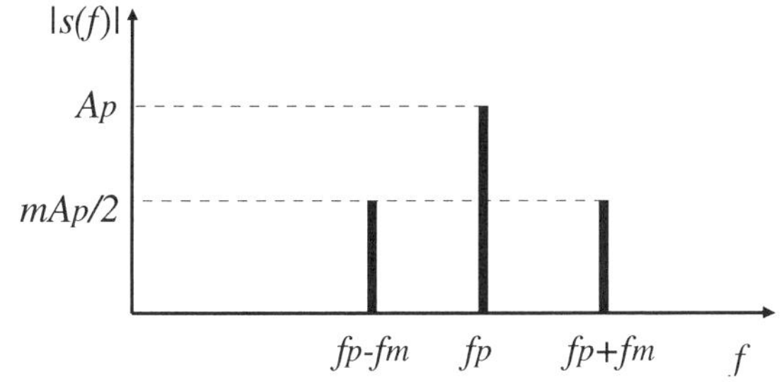

Figure 7-7

L'équation (7-5) a été établie en supposant que le message à transmettre est purement sinusoïdal. En réalité, $m(t)$ est constitué la plupart du temps d'une infinité de fréquences comprises entre une fréquence minimale f_{min} et une fréquence maximale f_{max}, de sorte qu'il pourrait paraître simpliste d'assimiler toute l'information à une simple sinusoïde.

Cependant, tout message périodique pouvant être décomposé en une somme ou série de Fourier, raisonner sur une composante sinusoïdale du signal permet de décrire le comportement général pour tous les messages. D'une manière générale, le spectre du message et du signal modulé peuvent alors être représentés sur la figure 7-8.

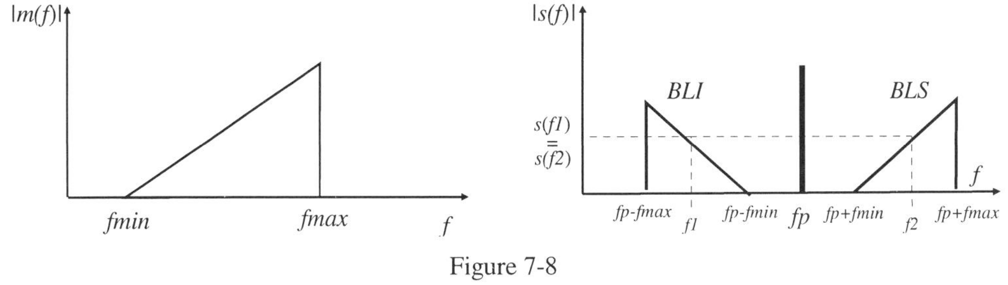

Figure 7-8

Le spectre du signal modulé se compose d'une *raie* à la fréquence de la porteuse et de deux *bandes latérales*, l'une en position directe par rapport au spectre du signal bande de base, l'autre en position inverse. La même information se retrouve d'une manière symétrique de part et d'autre de la porteuse.

La bande située au-dessus de la fréquence porteuse est appelée *bande latérale supérieure*, notée *BLS* (USB Upper Side Band).

La bande située au-dessous de la fréquence porteuse est appelée *bande latérale inférieure*, notée *BLI* (LSB Lower Side Band).

[1] Dans ce chapitre, tous les spectres fréquenciels sont des spectres d'amplitude en module et unilatéraux. Ils ne tiennent en effet pas compte de la symétrie qui apparaît lors de la transformation de Fourier d'un signal réel.

Les deux bandes contiennent strictement la même information.

- *Puissance transportée*

La puissance moyenne transportée est (voir chapitre 1 et équation (7-2)) :

$$P_S = \langle s^2(t)\rangle = \frac{1}{2}A_p^2\left\langle\left[1+m.m_0(t)\right]^2\right\rangle = \frac{1}{2}A_p^2 + mA_p^2\langle m_0(t)\rangle + \frac{1}{2}m^2A_p^2\langle m_0{}^2(t)\rangle \qquad (7\text{-}6)$$

Si $m(t)$ ne possède pas de composante continue ($\langle m(t)\rangle = 0$), on obtient :

$$P_S = \frac{1}{2}A_p^2 + \frac{1}{2}m^2A_p^2\langle m_0^2(t)\rangle = \frac{1}{2}A_p^2\left(1+m^2\langle m_0^2(t)\rangle\right) \qquad (7\text{-}7)$$

On appelle *efficacité de modulation*, notée E, le pourcentage de la puissance totale du signal modulé qui contient réellement de l'information.

$$\text{Dans ce cas : } E = \frac{m^2\langle m_0^2(t)\rangle}{1+m^2\langle m_0^2(t)\rangle} \text{ X } 100\% \qquad (7\text{-}8)$$

Pour un signal DBAP à modulant sinusoïdal $\langle m_0^2(t)\rangle = 1/2$, de sorte que :

$$P_S = \frac{1}{2}A_P^2\left(1+\frac{m^2}{2}\right) = P_P\left(1+\frac{m^2}{2}\right) \text{avec } P_P \text{ : puissance de la porteuse} \qquad (7\text{-}9)$$

Si $m = 1$, $E = 33\%$. Ceci signifie pour ce cas extrême que près de 66% de la puissance du signal émis sur le support ne contient pas d'information utile.

D'une manière générale, l'efficacité de modulation ne dépasse pas 50% et se situe très souvent très en-dessous de 33%. C'est le principal désavantage de la modulation DBAP.

b) Modulation double bande sans porteuse (MDBSP, BLD, DSB)

La modulation DBSP, encore appelée *modulation à bandes latérales doubles* (BLD - *DSB : Double Side Band*) est une modulation d'amplitude sans porteuse. L'expression du signal modulé s'obtient donc à partir de l'équation (7.4) en supprimant le terme de porteuse, soit :

$$s(t) = \frac{mA_p}{2}cos\,2\pi\left(f_p + f_m\right)t + \frac{mA_p}{2}cos\,2\pi\left(f_p - f_m\right)t \qquad (7\text{-}10)$$

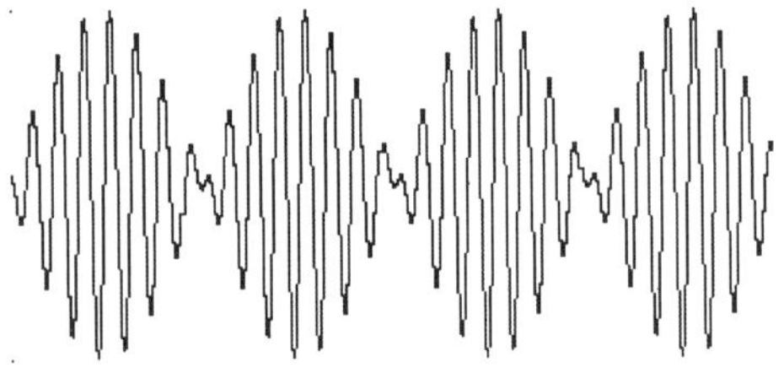

Dans le cas d'une modulation DBSP, on ne parle plus d'indice de modulation, les deux enveloppes de la porteuse se croisant. Il serait infini en théorie.

Figure 7-9

- *Spectre d'une MDBSP*

Le spectre du signal modulé est représenté sur la figure 7-10. La raie à la fréquence porteuse n'apparaît plus dans ce spectre. La largeur du spectre est :

$$B = 2f_{max} \qquad (7\text{-}11)$$

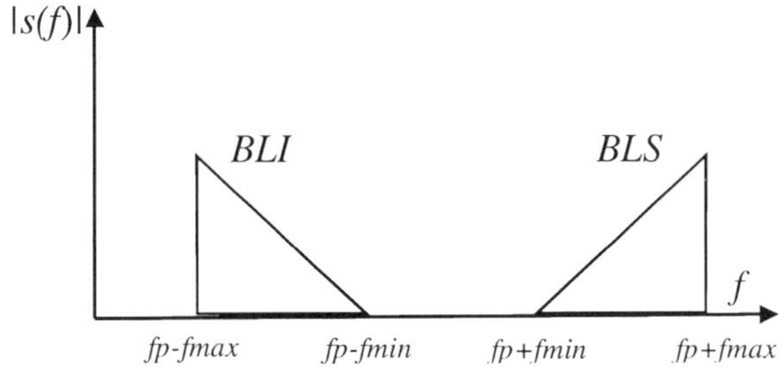

Figure 7-10

- *Puissance transportée*
La fraction utile de la puissance transportée peut s'écrire :

$$P_u = \frac{P_{bande}}{P_S} = \frac{P_S / 2}{P_S} = 0{,}5 \qquad (7\text{-}12)$$

Ce procédé améliore sensiblement le rendement énergétique car dans ce cas, 50% de la puissance émise est utile.
L'efficacité de modulation $E = 100\%$ car aucune puissance n'est perdue dans la porteuse

c) Modulation à bande latérale unique (BLU, SSB)

Le signal modulé en BLU (Bande Latérale Unique - SSB : Single Side Band) est constitué d'une seule bande latérale, soit la bande supérieure (BLS), soit la bande inférieure (BLI).
- *Spectre*

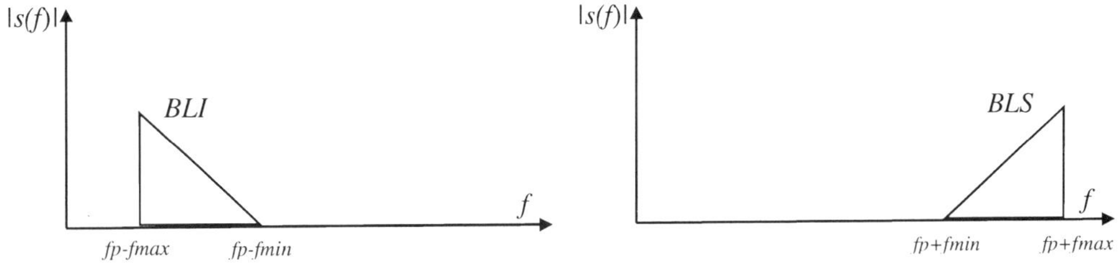

Figure 7-11

Dans les deux cas, la largeur du spectre est deux fois moins grande qu'en modulation DBAP ou DBSP. Ceci signifie qu'à bande de fréquence identique, il est possible de transmettre deux fois plus d'information. A l'inverse, la même information est transmise sur une bande deux fois plus petite.
Un cas particulier de BLU, appelé *BLU à porteuse résiduelle* (SSB-TC : Transmitted Carrier) permet de transmettre simultanément une image réduite de la porteuse ainsi que la bande latérale, ceci afin de faciliter l'opération de démodulation en offrant la possibilité de synchroniser l'oscillateur local à la réception.
- *Puissance transportée*
La puissance normalisée est égale à la puissance dissipée par la bande latérale, de sorte que :

$$P_u = \frac{P_{bande}}{P_S} = 1 \qquad (7\text{-}13)$$

Ceci constitue un des principaux avantages de la modulation BLU : toute la puissance mise en œuvre dans la transmission concerne l'information contenue dans le message à transmettre.

d) Modulation à bande latérale résiduelle (BLR, VSB)

- Principe

La modulation BLU est parfaitement adaptée à la transmission de messages dont les spectres ne comportent pas d'information significative à très basse fréquence. En effet, le filtrage d'une bande après modulation est alors facile à mettre en œuvre. En revanche, ce ne sera pas le cas pour des signaux comportant des composantes spectrales basse fréquence non négligeables (signal vidéo TV par exemple, voir exercice 7).

Une alternative consiste à produire un signal modulé qui ne comporte qu'une bande latérale dans sa presque totalité et seulement une fraction de l'autre bande. Cette modulation est dite à Bande Latérale Résiduelle (BLR, VSB : Vestigal Side Band).

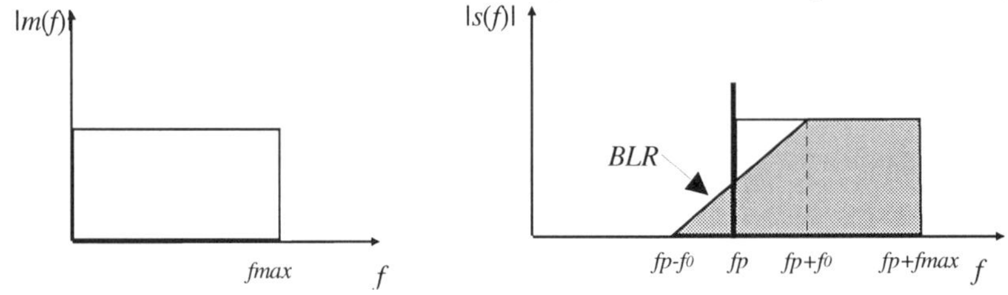

Figure 7-12

La production d'un signal BLR peut se concevoir comme le filtrage sévère d'un signal DBAP. Afin de ne pas perdre d'information, le filtre BLR devra présenter une symétrie particulière dans les représentations fréquencielles de son gain et de sa phase.

- Largeur de bande

$$B = f_0 + f_{max} \tag{7-14}$$

La fréquence f_0 est proportionnelle à la largeur de bande f_{max} du signal à transmettre (bande résiduelle).

e) Production de signaux modulés en amplitude

- Modulateurs DBAP et DBSP

La production de signaux DBAP et DBSP s'effectue généralement par multiplication de signaux.

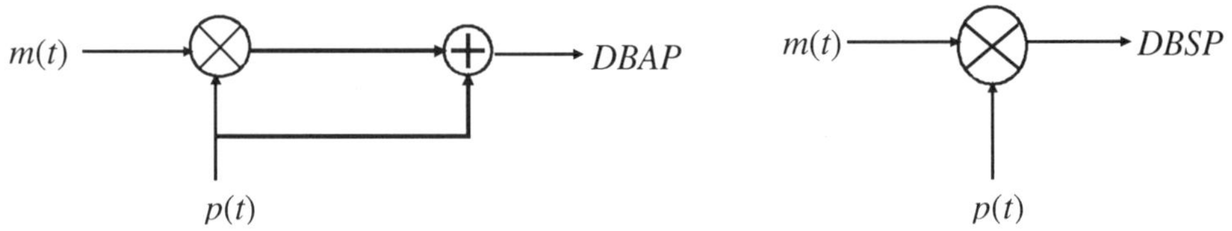

Figure 7-13

Le multiplieur utilisé est dit *parfait,* c'est-à-dire qu'il produit en sortie une tension directement proportionnelle au produit des deux tensions d'entrée.

Dans ce cas, $s'(t) = K.m(t).p(t)$ où K désigne le gain du multiplicateur.

Pour des expressions de sinusoïdales de $m(t)$ et $p(t)$:

$$s'(t) = K.A_m A_p \cos\omega_m t \cos\omega_p t = \frac{K.A_m A_p}{2}\left[\cos(\omega_p + \omega_m)t + \cos(\omega_p - \omega_m)t\right]$$

Ajouter la porteuse permet de retrouver l'expression d'une onde modulée DBAP.

La fonction multiplication est typiquement réalisée par des circuits intégrés analogiques (par exemple Motorola MC1496) nommés encore *mélangeurs intégrés.*

- *Modulateurs BLU*

Une première solution pour obtenir un signal BLU est de filtrer directement une des deux bandes contenues dans le spectre DBAP ou DBSP. D'un point de vue théorique, ceci est tout à fait envisageable. D'un point de vue pratique, il sera extrêmement difficile de mettre en œuvre des filtres ayant des gabarits à fronts très raides pour séparer deux bandes proches à des fréquences élevées

Exemple

La modulation DBSP d'un signal de parole préalablement filtré ($f_{min} = 50Hz; f_{max} = 5KHz$) par une porteuse à $28MHz$ donne deux bandes latérales BLS ($28{,}00005MHz - 28{,}005MHz$) et BLI ($27{,}995MHz - 27{,}99995MHz$). L'écart entre la fréquence maximale de la BLI et la fréquence minimale de la BLS est de $100Hz$. En supposant que l'on considère que le signal BLU est correctement obtenu lorsqu'une bande est atténuée de 40dB par rapport à l'autre, le filtre devra présenter une atténuation de l'ordre de 400dB/KHz vers 28 MHz !

Une alternative consiste à procéder par *multiplication* de fréquences successives (figure 7-14).

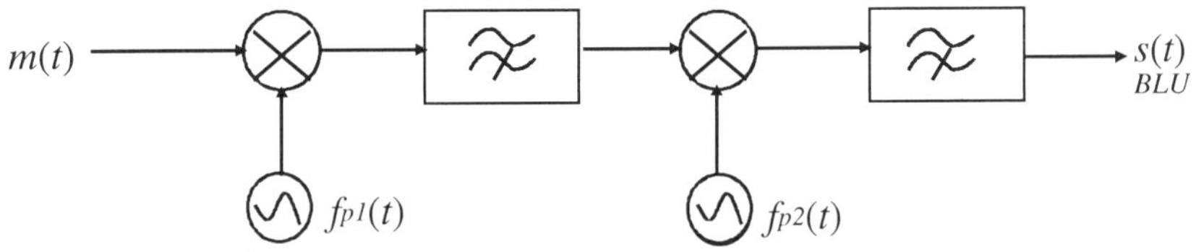

Figure 7-14

A la sortie du deuxième multiplicateur, les deux bandes latérales sont plus éloignées, ce qui facilite le filtrage.

Une autre méthode, appelée *production par déphasage*, consiste en l'addition ou la soustraction de deux signaux DBSP contenant la même information mais déphasés de 90°.

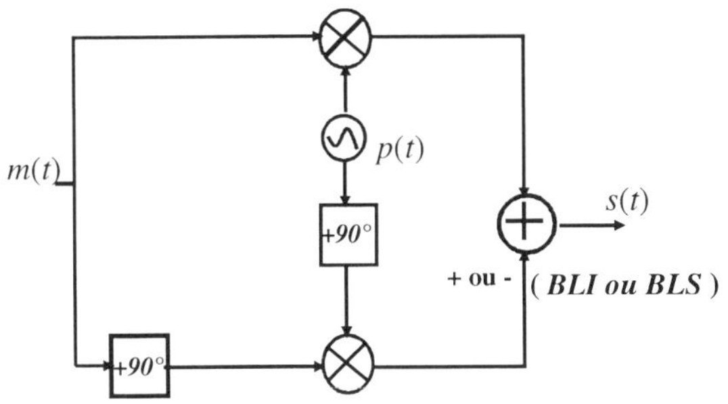

Figure 7-15

Le problème majeur est alors de pouvoir utiliser des circuits déphaseurs ayant des caractéristiques telles que leur réponse en phase soit égale à $\pm 90°$ sur toute la bande de fréquence occupée par le signal modulant. L'utilisation de *bancs de déphaseurs* [MAN.90] constitués de l'assemblage de plusieurs déphaseurs élémentaires permet d'obtenir un déphasage quasiment constant égal à 90°.

Une autre solution est de réaliser un modulateur qui ne comporte pas d'organe de déphasage sur le cheminement du signal modulant (figure 7-16) (voir exercice 3).

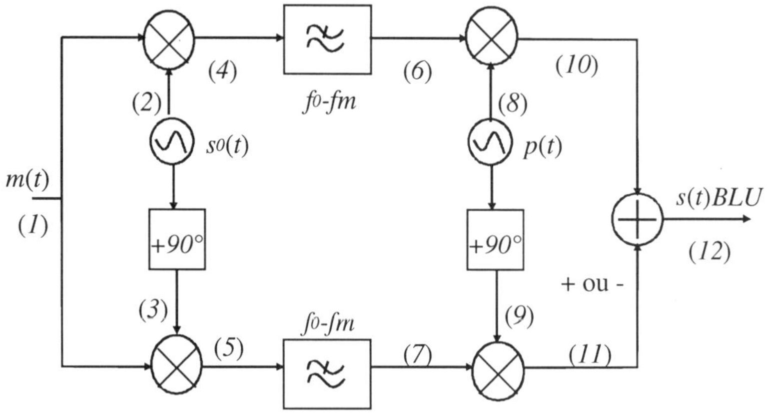

Figure 7-16

- Modulateur BLR

La modulation BLR pouvant être considérée comme un type particulier de BLU, il est possible de la produire par les différentes techniques précitées, en particulier par filtrage BLR d'un signal DBAP (ou DBSP).

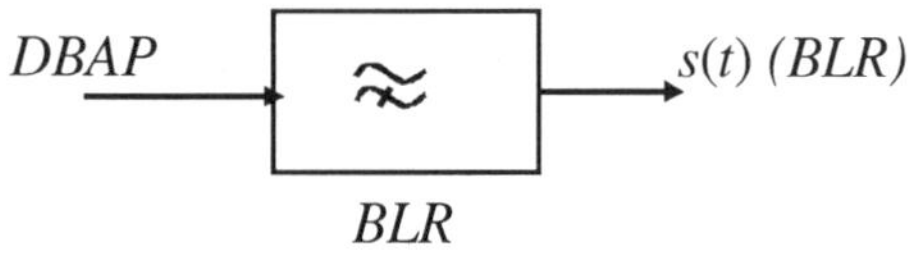

Il faut toutefois noter que le filtre BLR devra présenter des caractéristiques particulières.

Figure 7-17

Si $H(f)$ désigne la fonction de transfert du filtre, on peut montrer plus précisément que la démodulation sans distorsion d'un signal BLR impose la condition suivante :

$$H(f - f_p) + H(f + f_p) = Cte \quad \text{pour} \quad f_p < f < f_0 \qquad (7\text{-}15)$$

Ceci implique une symétrie pour le gain et la phase du filtre.

Exemple

Un signal vidéo TV (bande 0(non compris)-5Mhz) peut être transmis en BLR sur une porteuse f_p donnée avec $f_0 = 1{,}25MHz$. On en déduit $B = 6{,}25MHz$.

Figure 7-18

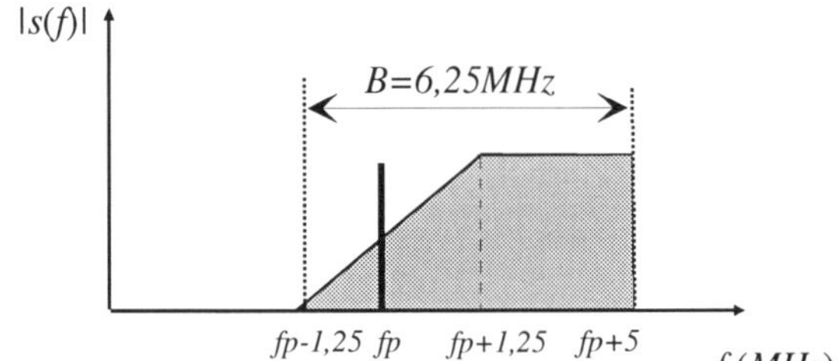

f) Démodulation de signaux modulés en amplitude

La démodulation permet de reconstituer le signal modulant à partir du signal modulé.

- Démodulateurs DBAP, DBSP et BLU

Pour une onde MDBAP, le système démodulateur doit pouvoir extraire l'enveloppe du signal modulé qui constitue le message. Un principe couramment utilisé est celui du *détecteur de crête* à diode.

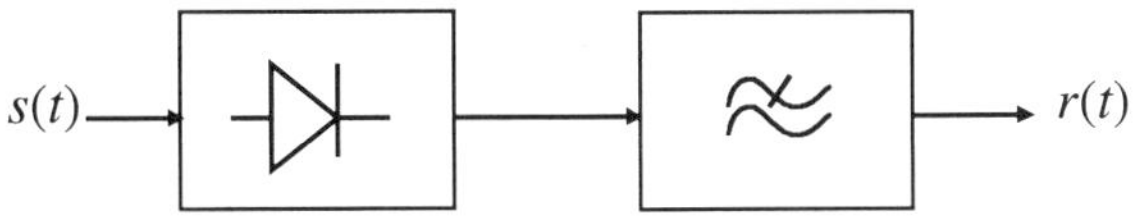

Figure 7-19

Le signal modulé en amplitude $s(t)$ est appliqué à l'entrée du détecteur. $r(t)$, réponse du système de démodulation, doit être une image la plus fidèle possible du modulant $m(t)$. La fréquence de coupure du filtre est $f_0 = \dfrac{1}{2\pi\tau}$. Trois cas de figure peuvent alors se présenter, suivant la valeur de la constante de temps τ, par rapport aux périodes τ_{BF} du signal modulant et τ_{HF} de la porteuse (figure 7-20).
Le cas c) représente le meilleur compromis que l'on puisse obtenir entre un signal à très forte ondulation résiduelle « haute fréquence » ΔV (cas a)) et un signal qui ne ressemble plus au signal enveloppe (cas b)). La fréquence de coupure du filtre devra alors respecter la condition suivante :

$$f_m << f_0 << f_p \tag{7-16}$$

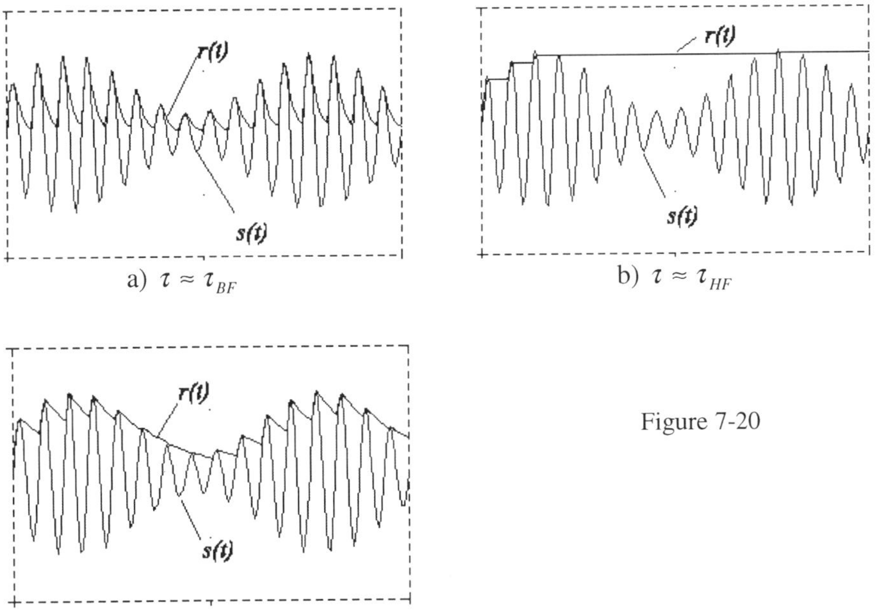

a) $\tau \approx \tau_{BF}$

b) $\tau \approx \tau_{HF}$

c) $\tau_{HF} << \tau << \tau_{BF}$

Figure 7-20

Il faut noter que ce type de démodulation ne convient que pour des indices de modulation inférieurs à 1, et n'est pas applicable aux signaux DBSP et BLU, les enveloppes du signal modulé n'étant pas identiques dans ces deux derniers cas.
Une autre technique très utilisée consiste à extraire le signal modulant du signal modulé par *détection synchrone*. Elle est indispensable aux signaux DBSP et BLU.

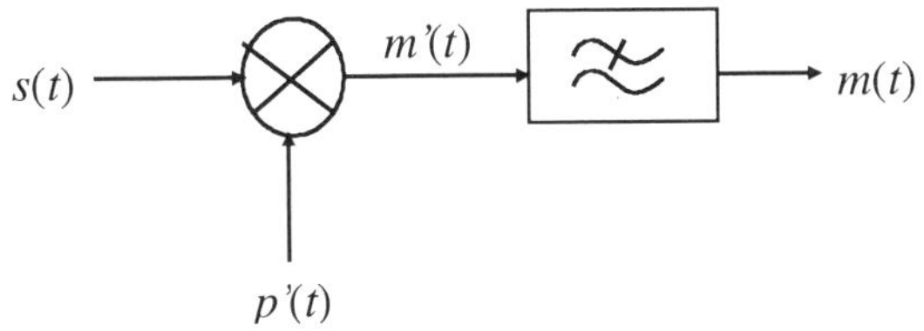

Figure 7-21

Le signal modulé ainsi qu'une porteuse *localement* reconstituée $p'(t)$ sont appliqués sur un multiplicateur parfait. Le signal de sortie est filtré et représente une image du signal démodulé.

Celui-ci est maximal en sortie du filtre si la porteuse reconstituée est *en phase* avec la porteuse du signal à démoduler. En effet, si φ désigne le déphasage entre les deux porteuses :

$$\begin{cases} s(t) = A_p\left(1 + m\cos 2\pi f_m t\right)\cos 2\pi f_p t \\ p'(t) = A_p \cos\left(2\pi f_p t + \varphi\right) \end{cases}$$

On en déduit alors :

$$m'(t) = s(t).p'(t) = A_p\left(1 + m\cos 2\pi f_m t\right)\cos 2\pi f_p t.\cos\left(2\pi f_p t + \varphi\right)$$

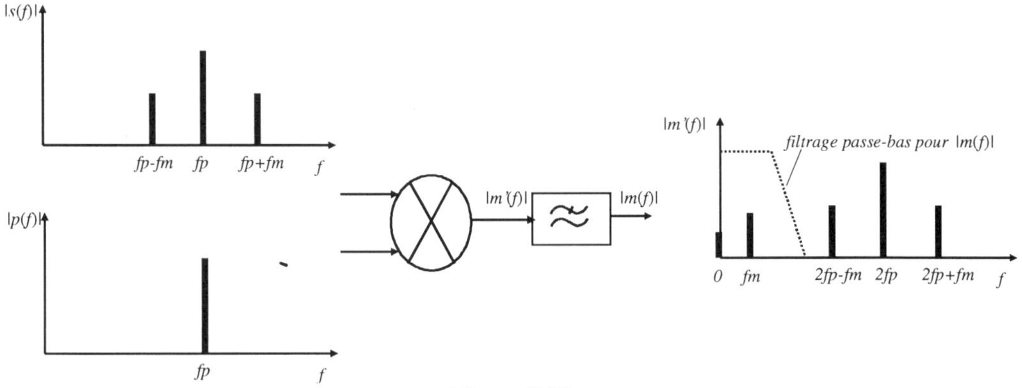

Figure 7-22

Après filtrage des termes haute fréquence et élimination de la composante continue, le signal de sortie $m(t)$ s'écrit :

$$m(t) = \left(\frac{mA_p^2}{2}\cos\varphi\right)\cos 2\pi f_m t \qquad (7\text{-}17)$$

Ainsi, lorsque $\varphi = 0$, l'amplitude du signal démodulé en sortie est maximale.

Le calcul précédent ne tient compte que d'un éventuel déphasage entre les deux porteuses. Il est possible également que celles-ci ne soit pas exactement à la même fréquence si l'on utilise un oscillateur local. Ce problème de décalage en fréquence, appelé *fading*, provoque une variation de l'amplitude du signal démodulé en fonction du temps.

Afin d'éviter ces deux types de problèmes liés à l'utilisation d'un oscillateur local, la porteuse utile à la démodulation est extraite du signal modulé grâce à une *boucle à verrouillage de phase* (PLL : Phase Locked Loop).

La PLL permet en particulier de fonctionner sur une fréquence particulière du signal d'entrée et de donner en sortie un signal verrouillé à cette fréquence(voir §e))

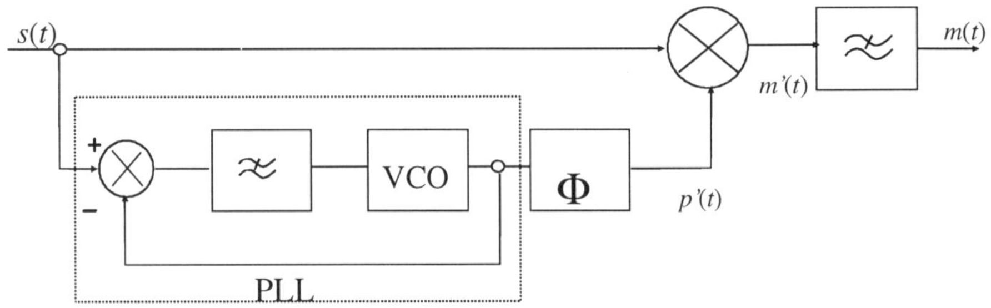

Figure 7-23

- Démodulateur BLR

La démodulation BLR peut s'effectuer par détection d'enveloppe [VEN.91]. Néanmoins, la démodulation synchrone est beaucoup plus utilisée avec porteuse transmise ou localement reconstituée.

g) Comparaisons et applications

Suivant le critère principal que choisit un utilisateur pour réaliser son système de transmission, le choix de telle méthode de modulation pourra être différent.
Si l'on souhaite favoriser une largeur de bande plus réduite et un rendement d'émission élevé, alors la BLU s'impose. A l'inverse, une meilleure intelligibilité (par exemple en radiocommunication commerciale) imposera le choix de la DBAP, l'information étant doublée (une sur chaque bande latérale) dans ce cas.
La démodulation imposera de la même manière un choix précis. Le tableau suivant résume les techniques utilisables suivant le type de modulation utilisé.

	Détection synchrone	**Détection d'enveloppe**
DBAP	Oui	Oui
DBSP	Oui	Non
BLU	Oui	Non
BLR (porteuse)	Oui	Oui
Mise en oeuvre	Difficile	Facile

Tableau 6-1

Leurs utilisations principales concernent surtout les cas où le milieu de transmission est faiblement perturbé. On peut noter :

- les radiocommunications commerciales (DBAP) ou privées (radioamateur) ($f_p < 30MHz$)
- les *systèmes à courants porteurs* [FON.94] (voir exercice 4) qui opèrent le multiplexage fréquenciel de voies téléphoniques modulées par BLU,
- en aéronautique, grâce à une capacité de la modulation DBAP de discerner un message transmis, même avec une très mauvaise qualité de réception.

Historiquement, la modulation DBAP possède un avantage qui a suffit à son développement prépondérant : le coût des récepteurs. Ce n'est que grâce aux progrès de l'électronique que la modulation FM a pu se développer dans le grand public.

2.3. Modulations de fréquence et de phase (FM et PM)

a) Définitions

Les modulations de fréquence (FM : Frequency Modulation) et de phase (PM : Phase Modulation) sont des procédés qui consistent à faire varier *la fréquence* ou *l'argument* d'un signal porteur sinusoïdal en fonction d'un message à transmettre.
Soit une porteuse $p(t) = A_p \cos\big(\omega_p t + \varphi(t)\big)$.

On appelle *phase instantanée* de $p(t)$ l'expression $\Phi(t)$ telle que :

$$\Phi(t) = \omega_p t + \varphi(t) \tag{7-18}$$

On appelle *fréquence instantanée* de $p(t)$ l'expression $f(t)$ donnée par :

$$f(t)=\frac{1}{2\pi}\frac{d\Phi(t)}{dt}=f_p+\frac{1}{2\pi}\frac{d\varphi(t)}{dt} \qquad (7\text{-}19)$$

- Modulation de phase (PM)

En modulation de phase, $\varphi(t)$ est directement proportionnelle au signal modulant $m(t)$, soit :

$$\varphi(t)=K_p.m(t) \qquad (K_p \text{ en } rad/V) \qquad (7\text{-}20)$$

L'expression d'un signal modulé en phase est donc :

$$s(t)=A_p\,cos\left(\omega_p t+K_p.m(t)\right) \qquad (7\text{-}21)$$

- Modulation de fréquence (FM)

Pour la modulation de fréquence, la dérivée de la phase $\varphi(t)$ est proportionnelle au signal modulant, de sorte que :

$$\frac{1}{2\pi}\frac{d\varphi(t)}{dt}=K_f.m(t) \qquad (K_f \text{ en } Hz/V) \qquad (7\text{-}22)$$

D'après (7-19), la fréquence instantanée $f(t)$ peut donc s'écrire :

$$f(t)=f_p+K_f.m(t) \qquad (7\text{-}23)$$

Elle varie en fonction du temps proportionnellement au signal modulant.
Il est alors possible d'établir l'expression de la phase instantanée d'après (7-18) et (7-22) et du signal modulé en fréquence :

$$\Phi(t)=\omega_p t+2\pi K_f.\int_0^t m(u).du \quad \text{et} \quad s(t)=A_p\,cos\left(\omega_p t+2\pi K_f.\int_0^t m(u).du\right) \qquad (7\text{-}24)$$

Ces deux types de modulations sont *non-linéaires*. De ce fait, les propriétés qui en découlent seront très différentes des modulations d'amplitude, et présenteront des particularités qui en feront leur principal intérêt.

b) Cas d'un message sinusoïdal en modulation de fréquence

Nous allons tout d'abord étudier le cas particulier d'un signal modulant sinusoïdal. En effet, c'est une étude facile à réaliser, qui donne des résultats concrets, et dont la pratique nous à déjà montré qu'ils pouvaient servir de base à la généralisation d'un modulant quelconque.

Soit un message $m(t)=A_m\,cos\,2\pi f_m t$. La fréquence instantanée du signal modulé s'écrit :

$$f(t)=f_p+K_f.A_m\,cos\,2\pi f_m t=f_p+\Delta f.cos\,2\pi f_m t \qquad (7\text{-}25)$$

Par définition, $\Delta f=K_f A_m$ est appelée *déviation maximale de fréquence.* On constate que $f(t)$ varie entre $f_p-\Delta f$ et $f_p+\Delta f$. La phase instantanée du signal est telle que :

$$\Phi(t)=\omega_p t+2\pi K_f.\int_0^t A_m\cos\omega_m u.du=\omega_p t+\frac{2\pi K_f A_m}{\omega_m}\sin\omega_m t=\omega_p t+\frac{\Delta f}{f_m}.\sin\omega_m \qquad (7\text{-}26)$$

Par définition, $\Delta\varphi=\dfrac{\Delta f}{f_m}$ est appelée *déviation maximale de phase.* La phase instantanée $\Phi(t)$ varie entre $\varphi_p-\Delta\varphi$ et $\varphi_p+\Delta\varphi$.

En modulation FM, $\Delta\varphi$, plus souvent notée β, est appelée *indice de modulation*, soit :

$$\beta = \frac{\Delta f}{f_m} \tag{7-27}$$

- *Spectre*

A partir des équations (7-24) et (7-26), on peut écrire :

$$s(t) = A_p \cos(\omega_p t + \beta \sin \omega_m t) \tag{7-28}$$

En développant cette expression en série de Fourier, on peut montrer que :

$$s(t) = A_p \sum_{k=-\infty}^{k=+\infty} J_k(\beta) \cos(\omega_p + k\omega_m)t \tag{7-29}$$

où $J_k(\beta)$ désigne la fonction de Bessel de 1ère espèce d'ordre k. La figure (7-24) donne une représentation de ces fonctions paramétrées par k (pour $0 \leq k \leq 4$).

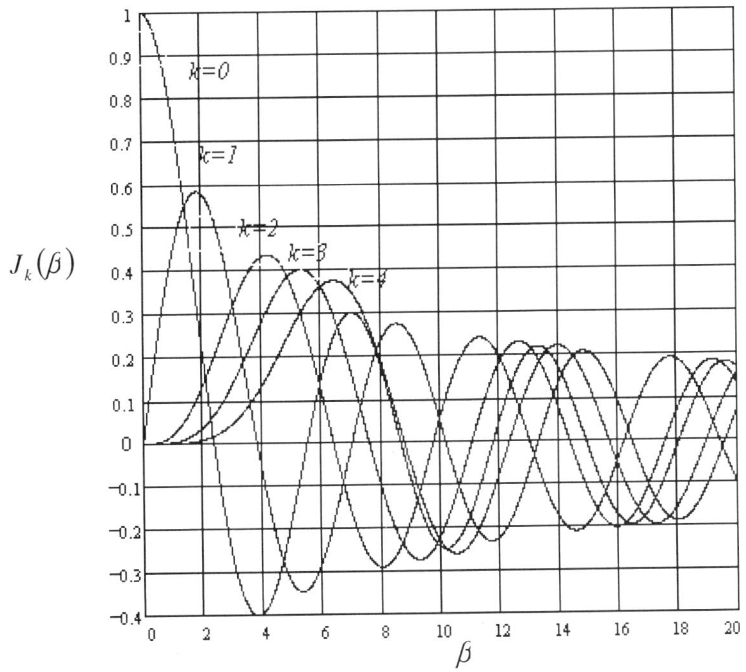

Figure 7-24

L'analyse de l'équation (7-29) montre plus particulièrement que :

- le spectre $|s(f)|$ comprend une porteuse à la fréquence f_p et une *infinité de raies* latérales aux fréquences $f_p \pm kf_m$.

- l'amplitude $J_k(\beta)$ des raies diminue lorsque n augmente, ce qui implique que dans la réalité, on considère toujours un signal FM comme à *spectre fini*.

- Si $\beta << 1$, le spectre se réduit à 3 raies, une à la fréquence f_p et deux raies latérales respectivement à $f_p + f_m$ et $f_p - f_m$ (figure 7-25).

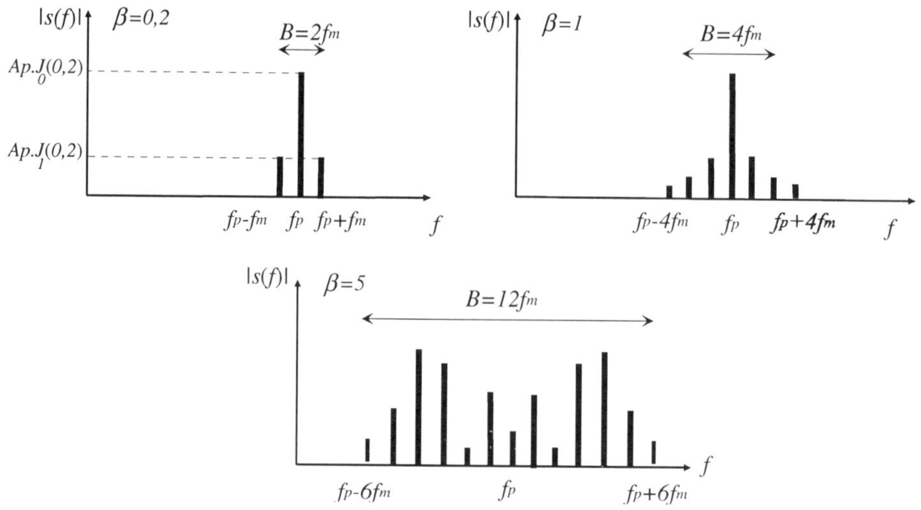

Figure 7-25

- *Largeur de bande*

Par définition, on appelle *modulation large bande* (WFM : Wide FM) toute modulation FM pour laquelle $\beta >> 1$. A l'inverse, si $\beta << 1$, on parle de *modulation bande étroite* (NFM : Narrow FM). En pratique, dès que $\beta \leq 0{,}5$, le cas NFM est admis.

Nous avons vu précédemment que, théoriquement, la bande occupée par un signal FM est infinie. Cependant, il est possible de montrer que la transmission dans une bande B donnée permet de récupérer parfaitement le signal à la démodulation car d'une manière générale, les raies latérales sont concentrées autour de la porteuse. Si l'on ne considère que les raies significatives qui au total transportent environ 98% de la puissance moyenne du signal, la largeur de bande du signal modulé est donnée par l'expression suivante :

$$B = 2(1+\beta)f_m \tag{7-30}$$

encore appelée bande de CARSON.

Cette formule, bien qu'empirique, donne dans la majorité des cas de très bons résultats.

La figure 7-25 montre un exemple de spectres FM obtenus pour différents indices de modulation (ici, $f_m = cte$ et Δf variable).

c) Cas d'un signal modulant quelconque

On ne peut plus à priori utiliser les définitions établies pour un modulant sinusoïdal. Il faudrait donc développer une méthode mathématique rigoureuse pour arriver à définir des grandeurs pouvant définir la modulation.

Il a été démontré en pratique [VEN.91] que l'on peut obtenir une bonne vision du problème en prenant les définition suivantes : si $m(t)$ désigne ce signal modulant quelconque, l'excursion maximale de fréquence et l'indice de modulation sont donnés par :

$$\Delta f = K_f.|m(t)|_{max} \quad \text{et} \quad \beta = \frac{\Delta f}{B_1} \quad \text{où } B_1 \text{ : largeur de bande du modulant} \tag{7-31}$$

Ces définitions peuvent paraître sans fondement théorique et elles sont les conséquences de la non-linéarité des modulations d'argument. Elles ont cependant prouvé leur utilité et adéquation à des problèmes réels.

La largeur de bande est donnée par une nouvelle règle de CARSON :

$$B = 2(\Delta f + B_1) = 2(1+\beta)B_1 \tag{7-32}$$

Il faut également noter que cette règle ne constitue pas la seule référence pour calculer la largeur de bande. Elle donne en général une approximation sous-estimée de la bande utile nécessaire à la transmission.

d) Modulateurs FM

- Passages de FM à PM et réciproquement

Les équations de définition ont montré qu'il n'existe pas de différence fondamentale entre FM et PM. On pourra alors remarquer que le passage d'un type de modulation à l'autre peut s'effectuer par simple *intégration* ou *dérivation* du signal modulant. Les modulateurs et les démodulateurs utilisés pour l'un pourront très facilement être déduits pour l'autre.

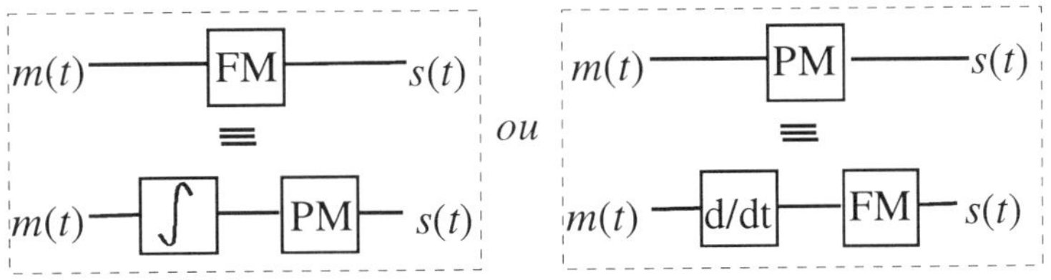

Figure 7-26

- Modulateur NFM

Pour un modulant sinusoïdal, l'équation (7-28) s'écrit :

$$s(t) = A_p\lfloor\cos\omega_p t.\cos(\beta\sin\omega_m t) - \sin\omega_p t.\sin(\beta\sin\omega_m t)\rfloor \tag{7-33}$$

soit pour une modulation bande étroite ($\beta << 1$) :

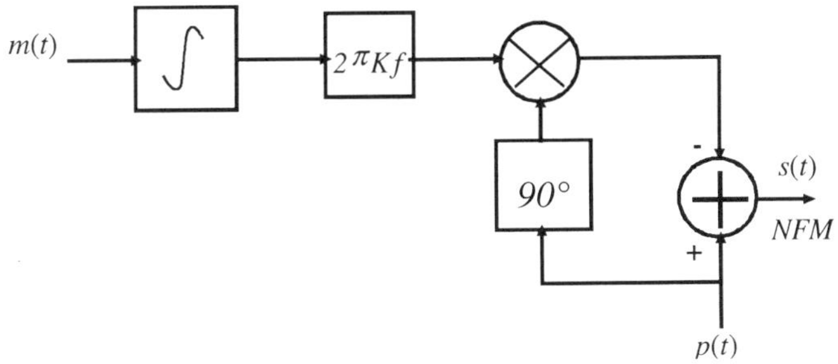

Figure 7-27

$$s(t) = A_p\cos\omega_p t - \beta A_p\sin\omega_p t.\sin\omega_m t \tag{7-34}$$

La figure 7-27 représente le modulateur NFM associé à l'équation (7-33).

Ce type de modulateur ne présente que peu d'intérêt dans la mesure où, dans la pratique, les transmissions FM ou PM nécessitent des indices de modulation élevés. En revanche, il constitue toujours le premier module lorsqu'on veut produire un signal WFM par la méthode indirecte que nous verrons par la suite.

- Modulateur WFM

Il existe deux grands principes de production WFM :

- *la modulation directe* : un VCO (Oscillateur Contrôle en Tension) fournit un signal de sortie dont la fréquence varie proportionnellement à un modulant donné. Il permet d'obtenir facilement des déviations de fréquences très importantes.

Ce type de modulation est largement utilisé et permet d'obtenir simplement des signaux FM. Il se pose cependant un problème de stabilité de fréquence dû au compromis de « stabilité - précision » : la vitesse de variation instantanée de la fréquence peut entacher la précision sur une fréquence donnée à l'instant t. Il faut alors utiliser des systèmes à PLL afin de stabiliser le fonctionnement du VCO (voir exercice 7-7).

- *la modulation indirecte* : Proposé par Armstrong, cette technique consiste à obtenir un signal WFM par *conversion bande étroite - large bande.*

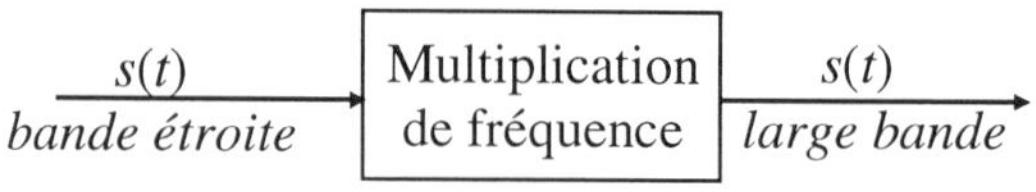

Figure 7-28

Elle nécessite l'utilisation de multiplicateurs de fréquence qui multiplient le terme de phase $\Phi(t)$ dans sa totalité. Il n'est alors pas évident d'obtenir simultanément une fréquence porteuse et une déviation en fréquence données qui sont à priori des grandeurs sans relation. Ce problème peut être résolu par *mélange* de fréquence après multiplication afin de ramener le signal multiplié dans une bande prédéterminée (figure 7-29).
Les deux méthodes, directe et indirecte, sont efficaces. On optera pour l'une ou l'autre selon le degré de complexité que l'on voudra mettre en œuvre. En particulier, la mise au point de systèmes de multiplication de fréquence n'est pas aisée, et l'on choisira la méthode directe si l'on est capable de proposer des systèmes de stabilisation en fréquence performants pour les modulateurs.

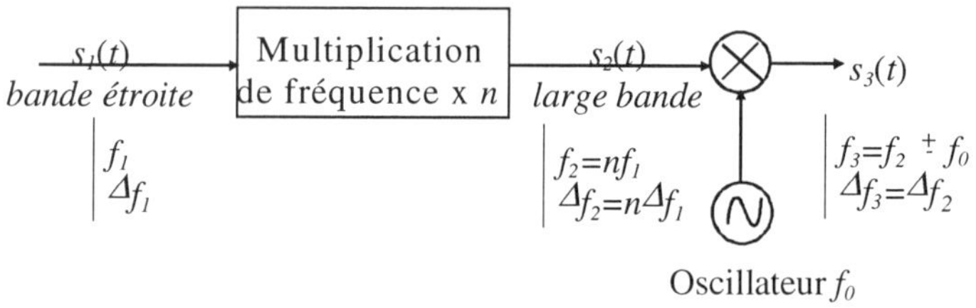

Figure 7-29

e) Démodulateurs FM

- Discriminateur

Il s'agit d'un système capable de fournir à sa sortie un signal dont l'amplitude est proportionnelle à la fréquence du signal à son entrée .
D'une manière simple, son principe est de transformer une modulation de fréquence en modulation combinée d'amplitude et de fréquence. Ainsi, la démodulation pourra s'effectuer grâce à un détecteur de crête .
Typiquement, une augmentation linéaire de l'amplitude avec la fréquence est obtenue par une opération de dérivation. Celle-ci est peut être réalisée simplement en utilisant une partie de la portion linéaire d'un filtre résonnant (R,L,C).

Figure 7-30

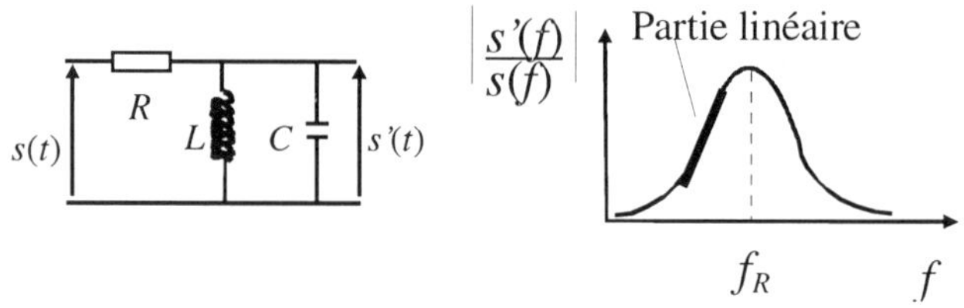

Le signal $s'(t)$ est modulé en amplitude et en fréquence. La restitution du message s'effectue selon le principe de la figure 7-31.

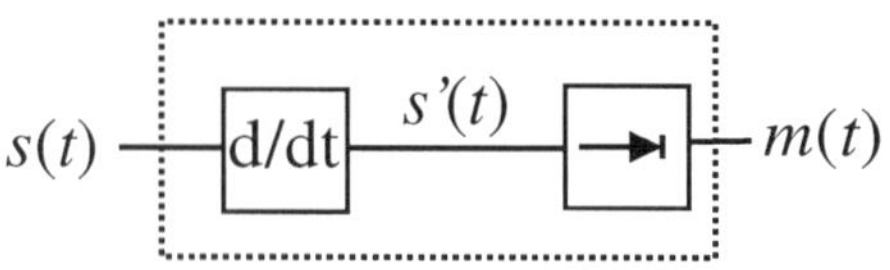

Figure 7-31

Un des problèmes que pose une telle structure est l'influence des signaux parasites qui peuvent perturber le signal FM $s(t)$ en amplitude. Dans ce cas, la démodulation restitue le signal $m(t)$ entaché de bruit. Il faut donc travailler à amplitude constante avant discrimination pour s'affranchir de tout problème de parasitage. Une telle opération est réalisée par un circuit *limiteur* ou *écrêteur* (Figure 7-32).

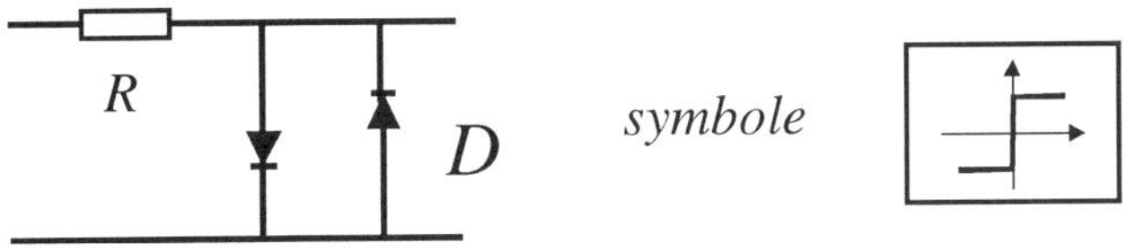

Figure 7-32

Le système de démodulation FM complet est représenté figure 7-33.

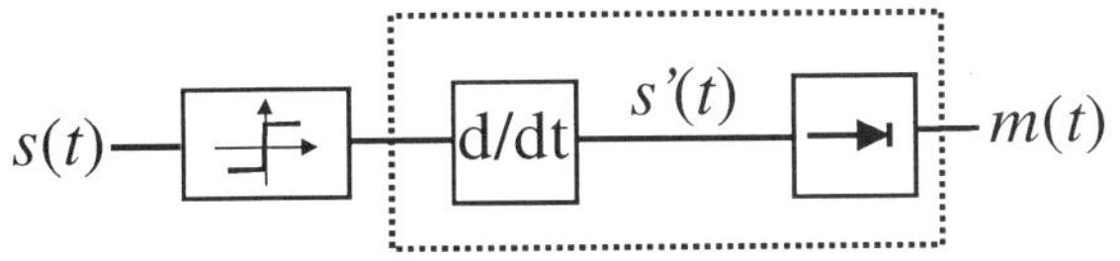

Figure 7-33

Ces techniques de démodulation sont très largement utilisées car faciles à mettre en œuvre et peu onéreuses. Dans des conditions difficiles de transmission, la mise en oeuvre d'un démodulateur à PLL est préférable (Figure 7-34).

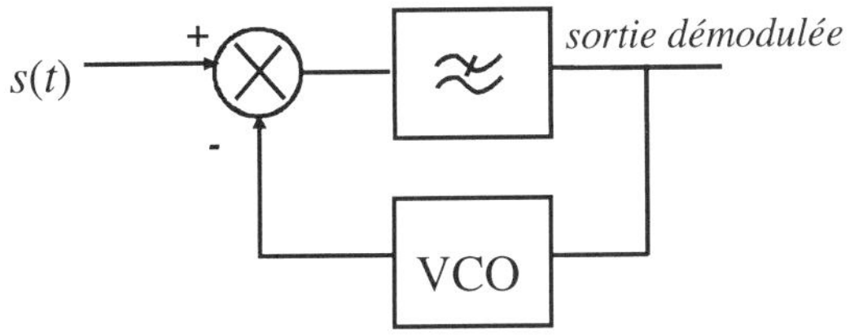

Figure 7-34

f) Applications des modulations FM et PM

Les principales propriétés des modulations angulaires sont :

- une indépendance du niveau du signal démodulé par rapport au signal reçu, ce qui implique une meilleure immunité au bruit qu'en modulation d'amplitude,
- une bonne résistance aux perturbations[2] si l'indice de modulation est élevé,
- une largeur de bande du canal de transmission élevée.

Leurs applications concernent principalement les systèmes de transmissions utilisant des canaux à fortes perturbations (faisceaux hertziens, radiodiffusion en milieu urbain) et à large bande.

Il faut noter que d'une manière générale, la modulation FM possède une immunité au bruit supérieure à la modulation PM ce qui en fait la modulation angulaire la plus largement utilisée.

3. Le récepteur superhétérodyne à synthèse de fréquence

3.1. Principe

Il s'agit d'un récepteur HF basé simultanément sur le principe de la *réception superhétérodyne*, le *changement* et la *synthèse de fréquence*.

[2] Dans tout ce chapitre le problème du comportement des modulations en présence de bruit, bien que fondamental, n'est pas abordé. Le lecteur voudra bien se reporter aux ouvrages de références [VEN.91, COU.97] pour des informations plus approfondies.

a) Réception superhétérodyne

Le schéma de principe est représenté sur la figure 7-35.

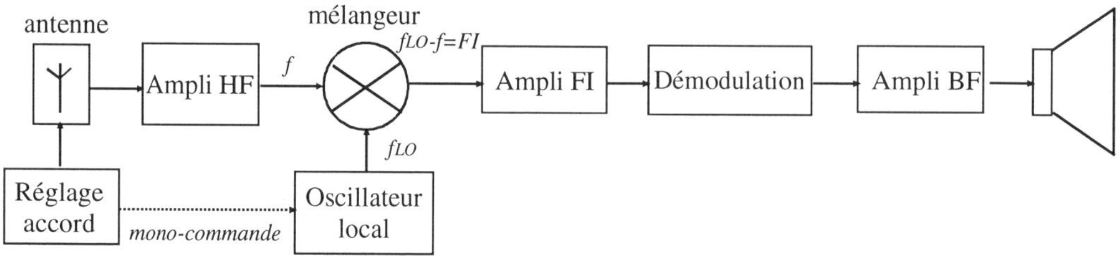

Figure 7-35

L'antenne capte un signal à la fréquence f modulé HF (MDBAP, FM ou PM) de faible puissance qui est amplifié avant d'être appliqué à un mélangeur. Ce dernier reçoit sur sa deuxième entrée un signal de fréquence f_{LO} provenant d'un oscillateur local, de telle sorte qu'il fournit en sortie un signal à $f_{LO} - f$. A chaque variation de la fréquence du signal d'entrée f, il est possible d'ajuster la fréquence de l'oscillateur local f_{LO} afin de garder constamment une fréquence fixe en sortie du mélangeur. Cette fréquence, notée FI, est appelée *fréquence intermédiaire*. Ceci permet alors de pouvoir confier tous les post-traitements (filtrage sélectif, amplification, démodulation) à des circuits qui auront été accordés une fois pour toutes sur la fréquence FI, indépendamment de la fréquence d'entrée.

Supposons qu'un signal capté par l'antenne soit à la fréquence $f' = f + 2FI$. Dans ce cas :

$$FI = f_{LO} - f = f' - f_{LO} \tag{7-35}$$

Autrement dit, le récepteur calé sur la fréquence à recevoir f permettrait à un signal de fréquence f' de traverser le mélangeur. Cette fréquence f', qui pourrait alors perturber gravement la réception de f, est appelée *fréquence image* de f.

Pour éviter ce problème, il faut introduire une sélectivité en fréquence avant le passage dans le mélangeur. Celle-ci est réalisée grâce à un circuit accordé sur la fréquence à recevoir f et bloque la fréquence image. Parallèlement, cet accord permet d'ajuster la fréquence de l'oscillateur local par un système appelé *mono-commande*.

L'amplificateur FI est accordé sur la fréquence intermédiaire. Il utilise couramment des filtres céramiques ou à quartz pré-réglés de façon industrielle sur les FI les plus courantes ($455kHz$ ou $10{,}7\,MHz$), simplifiant ainsi la conception des récepteurs.

Le processus de mélange est appliqué deux fois : un premier signal FI à $10{,}7\,MHz$ est traité, puis ramené après amplification sélective à $455KHz$ par un second mélangeur. La démodulation et l'amplification BF se feront alors à cette fréquence, beaucoup plus favorable à une bonne sélectivité. De tel récepteur sont dits *à double changement de fréquence.*

Les valeurs de ces fréquences FI, même si elles ne sont pas normalisées, sont souvent prises égales à $455KHz$ (radio AM), $10{,}7\,MHz$ (radio FM) et $39\,MHz$ (réception TV BLR).

b) Synthèse de fréquence

Le synthétiseur de fréquence est un système permettant d'obtenir en sortie un signal dont la fréquence peut varier sur une plage prédéfinie. C'est en quelque sorte un oscillateur à fréquence variable dont un exemple est donné figure 7-36.

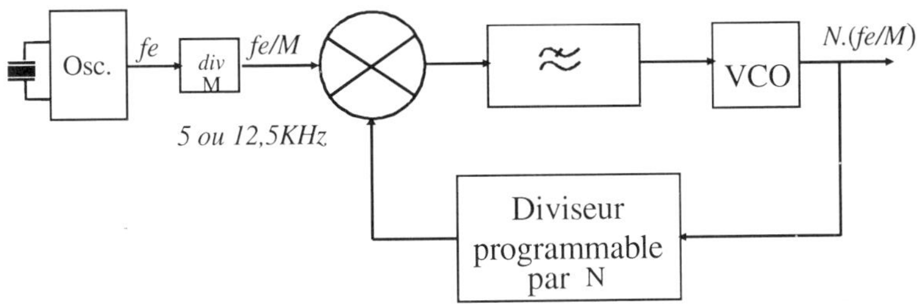

Figure 7-36

Il utilise une PLL dont le VCO est commandé par la tension continue d'erreur en sortie du filtre passe-bas. L'une des entrées du comparateur reçoit une fréquence fixe, l'autre la fréquence de sortie du VCO divisée dans un rapport N. Un équilibre s'établit dans lequel la fréquence de sortie est égale à N fois la fréquence d'entrée.

Le synthétiseur de fréquence remplace l'oscillateur local. Ainsi, ce type de récepteur possède une fonction de balayage (scan) automatique permettant par exemple de faire de l'écoute du trafic radio. La fréquence d'entrée du comparateur de phase est choisie égale au pas des canaux à balayer (typiquement 5 ou $12{,}5kHz$ selon les bandes radio) grâce à un diviseur de rapport constant M associé à un oscillateur de référence très stable ($10MHz$, à quartz par exemple). Il suffit alors de fixer le rapport N par le diviseur programmable pour que le synthétiseur délivre toute fréquence multiple de 5 ou $12{,}5kHz$.
La commande du diviseur est généralement effectuée par microprocesseur. Le balayage automatique des fréquences à suivre sera alors obtenu en faisant varier de manière continue le rapport de division N.

Exemple

Le scanner COM102 de COMMTEL™ est capable de surveiller en permanence jusqu'à 10 canaux différents et de se maintenir en écoute dès qu'une réception est détectée. Il couvre les bandes :

- 68 à $88MHz$ au pas de $5kHz$,
- 138 à $174MHz$ au pas de $5kHz$,
- 380 à $512MHz$ au pas de $12{,}5kHz$.

Il permet l'écoute du trafic aérien et maritime, des radiotéléphones de voiture ou des réseaux privés et de certaines fréquences sensibles...

4. Exercices

7-1

Soit l'expression d'une MDBAP $s(t) = 5\left(1 + 0{,}5\cos 2\pi.10^4 t\right)\cos 2\pi.10^7 t$. Déterminer :

1. L'amplitude de la porteuse, du modulant et le taux de modulation.
2. Les valeurs de fréquences contenues dans le signal.
3. La puissance de la porteuse, du signal modulé, ainsi que l'efficacité de modulation.

1. $A_p = 5V$. $m = 0{,}5$. $A_m = mA_p = 0{,}5.5 = 2{,}5V$.
2. $f_m = 10kHz$. 3 fréquences : $f_p = 10MHz$, $f_p - f_m = 9{,}9MHz$ et $f_p + f_m = 10{,}1MHz$.
3. $P_p = \dfrac{A_p^2}{2} = 12{,}5W$. $P_m = \dfrac{A_m^2}{2} = 3{,}125W$. $P_S = P_p\left(1+\dfrac{m^2}{2}\right) = 14{,}06W$. $E = \dfrac{m^2}{2+m^2} = 11\%$

7-2

Soit un signal modulant représenté sur la figure 7-37. Celui-ci module une porteuse avec $A_p = 25V$ et un taux de modulation égal à 1.

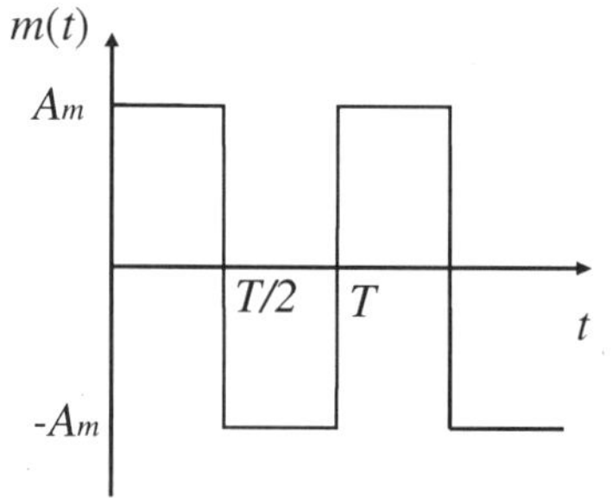

Figure 7 -37

Déterminer :
1. La puissance moyenne du modulant P_m.
2. La puissance moyenne du signal modulé dissipée dans une charge de 50Ω.
3. L'efficacité de modulation.

1. $P_m = \langle m^2(t)\rangle = \dfrac{1}{T}\int_0^T m^2(t)dt = \dfrac{1}{T}\int_0^T A_m^2 dt = A_m^2$.

2. $\langle m_0^2(t)\rangle = 1$ (valeur normalisée de $\langle m^2(t)\rangle$) donc $P_S = P_p(1+m^2) = \dfrac{(25)^2}{2}(2) = 625W$. La puissance réelle dissipée dans la charge vaut alors : $P_{réel} = P_S / 50 = 12{,}5W$.

3. $E = \dfrac{m^2}{1+m^2} = 50\%$. Ces efficacités maximales sont atteintes pour des modulants carrés.

7-3

1. Donner l'expression des signaux en sortie de chaque bloc de la figure 7-16 et montrer que le signal de sortie du modulateur est de type BLU. On supposera le modulant sinusoïdal.
2. Quelles sont les expressions en (12) si $f_0 = 2f_m$?

(1) : $A_m \cos 2\pi f_m t$, (2) : $A_0 \cos 2\pi f_0 t$, (3) : $A_0 \sin 2\pi f_0 t$,

(4) : $\dfrac{A_0 A_m}{2}\left[\cos 2\pi(f_0 - f_m)t + \cos 2\pi(f_0 + f_m)t\right]$, (6) : $\dfrac{A_0 A_m}{2}\cos 2\pi(f_0 - f_m)t$,

(5) : $\dfrac{A_0 A_m}{2}\left[\sin 2\pi(f_0 - f_m)t + \sin 2\pi(f_0 + f_m)t\right]$, (7) : $\dfrac{A_0 A_m}{2}\sin 2\pi(f_0 - f_m)t$,

(8) : $A_p \cos 2\pi f_p t$, (9) : $A_p \sin 2\pi f_p t$,

(10) : $\dfrac{A_0 A_m A_p}{4}\left[\cos 2\pi(f_p + f_0 - f_m)t + \cos 2\pi(f_p - f_0 + f_m)t\right]$,

(11) : $\dfrac{A_0 A_m A_p}{4}\left[\cos 2\pi(f_p - f_0 + f_m)t - \cos 2\pi(f_p + f_0 - f_m)t\right]$,

(12) : somme $\frac{A_0 A_m A_p}{2}\left[cos 2\pi\left(f_p - f_0 + f_m\right)t\right]$, $\frac{A_0 A_m A_p}{2}\left[cos 2\pi\left(f_p - f_m\right)t\right]$ si $f_0 = 2f_m$

diff. $\frac{A_0 A_m A_p}{2}\left[cos 2\pi\left(f_p + f_0 - f_m\right)t\right]$, $\frac{A_0 A_m A_p}{2}\left[cos 2\pi\left(f_p + f_m\right)t\right]$ si $f_0 = 2f_m$.

7-4

Les systèmes à courants porteurs (SCP) sont des systèmes de transmission analogique caractérisés par un multiplexage fréquenciel de z-voies de signaux et un recours systématique à la modulation BLU. Certains peuvent servir à transmettre simultanément sur un même support un très grand nombre de voies téléphoniques.
On souhaite transmettre en multiplex fréquenciel 900 voies téléphoniques classiques grâce à une SCP. Pour cela, le multiplexage des voies n'est pas réalisé en une seule opération de modulation mais en plusieurs étapes successives formant une hiérarchie de groupes à nombre croissant de voies.

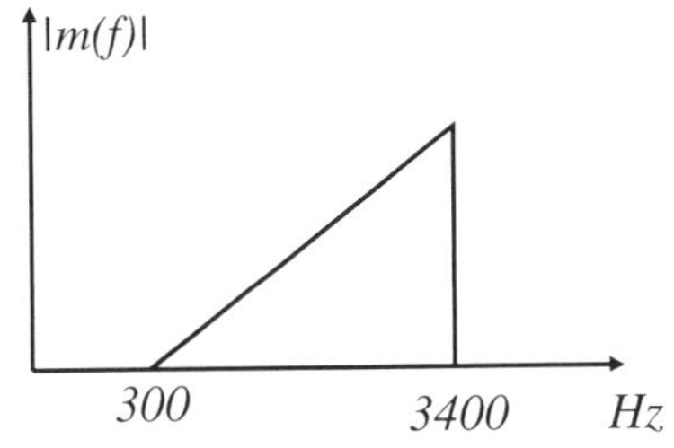

Figure 7-38

1. Soit le spectre téléphonique figure 7-38. Quelle et sa largeur de bande ?
2. On souhaite moduler cette voie en BLI. Tracer le spectre modulé si $f_p = 6kHz$.
3. Pour constituer le groupe primaire de base comprenant 12 voies téléphoniques, on peut utiliser 12 porteuses espacées chacune de $\Delta f_p = 4kHz$. Pourquoi cette valeur de Δf est-elle retenue ?
4. On assimile pour la suite du problème chaque voie à une bande passante $0 - 4kHz$. Sachant que la première voie est modulée avec $f_p = 64kHz$, tracer le spectre de ce groupe primaire en y faisant apparaître le spectre de toutes les voies qu'il contient, ainsi que leurs délimitations fréquencielles. Calculer la largeur de bande de ce groupe.
5. Pour constituer le groupe secondaire, on multiplexe 5 groupes primaires précédents, toujours en utilisant la modulation BLI. Si le premier groupe primaire est modulé avec $f_p = 420kHz$, quelles seront les fréquences porteuses associées aux 4 autres groupes primaires ?
6. Représenter le spectre du groupe secondaire en faisant apparaître le spectre des 5 groupes primaires qu'il contient.
7. Calculer la largeur de bande totale de ce groupe ainsi que le nombre de voies qu'il contient.
8. Une solution pour former le groupe principal contenant 900 voies consiste à assembler 15 groupes secondaires. Sachant que la fréquence la plus basse de ce groupe est choisie égale à $312kHz$, comment doit-on traiter le premier de ces 15 groupes ?
9. Quelles sont les fréquences porteuses associées aux 14 autres groupes ?
10. Représenter le spectre du groupe principal en faisant apparaître le spectre des 15 groupes secondaires.
11. Calculer la fréquence maximale de ce groupe principal, la largeur de bande nécessaire au canal de transmission, ainsi que le nombre de voies qu'il contient.

1. $B = 3400 - 300 = 3100Hz$.
2. Le spectre est donné figure ci-contre :

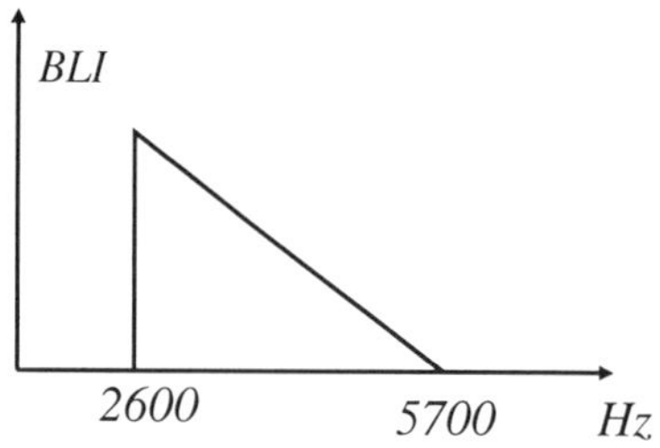

3. Un tel espacement permet d'éviter le chevauchement des voies avec un petite marge par rapport à la bande utile.

4.

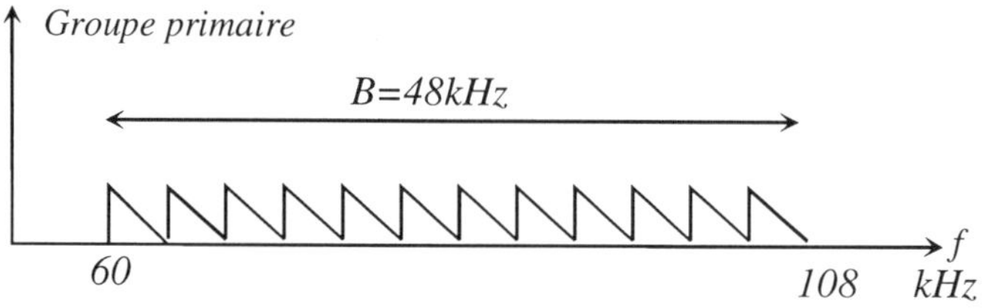

5. $f_{p1} = 420kHz, f_{p2} = 468kHz, f_{p3} = 516kHz, f_{p4} = 564kHz, f_{p5} = 612kHz$

6.

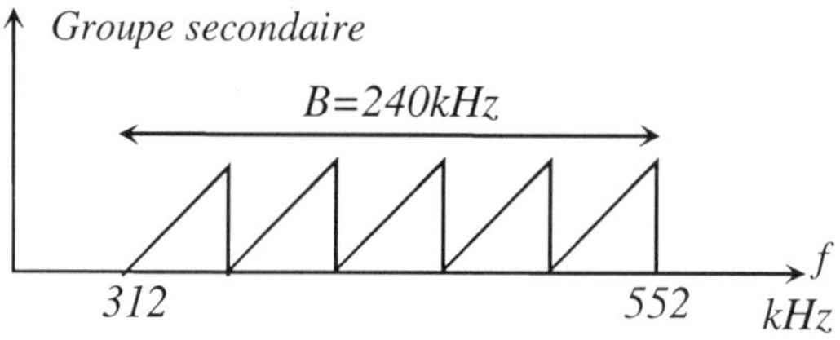

7. Largeur de bande du groupe secondaire : $552 - 312 = 240kHz$. Nombre de voies téléphoniques $n_2 = 5x12 = 60 voies$.

8. Le premier groupe secondaire doit être transmis dans sa bande de base.

9. $f_{p1} = 312kHz, f_{p2} = 1104kHz, f_{p3} = 1344kHz, f_{p4} = 1584kHz, f_{p5} = 1824kHz,$
$f_{p6} = 2064kHz, f_{p7} = 2304kHz, f_{p8} = 2544kHz, f_{p9} = 2784kHz, f_{p10} = 3024kHz,$
$f_{p11} = 3264kHz, f_{p12} = 3504kHz, f_{p13} = 3744kHz, f_{p14} = 3984kHz$.

10.

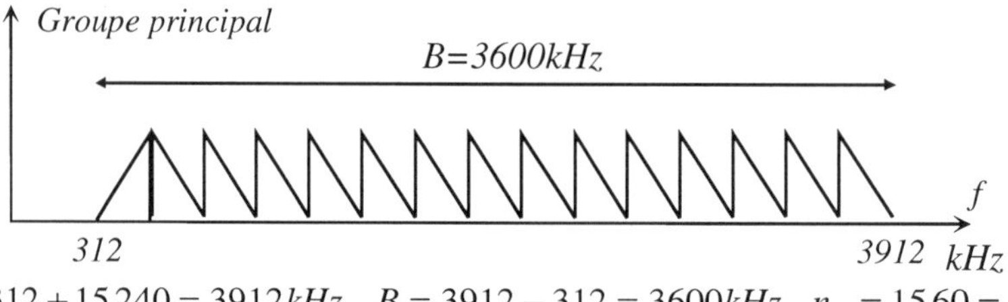

11. $f_{max} = 312 + 15.240 = 3912kHz$, $B = 3912 - 312 = 3600kHz$, $n_p = 15.60 = 900 voies$.

7-5

Soit un signal modulé (FM ou PM) $s(t) = 200 cos(2\pi.10^8 t + 10 cos 2\pi.10^3 t)$.

1. Si le signal est modulé en phase, donner l'indice de modulation, la fréquence porteuse, la largeur de bande du signal modulé et l'expression du modulant si $K_p = 5 rad / V$.
2. Reprendre la question 1 si le signal est modulé en fréquence avec $K_f = 2.10^4 Hz / V$.

1. $K_p.m(t) = 10cos2\pi10^3 t$ donc $K_p A_m = 10 =$ indice de modulation, $f_p = 10MHz$, $B = 2(1+\beta)f_m = 22kHz$, $m(t) = 2cos2\pi10^3 t$.
2. $\frac{K_f A_m}{f_m} = 10 =$ indice de modulation, $f_p = 10MHz$, $B = 22kHz$, $m(t) = 0{,}5 sin2\pi.10^3 t$.

7-6

Un modulateur FM est représenté sur la figure 7-39.

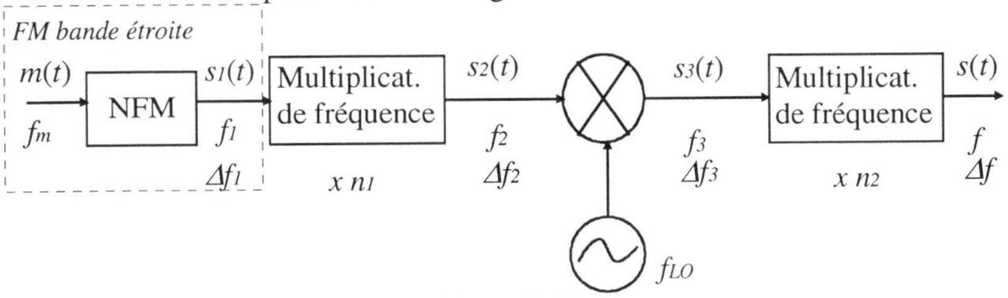

Figure 7-39

La fréquence du modulant $m(t)$ varie entre $10Hz$ et $5kHz$. On souhaite transformer le signal $s_1(t)$ NFM ($f_1 = 100kHz$) en un signal $s(t)$ WFM de fréquence $f = 90MHz$ avec $\Delta f = 75kHz$.

1. Quels sont les indices de modulation $\beta_{\min}$ et $\beta_{\max}$ du signal $s(t)$? Conclusion ?
2. On fixe $\beta_{\max} = 0{,}3$ pour le signal NFM. Calculer l'excursion maximale de fréquence Δf_1 acceptable pour ce signal.
3. Calculer $n = n_1 n_2$.
4. Sachant que $n_2 = 250$, calculer n_1 et la fréquence de l'oscillateur local f_{LO} (on utilise la fréquence inférieure en sortie du mélangeur).

1. $\beta_{\min} = \frac{\Delta f}{f_{\max}} = 15$, $\beta_{\max} = 7500$. Impossible à réaliser directement.
2. $(\Delta f_1)_{max} = n_{max}(f_m)_{min} = 0{,}3.10 = 3Hz$.
3. $n_1 n_2 = \frac{\Delta f}{\Delta f_1} = \frac{75.10^3}{3} = 25000$.
4. $n_1 = 50$. $f_3 = \frac{f}{n_2} = n_1 f_1 - f_{LO}$ donc $f_{LO} = n_1 f_1 - \frac{f}{n_2} = 9{,}64MHz$.

7-7

Soit un signal vidéo + son représentant l'information contenue dans un signal TV noir et blanc. Le spectre de bande de base de l'image s'étend de 0 (non-compris) à 5MHz. La transmission s'effectue par modulation BLR sur une porteuse à une fréquence $f_v = 607{,}25MHz$. Les fréquences délimitant le flanc BLR varient de $\pm 1{,}25MHz$ autour de la fréquence porteuse. A la réception, on transpose le signal à la fréquence intermédiaire $FI = 38{,}9MHz$ grâce à un récepteur superhétérodyne (Figure 7-35).

1. Tracer le spectre du signal image modulé.
2. Calculer la valeur de f_{LO} et de la fréquence image de f_v.

Le son monophonique est transmis simultanément en FM sur une porteuse auxiliaire située à $5{,}5MHz$ au-dessus de la porteuse image. La déviation en fréquence $\Delta f = 50kHz$.

3. Sachant que l'on limite le spectre de la voix entre $50Hz$ et $15kHz$, quels sont les indices de modulation associés à ce signal ?
4. Tracer le spectre du signal image+son à la fréquence intermédiaire. Quel doit-être l'espacement minimal entre deux canaux d'émission ?
5. Proposer un schéma bloc simple permettant, à partie du signal vidéo total, d'obtenir les deux voies image et son démodulées.

1. voir figure ci-contre.
2. $f_{LO} = FI + f_v = 646{,}15MHz$

   $f_{im} = f_v + 2FI = 685{,}05MHz$.
3. $\beta_{\min} = \dfrac{\Delta f}{f_{\max}} = 3{,}34$, $\beta_{\max} = 1000$.
3. Espacement minimal entre 2 canaux $\cong 7MHz$.

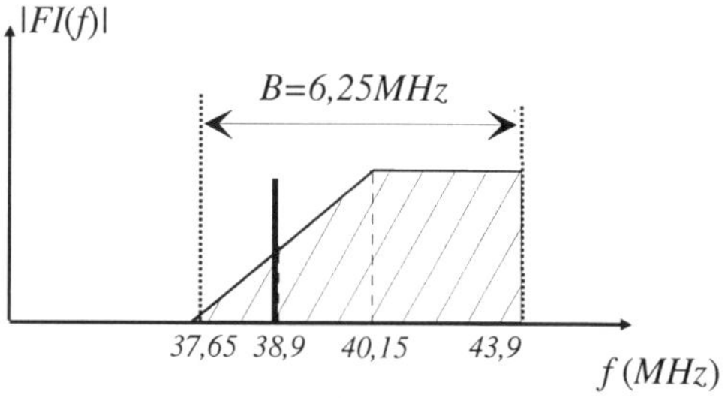

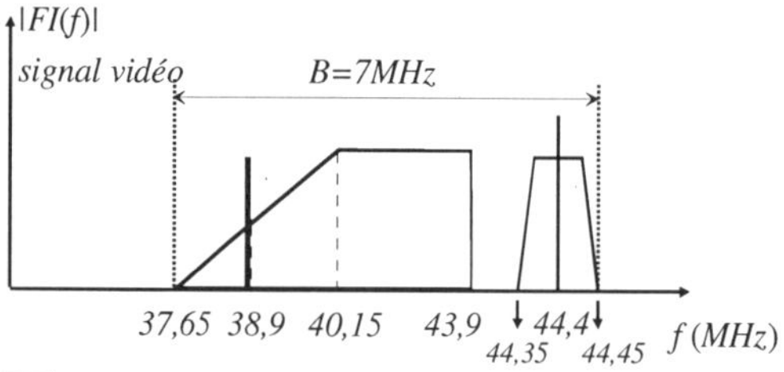

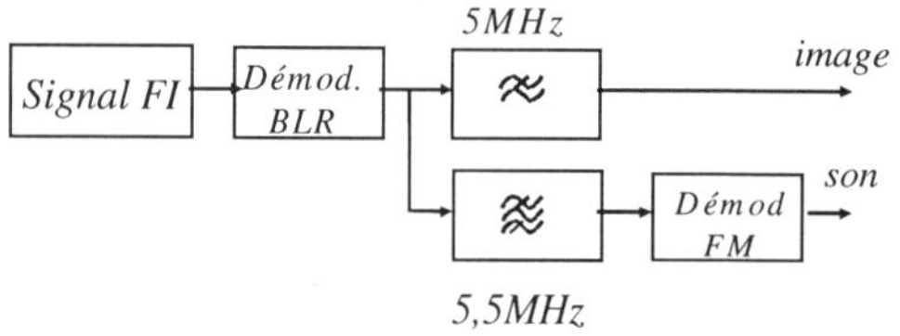

7-8

Soit un synthétiseur de fréquence représenté sur la figure 7-40. On souhaite que le signal de sortie soit à la fréquence de $f_{out} = 100\,MHz$.

1. Calculer N si $f_r = 10kHz$.
2. Lorsque la boucle est verrouillée , calculer M.
3. Si le signal de sortie est à la fréquence f_{out} telle que $87{,}5\,MHz < f_{out} < 108\,MHz$, calculer la plage de variation correspondante pour M. Par quel procédé le faire varier ?

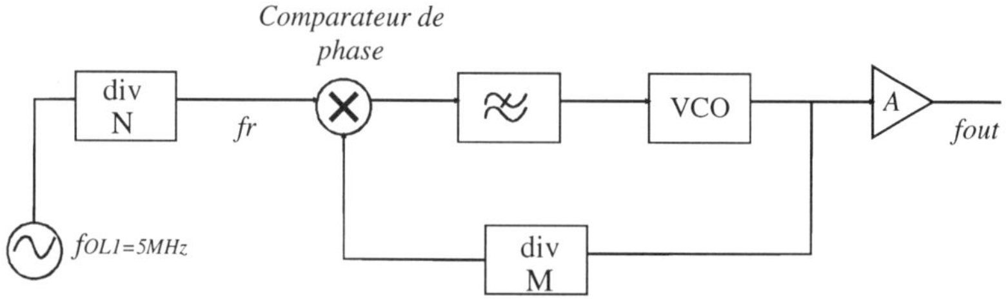

Figure 7-40

Afin de transformer ce synthétiseur en un modulateur FM pour un signal de sortie dont la fréquence est f_{out}, on superpose à la tension de sortie du filtre passe-bas la tension modulante $m(t)$ (Figure 7-41).

4. Si $m(t)$ est tel que $f_{\min} = 50Hz$ et $f_{\max} = 15kHz$, calculer les indices de modulation du signal de sortie correspondant à une déviation maximale de fréquence souhaitée égale à $75kHz$. Le signal est-il NFM ou WFM ?
5. Même question pour le signal en sortie du diviseur par M pour $f_{out} = 100\,MHz$. Quel est alors le rôle supplémentaire de ce diviseur par rapport à celui de la figure 7-40 ?
6. Pourquoi ne module-t-on pas directement le VCO pour obtenir ce signal mais utilise-t-on une PLL montée en synthétiseur de fréquence ?
7.

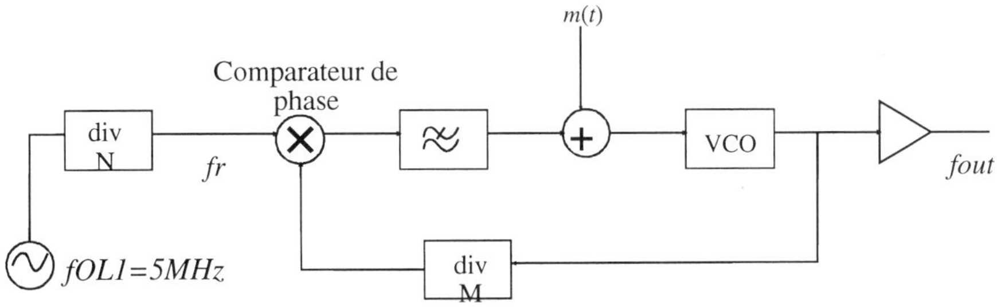

Figure 7-41

On peut améliorer le modulateur précédent en utilisant le circuit de la figure 7-42.

8. Si la fréquence intermédiaire est fixée à $10{,}7\,MHz$, calculer la valeur de M.
9. Donner la plage de variation de f_{OL2} pour obtenir un signal de sortie défini en précédemment.
10. Quel est le rôle du filtre passe-bande ?
11. Quels sont les avantages de l'utilisation de ce modulateur par rapport à celui de la figure 7-41 ?

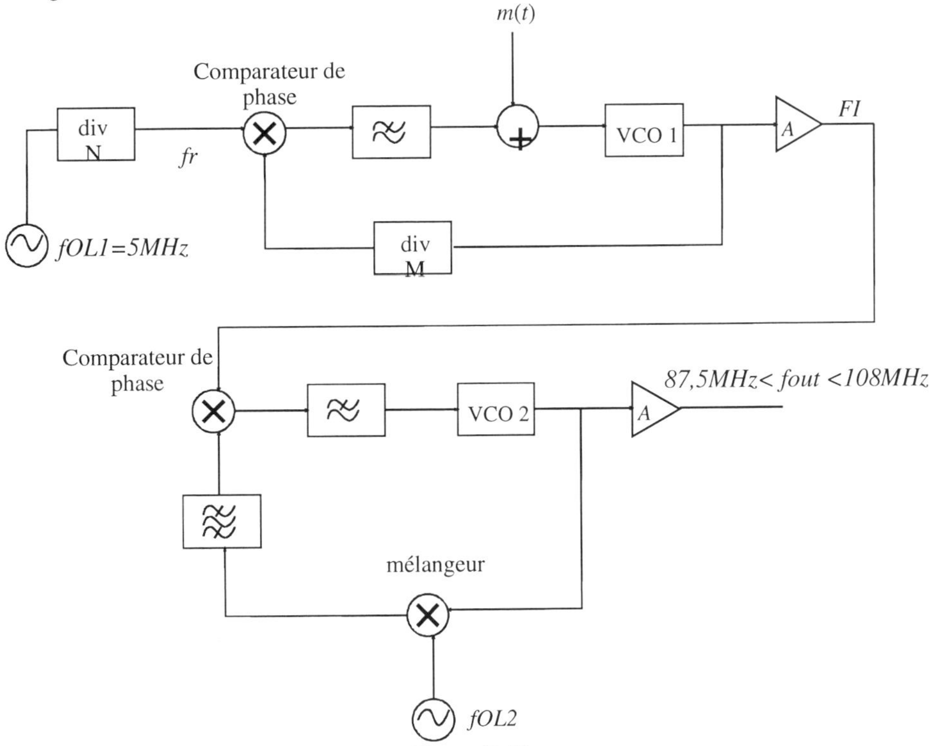

Figure 7-42

1. $f_r = f_{OL1} / N$ soit $N = 500$.
2. Boucle verrouillée donc $f_{out} / M = f_r$ soit $M = 10000$.
3. $87{,}5\,MHz < f_{out} < 108\,MHz$ soit $8750 < M < 10800$. Variation par processeur ou roues codeuses.
4. $\beta_{\min} = 5$, $\beta_{\max} = 1500$. Signal WFM.
5. En sortie du diviseur, Δf est divisée par M soit $\beta_{\min} = 0{,}5.10^{-3}$, $\beta_{\max} = 0{,}15$. Signal NFM. Le signal étant NFM en sortie du diviseur, la boucle s'accroche et maintient facilement la fréquence du signal de sortie à sa valeur nominale.

6. Modulation directe du VCO implique une mauvaise stabilité de sa fréquence d'auto-oscillation. La PLL permet de maintenir une fréquence porteuse stable, même avec une fréquence instantanée modulée.
7. $f_r = FI / M$ soit $M = 1070$.
8. $f_{mél} = f_{out} - f_{OL2}$. Lorsque la boucle est verrouillée $f_{mél} = FI = 10{,}7\,MHz$. On en déduit $76{,}8\,MHz < f_{OL2} < 97{,}3\,MHz$.
9. Le filtre passe-bande permet de rejeter les fréquences d'intermodulation des harmoniques de f_{out} et f_{OL2} ainsi que la fréquence image de f_{out}.
10. Le VCO fonctionne à fréquence fixe beaucoup plus basse que la fréquence de sortie : très bonne linéarité. La modification de canal (récepteur) s'effectue très simplement par changement de la fréquence de l'oscillateur local.

Chapitre 8

Transmission d'un signal numérique sur fréquence porteuse

La transmission d'un signal numérique peut se faire par un codage en bande de base comme décrit dans le chapitre 5. L'encombrement spectral de tels signaux est théoriquement infini mais il est possible, par un filtrage approprié (filtrage de Nyquist), de le réduire efficacement. La bande de fréquence occupée par un signal numérique en bande de base dépend du type de codage utilisé et du débit de symboles (débit en bauds) adopté.
Il est parfois nécessaire de transposer le spectre du signal à transmettre à l'aide d'une modulation. Comme dans le cas de la transmission de signaux analogiques (voir chapitre 7), il s'agit :
- d'adapter le signal émis à la bande passante du support de transmission (par exemple, dans le cas de transmissions hertziennes, mais aussi dans le cas de transmissions sur lignes téléphoniques ou sur fibres optiques),
- de permettre le multiplexage fréquentiel (mêmes applications).

1. Introduction

1.1. Définition

Deux méthodes peuvent être utilisées pour aborder l'étude des transmissions numériques sur fréquence porteuse.
On peut, comme dans le chapitre 5, considérer le signal modulé comme une suite d'impulsions décalées dans le temps. Dans ce cas, les impulsions ne sont plus rectangulaires mais sinusoïdales.
Il est également possible de considérer les signaux étudiés dans le chapitre 7 en remplaçant le signal modulant analogique de spectre borné par un signal discret de spectre, par conséquent, infini. Les résultats du chapitre 5 concernant le filtrage (réduction de la bande passante) des signaux en bande de base sont, là encore, applicables. Ils permettent ici de réduire la bande passante du signal modulant.

Le signal numérique résultant d'une modulation $s(t)$ vaut, dans le cas général :

$$s(t) = \sum_{k=-\infty}^{+\infty} A_k \, cos(2\pi f_k t + \varphi_k).h(t - kT) \qquad (8\text{-}1)$$

L'impulsion $h(t)$ est donnée par la figure 8-1 :

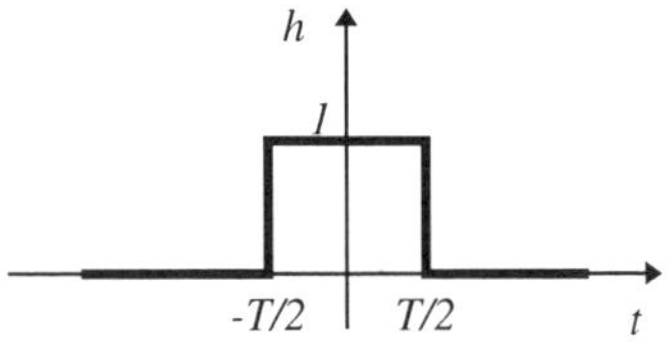

Figure 8-1

Les valeurs de A_k, f_k et φ_k dépendent du symbole à transmettre. Elles ont un nombre fini de valeurs possibles.

Comme dans le chapitre 7, modulations d'amplitude, de fréquence et de phase sont utilisées. On rencontre également une combinaison de modulation de phase et d'amplitude assimilable à une modulation d'amplitude de deux ondes en quadrature.

Les transmissions en bande de base utilisent souvent des signaux binaires. Deux symboles différents sont disponibles ("0" et "1"). Dans ce cas, le débit binaire est égal à la période d'émission des symboles.

Dans le cas d'une transmission numérique par modulation de porteuse, il est fréquent d'utiliser v symboles avec $v \geq 2$, (équation 4-7).

1.2. Constellations

Il est possible de représenter l'onde associée à chaque symbole dans le plan complexe en utilisant la représentation de Fresnel. Celle-ci associe à une onde sinusoïdale un vecteur dont les coordonnées polaires sont respectivement la valeur efficace et la phase de l'onde.

La constellation associée à deux symboles S_1 et S_2 est donnée figure 8-2. La modulation associée n'est pas une modulation de fréquence puisque les points sont fixes (la fréquence de l'onde associée à chaque symbole correspond à la fréquence de référence de la représentation de Fresnel).

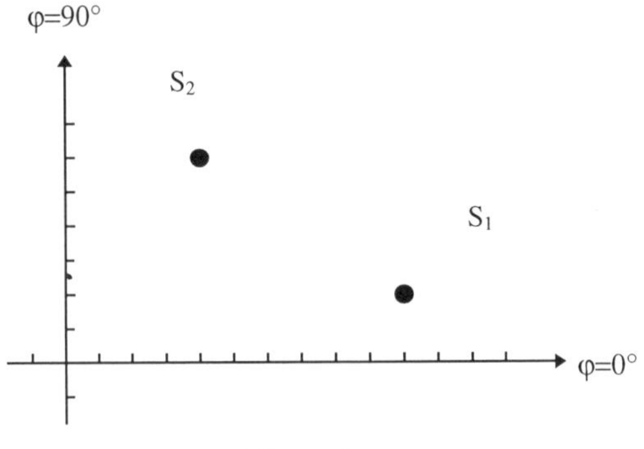

Figure 8-2

Dans le cas d'un signal réel, du bruit s'ajoute à l'onde associée à chaque symbole. Le bruit peut être représenté sous la forme d'un vecteur de Fresnel de module et de phase aléatoires.

Chaque symbole n'est plus représenté par un point unique mais par un nuage de points plus ou moins étendu selon la valeur efficace du bruit.

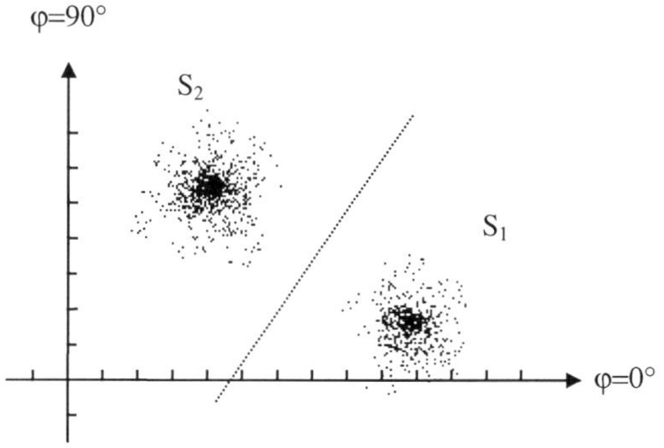

Figure 8-3

Si l'intensité du bruit est trop importante, il est possible qu'un point appartenant, par exemple, au nuage de S_2 soit plus proche de S_1 que de S_2. Dans ce cas, le signal peut être interprété, par erreur, comme correspondant à S_1.

Le taux d'erreur observé au cours d'une transmission est donc fonction :
- de la valeur efficace du bruit additif présent,
- de la distance minimale séparant chaque point de la constellation.

Ce résultat, facile à utiliser, est conforme à la définition de Shannon de la capacité d'un canal (équation 4-9).

Dans la pratique, cependant, la distance entre les points d'une même constellation n'est pas toujours le critère le plus approprié pour évaluer les taux d'erreurs. Il faut également tenir compte du type de démodulation (synchrone ou asynchrone), du système de décision (mesure des coordonnées cartésiennes ou polaires des points représentant chaque symbole), de la forme du bruit (qui n'est généralement pas seulement additif), du type de codage utilisé pour chaque mot binaire etc.

D'une manière générale, le message à transmettre est souvent codé à l'aide d'un code de Gray. Ainsi, deux points voisins de la constellation ne diffèrent que d'un seul bit. De cette façon, à la réception du signal, un choix erroné entre deux phases voisines induit une erreur sur un seul bit à la fois.

2. Modulations ASK

2.1. Présentation

Les modulations ASK (Amplitude Shift Keying - modulation à saut d'amplitude) sont des modulations d'amplitude d'une onde sinusoïdale. Chaque symbole correspond à une amplitude, la fréquence étant la même pour tous les symboles.

Un signal ASK peut s'écrire d'une manière générale sous la forme :

$$s(t) = \sum_{k=-\infty}^{+\infty} A_k \cos(2\pi f_0 t).h(t - kT) \qquad (8\text{-}2)$$

2.2. Cas de la modulation OOK

La modulation OOK (On Off Keying - *modulation par tout ou rien*) est le cas le plus simple (et également le plus courant) de modulation ASK. C'est une modulation binaire. Les deux amplitudes possibles pour la porteuse sont :

- $A_k = A$ (par exemple pour le symbole "1")
- $A_k = 0$ *(par exemple pour le symbole "0")*

L'allure d'un signal correspondant à cette modulation est présentée figure 8-4 :

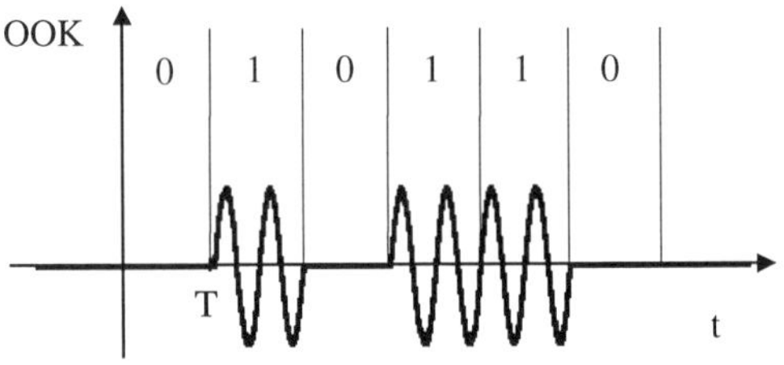

Figure 8-4

Cette modulation est essentiellement utilisée dans les transmissions optiques. Elle pose un problème de synchronisation puisque le récepteur ne peut faire la différence entre une suite de "0" et l'absence de tout signal.
Ce problème peut être résolu dans le cas de transmissions synchrones (transmission de l'horloge sur un autre canal).

2.3. Caractéristiques

Une modulation d'amplitude numérique de valence v correspond au produit d'un signal NRZ à N symboles par une porteuse de fréquence fixe. Le spectre du signal résultant est donc un déplacement du spectre du signal NRZ autour de la fréquence de la porteuse.
Si on note F_s le débit en baud du signal numérique ou rapidité de modulation et B la bande de fréquence occupée par le premier lobe du spectre d'amplitude (voir chapitre 5), on a la relation :

$$B = 2 \cdot F_s \quad (8\text{-}3)$$

En notant A_p l'amplitude maximale de la porteuse, le spectre obtenu est le suivant :

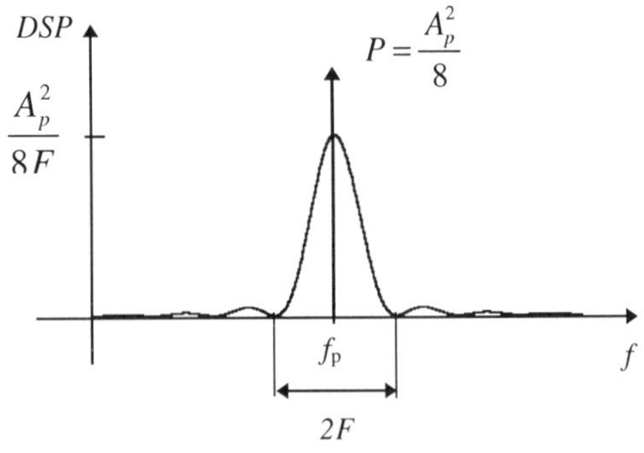

Figure 8-5

2.4. Modulation – Démodulation

Considérons ici que la plupart des applications de la modulation ASK sont les modulations de type OOK utilisées lors des transmissions optiques. Les problèmes de la modulation et de la démodulation sont alors directement liés à la nature des émetteurs / récepteurs utilisés (voir chapitre 4). Mentionnons simplement que la lumière (même issue d'une diode laser) est par nature incohérente et qu'il n'est pas possible d'effectuer une démodulation synchrone au niveau de la porteuse (par contre, on synchronisera le récepteur au niveau des symboles reçus).

3. Modulations FSK

3.1. Présentation

Les modulations FSK (Frequency Shift Keying - modulation à saut de fréquence) sont des modulations de fréquence d'une onde sinusoïdale. Chaque symbole correspond à une fréquence, l'amplitude étant la même pour tous les symboles.

Un signal FSK s'écrit d'une manière générale sous la forme :

$$s(t) = \sum_{k=-\infty}^{+\infty} A_0 \cos(2\pi f_k t + \varphi_0).h(t - kT) \tag{8-4}$$

L'exemple de la figure 8-6 est une modulation binaire.

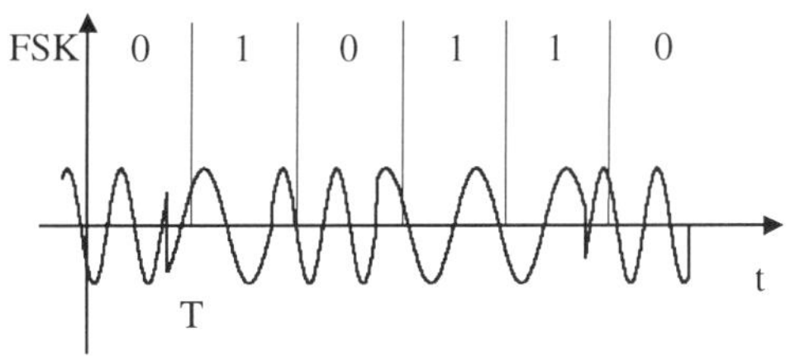

Figure 8-6

Notons f_0 la fréquence associée au symbole "0" et f_1 la fréquence associée au symbole "1".

$F_s = \dfrac{1}{T}$ est la rapidité de modulation et correspond au débit binaire transmis.

On définit l'indice de modulation par le coefficient x :

$$x = \frac{|f_0 - f_1|}{F_s} \tag{8-5}$$

En pratique, les modulateurs FSK sont conçus de telle sorte que la phase des signaux associés aux différents symboles soit continue. La phase φ_0 de l'équation (8-6) est alors remplacée par une phase φ_k qui dépend du symbole émis. On obtient la figure 8-7, si on garde les fréquences de l'exemple précédent.

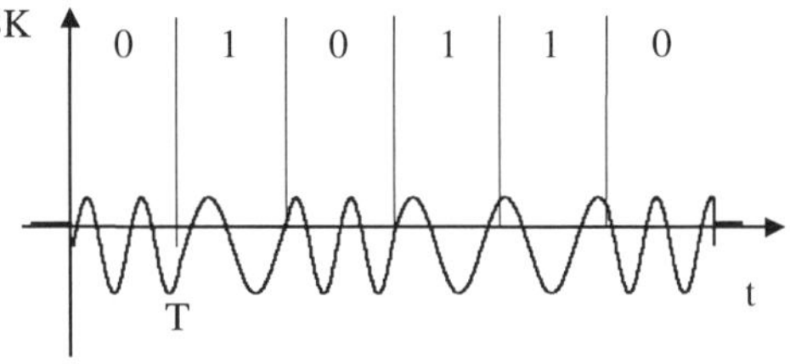

Figure 8-7

L'intérêt est surtout une réduction de l'encombrement spectral (diminution des composantes de fréquences élevées liées aux sauts de phases entre deux symboles).

3.2. Caractéristiques

Le spectre d'une modulation FSK à phase discontinue est plus facile à représenter que celui d'une modulation de fréquence par un signal analogique.

Prenons le cas le plus courant d'une modulation FSK binaire. Appelons f_0 et f_1 les fréquences correspondant respectivement aux symboles "0" et "1". Il est possible de décomposer le signal résultant de la modulation FSK en une somme de deux signaux de type OOK dont l'un serait à la fréquence f_0 et l'autre à la fréquence f_1. Le spectre résultant est, par conséquent, la somme des spectres de chaque signal OOK dont l'étude a été faite dans le paragraphe 2.3.

La figure 8-8 représente le spectre d'un signal FSK binaire à phase discontinue. Les valeurs numériques utilisées sont f_0 = 1300 Hz, f_1 = 2100 Hz (soit une fréquence centrale de 1700 Hz), amplitude A = 1 V. Le débit binaire est de 600 bit/s, l'indice de modulation vaut x = 1,33 .

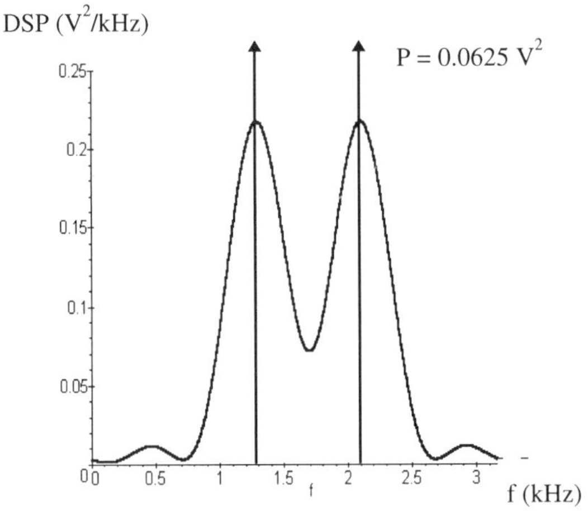

Figure 8-8

Dans le cas de modulations FSK à phase continue, le calcul est plus complexe. les résultats pour différents indices de modulations sont présentés sur les figures 8-9 à 8-12. Pour chaque figure, le débit binaire est le même (600 bit/s) ainsi que l'amplitude (A = 1 V) et la fréquence centrale (1700 Hz).

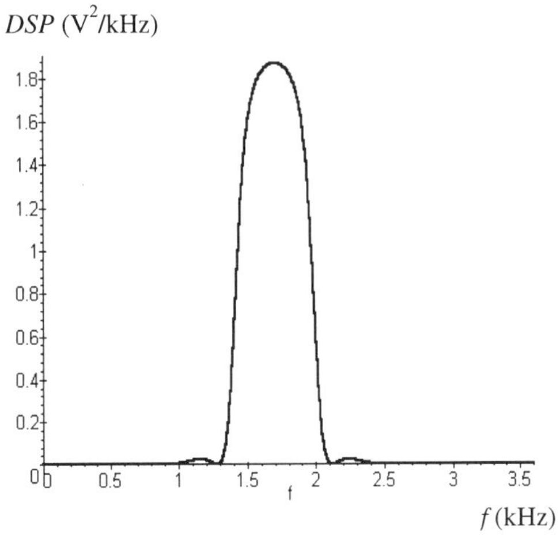

Figure 8-9 $x = 0{,}6$

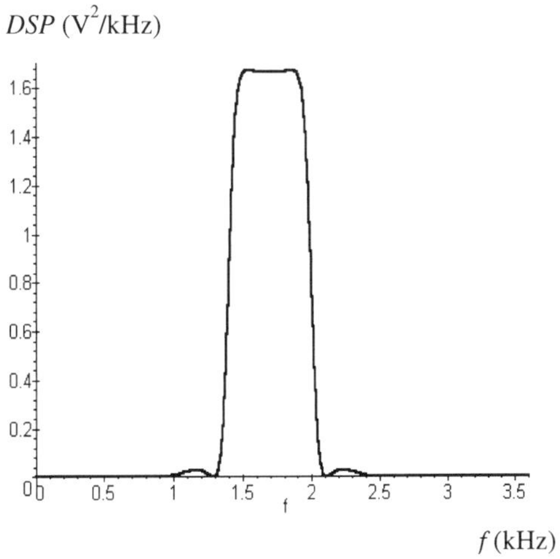

Figure 8-10 $x = 2/\pi = 0{,}637$

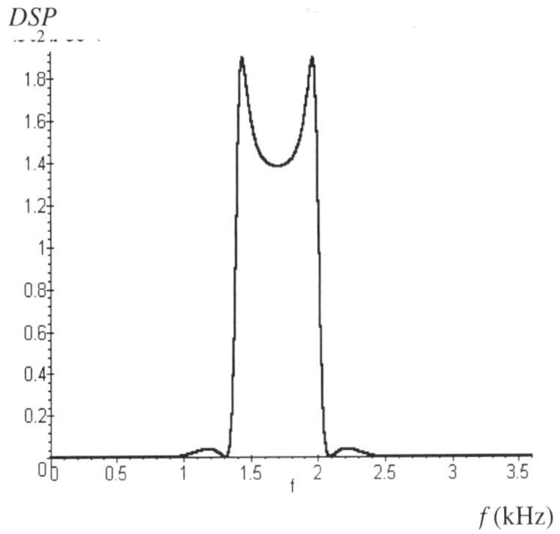

Figure 8-11 $x = 0{,}7$

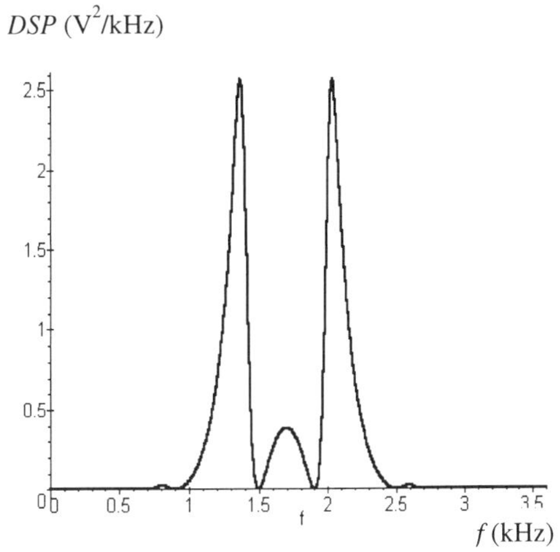

Figure 8-12 $x = 1{,}33$

3.3. Modulation à saut minimal (MSK)

La modulation MSK (Minimum Shift Keying pour modulation à saut minimal) est une modulation de fréquence binaire telle que l'écart entre les deux fréquences f_0 et f_1 est le plus faible possible. L'indice de modulation choisi est $x = 0.5$. On montre, en effet, qu'en dessous de cette valeur, le signal ne peut être démodulé : le temps correspondant à un symbole, noté $T = 1/F_b$, n'est pas suffisant pour permettre de différencier f_0 de f_1.

Dans le cas de la modulation MSK, les ondes correspondant à chacun des symboles sont synchronisées avec l'horloge d'émission des symboles (Figure 8-13).

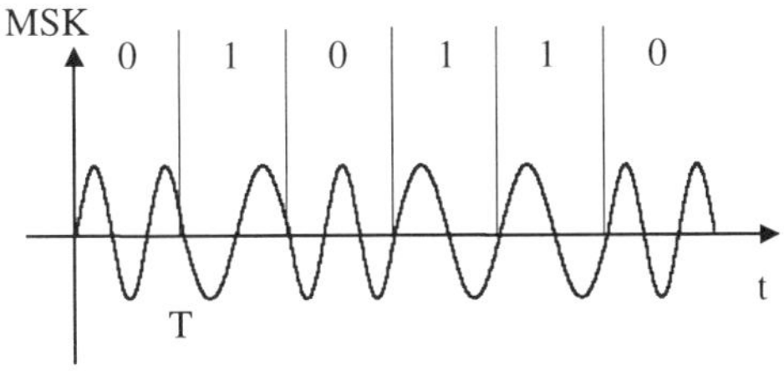

Figure 8-13

La modulation MSK peut être interprétée de plusieurs façons :
- modulation FSK d'indice de modulation égale à 1/2,
- modulation de type QPSK (PSK à quatre symboles - voir paragraphe 4.) avec variation continue et linéaire de la phase tout au long de l'émission de chaque symbole,
- modulation QAM avec amplitude variant selon une sinusoïde.

3.4. Modulation – démodulation

a) Modulation

La modulation FSK à phase discontinue s'obtient facilement à l'aide d'oscillateurs à fréquence fixe. Chaque oscillateur est couplé à la ligne lorsque le symbole qui lui correspond est émis.

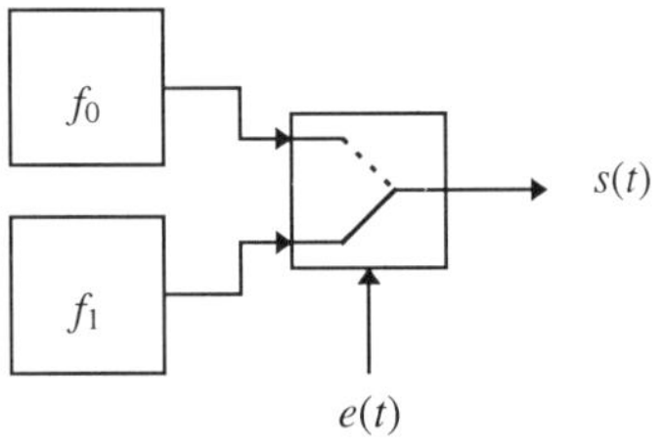

Figure 8-14

Dans le cas d'une modulation FSK à phase continue, on utilise un oscillateur commandé en tension (OCT ou VCO pour Voltage Controlled Oscillator en anglais) dont le signal de commande correspond au train de bits à transmettre.

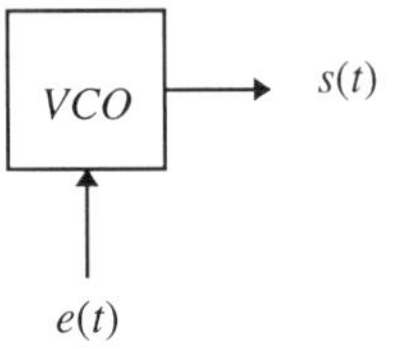

Figure 8-15

b) Démodulation

Deux types de démodulateurs peuvent être utilisés :

- Le premier est un démodulateur non cohérent. Son principe est très simple : un filtrage passe bande permet la discrimination des signaux en fonction de leur fréquence. Une détection d'enveloppe suivie d'une comparaison permet de choisir le signal le plus élevé.

Le bloc "décision" (comparateur) a pour fonction la génération du signal binaire démodulé. Comme dans le chapitre 5, il peut être commandé par une horloge synchronisée sur la fréquence d'émission des symboles. Cette horloge permet de minimiser l'interférence intersymbole. Elle peut être rencontrée dans tous les blocs de ce type décrits dans ce chapitre.

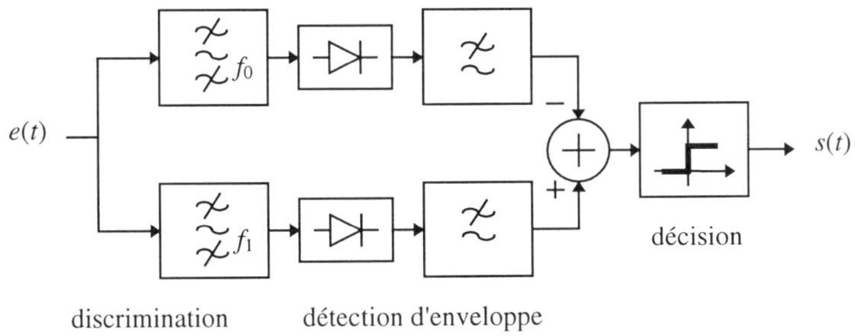

Figure 8-16

- La deuxième solution fait appel à un démodulateur synchrone ou cohérent. Il suppose une connaissance exacte de la phase du signal à démoduler. Il permet de démoduler des signaux dont l'indice de modulation et, par conséquent, l'encombrement spectral sont plus faibles.

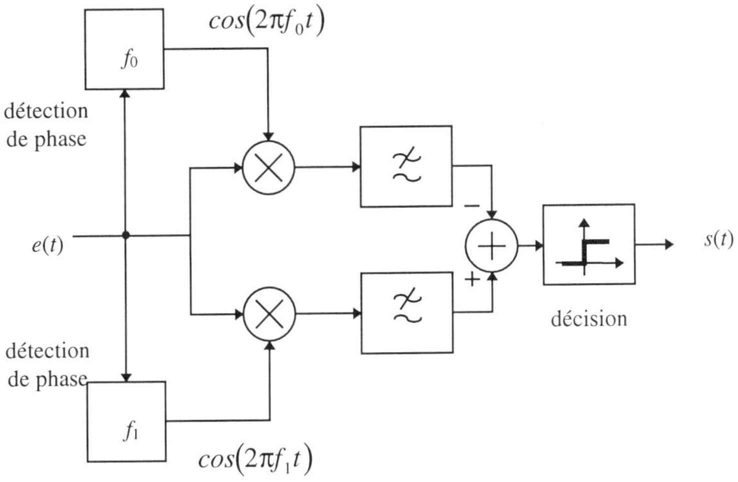

Figure 8-17

4. Modulations PSK

4.1. Présentation

Les modulations PSK (Phase Shift Keying - modulation à saut de phase) sont des modulations de phase d'une onde sinusoïdale. Chaque symbole correspond à une phase particulière d'un signal de fréquence et d'amplitude constante.
Un signal PSK s'écrit d'une manière générale sous la forme :

$$s(t) = \sum_{k=-\infty}^{+\infty} A_0 \, cos(2\pi f_0 t + \varphi_k).h(t - kT) \qquad (8\text{-}7)$$

L'exemple ci-dessous (appelé modulation BPSK pour Binary PSK) concerne un signal à deux symboles :
- $\varphi_k = 0$ par exemple pour le symbole "1".
- $\varphi_k = \pi$ par exemple pour le symbole "0".

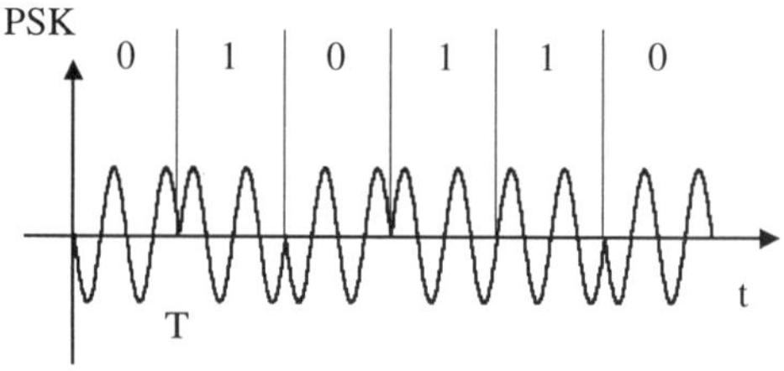

Figure 8-18

Evidemment, on remarque qu'il est possible de parler de modulation d'amplitude, le signal modulant étant alors un signal de type NRZ bipolaire.

4.2. Caractéristiques

Les modulations PSK utilisent généralement de deux à huit états. A partir de seize états, il est plus efficace d'utiliser la modulation QAM (voir paragraphe 5).
Dans le cas d'une modulation PSK à huit symboles, par exemple, chaque symbole, codé sur 3 bits, est associé à une variation de phase multiple de $\frac{\pi}{4}$. Le codage utilise le code de Gray. Ainsi, une erreur d'interprétation sur un symbole provoque une erreur d'un seul bit.

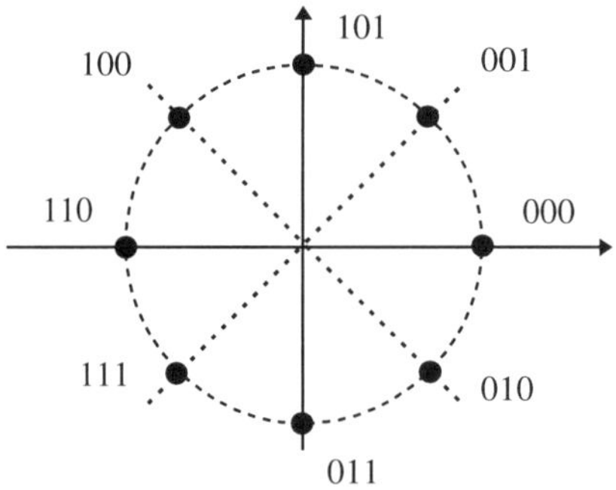

Figure 8-19

Le spectre d'un signal issu d'une modulation PSK est obtenu selon le même principe que celui de la modulation FSK à phase continue. Un signal PSK à ν symboles peut être considéré comme une superposition de ν signaux OOK déphasés les uns par rapport aux autres. La seule différence entre les spectres de ces deux signaux est l'absence de raie à la fréquence de la porteuse pour la modulation PSK (cas général où les symboles sont équiprobables et les phases uniformément réparties entre 0 et 2π). Cette caractéristique rend inapplicable la récupération de porteuse par simple boucle à verrouillage de phase.

4.3. Modulation – Démodulation

Dans le cas général, le schéma de principe des modulateurs et démodulateurs PSK sont les mêmes que ceux des modulateurs et démodulateurs QAM (voir le paragraphe 5.3).
Le modulateur BPSK est cependant plus facile à réaliser puisqu'il suffit de multiplier la porteuse par "+1" ou "-1" selon le bit à transmettre. On prendra, par exemple, "+1" lorsque le bit à transmettre vaut 1 et "-1" lorsque le bit à transmettre vaut 0.

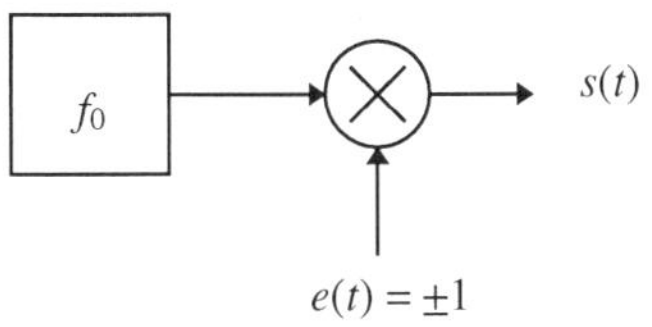

Figure 8-20

Le démodulateur est plus complexe, puisque la démodulation est obligatoirement cohérente.

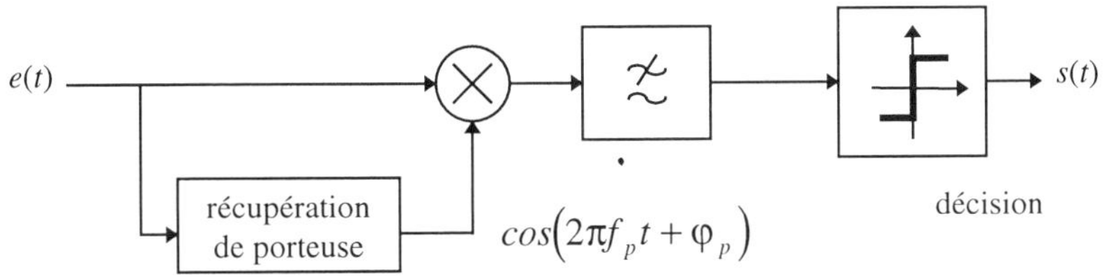

Figure 8-21

Le bloc "récupération de porteuse" a pour fonction la génération d'un signal sinusoïdal en phase avec l'onde porteuse. Il est décrit figure 8-32.
Cette détection se fait modulo π ce qui laisse une ambiguïté sur le signe du signal issu du filtre passe bas. Elle peut être levée par la connaissance de la valeur du premier bit émis.

4.4. Modulation DPSK

La démodulation PSK nécessite une connaissance précise de la phase de la porteuse. Il est nécessaire d'insérer dans le message modulé des signaux de synchronisation rendant possible une démodulation cohérente.
La modulation par déplacement de phase différentielle (DPSK pour Differential Phase Shift Keying) évite ce problème. La phase de chaque symbole n'est pas déterminée à partir d'une référence absolue (porteuse) mais à partir de la phase du symbole précédent. Par exemple, pour une modulation à deux symboles :
- $\varphi_k = \varphi_{k-1}$ par exemple pour le symbole "1".
- $\varphi_k = \varphi_{k-1} + \pi$ par exemple pour le symbole "0".

Le premier bit transmis sert de référence de phase. Il ne peut transmettre d'information.
La modulation DPSK est plus simple à réaliser que la modulation PSK. En cas de transmission par câble bifilaire, elle ne dépend pas du sens de connexion des fils. Elle est donc utilisée dans les modems téléphoniques à deux fils. Le modulateur DPSK suit le même principe que le modulateur PSK. Le codeur (Figure 8-26) comprend alors un codeur différentiel.

La démodulation d'un signal DPSK est plus facile que la démodulation d'un signal PSK. En effet, il n'est pas nécessaire de reconstituer la phase exacte de la porteuse. Seule la différence de phase entre un symbole et le symbole précédent est utilisée. La démodulation d'un signal DPSK a l'avantage de pouvoir être asynchrone. Le démodulateur (Figure 8-22) est utilisé pour démoduler un signal DPSK binaire. Le retard T correspond à la période d'émission des symboles.

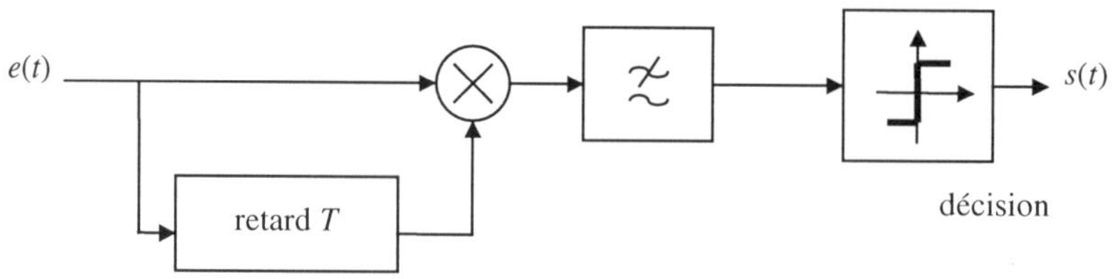

Figure 8-22

5. Modulations QAM

5.1. Présentation

Les modulations d'amplitude de deux ondes en quadrature (MAQ ou QAM - pour Quadrature Amplitude Modulation) combinent modulation d'amplitude et modulation de phase. L'information étant codée à partir de deux grandeurs distinctes, cette modulation est avantageuse à partir de 8 symboles.
Un signal QAM s'écrit d'une manière générale sous la forme :

$$s(t) = \sum_{k=-\infty}^{+\infty} A_k \, cos(2\pi f_0 t + \varphi_k).h(t - kT) \qquad (8\text{-}8)$$

Considérons l'onde correspondant au k^{ème} symbole émis et notée : $s_k(t) = A_k \, cos(2\pi f_0 t + \varphi_k)$. Elle peut s'écrire :

$$s_k(t) = A_k^1 \, cos(2\pi f_0 t) + A_k^2 \, sin(2\pi f_0 t) \text{ avec } A_k^1 = A_k \, cos(\varphi_k) \text{ et } A_k^2 = A_k \, sin(\varphi_k) \qquad (8\text{-}9)$$

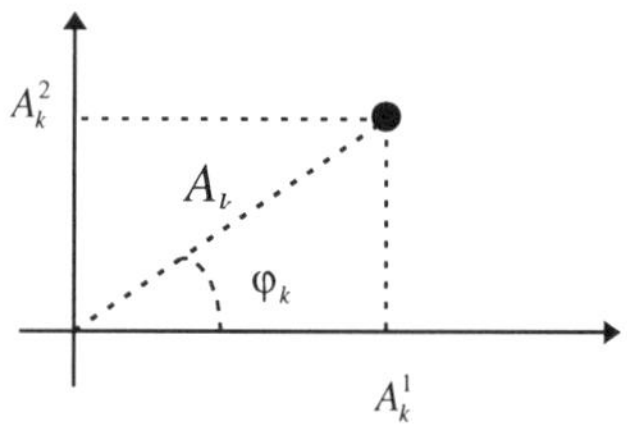

Figure 8-23

L'onde $s_k(t)$ est, par conséquent, la somme de deux ondes en quadrature, ce qui justifie la dénomination.
En considérant $A_k = A_0$ constant, on peut remarquer que toute modulation de phase PSK peut être considérée comme une modulation d'amplitude de deux ondes en quadrature.

5.2. Caractéristiques

L'exemple représenté figure 8-24 et figure 8-25, emprunté à la recommandation V29 de l'ITU-T, concerne un signal à 16 symboles.
Chaque symbole est codé sur 4 bits notés Q_1, Q_2, Q_3 et Q_4. Q_1 est le bit transmis le premier, Q_4 est le dernier. Le bit Q_1 est associé à l'amplitude du signal à transmettre. Pour chaque phase, deux amplitudes sont possibles : $Q_1 = 0$ est associé à l'amplitude la plus faible, $Q_1 = 1$ est associé à l'amplitude la plus élevée. Q_2, Q_3 et Q_4 sont associés à la phase du signal à l'aide d'un code différentiel (voir modulation DPSK) :

Q_2	Q_3	Q_4	Changement de phase
0	0	1	0 °
0	0	0	45 °
0	1	0	90 °
0	1	1	135 °
1	1	1	180 °
1	1	0	225 °
1	0	0	270 °
1	0	1	315 °

Figure 8-24

Le diagramme figure 8-25 représente la constellation des symboles après codage. L'échelle des amplitudes n'est pas précisée, elle dépend évidemment de la puissance du signal émis.

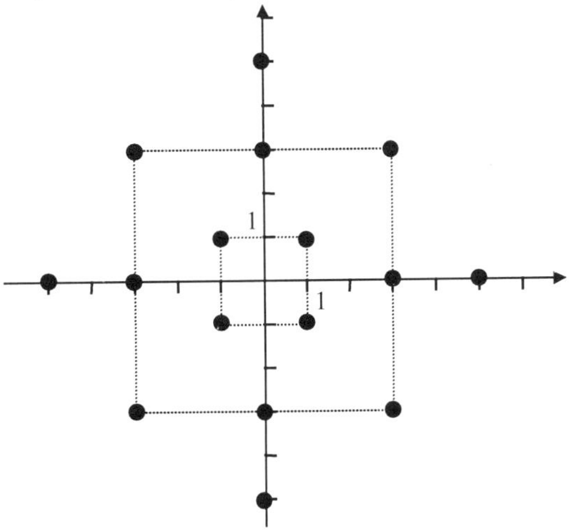

Figure 8-25

Comme dans le cas de la modulation PSK, le spectre du signal issu d'une modulation QAM s'obtient simplement à partir de celui du signal OOK. En effet, chaque symbole correspond à un signal OOK de phase et d'amplitude particulières. La densité spectrale de puissance s'obtient par la somme des densités spectrales de puissance correspondant à chaque symbole.

5.3. Modulation – Démodulation

Il y a deux manières de réaliser une modulation QAM :

- La première solution considère qu'il s'agit d'une modulation d'amplitude et de phase. La réalisation combine alors ces deux procédés. Cette méthode est utilisée lorsque les points de la constellation sont associés à un nombre limité de phases et d'amplitudes (c'est le cas, par exemple, pour le signal représenté figure 8-25).

- La deuxième solution consiste à moduler séparément en amplitude deux porteuses en quadrature. Le signal résultant est la somme des deux. Cette méthode est d'autant plus intéressante que les points de la constellation correspondent à un nombre limité d'abscisses et d'ordonnées. Cette dernière solution est la plus facile à mettre en oeuvre et la plus couramment employée. Le modulateur est représenté à la figure 8-26.

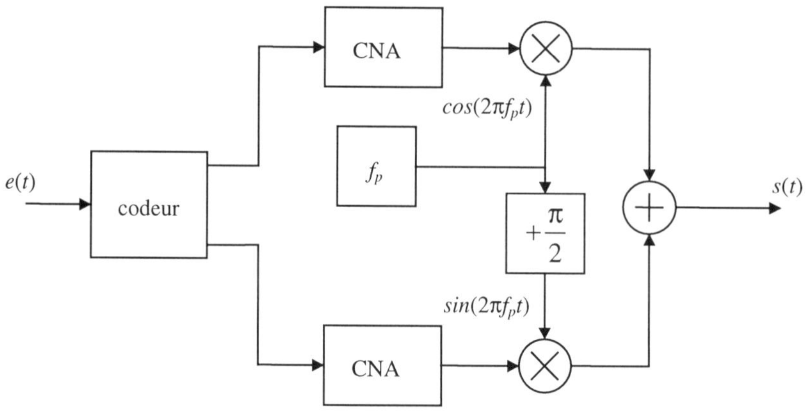

Figure 8-26

La partie appelée "codeur" associe deux valeurs numériques à chaque symbole de n bits (cas d'une modulation à $v = 2^n$ états). L'une de ces valeurs correspond à l'abscisse du point correspondant au symbole sur la constellation. Le deuxième correspond à son ordonnée.

Considérons, par exemple, le cas d'une modulation à 16 états. Chaque symbole émis correspond à un mot de 4 bits. Il est possible de moduler l'une des deux porteuses à partir des deux premiers bits et l'autre par les deux derniers (Figure 8-27).

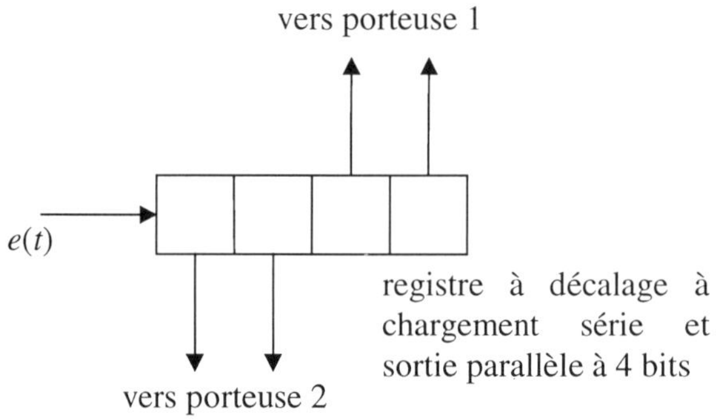

Figure 8-27

- *Remarque :*

Les codeurs introduisent souvent une redondance pour limiter les erreurs de transmission. Le nombre de bits en sortie du codeur est supérieur au nombre de bits en entrée. Cette augmentation du débit binaire se fait généralement par un codage convolutif.

Ce procédé, associé à une modulation QAM est utilisé dans les *modulations en treillis*. Le démodulateur est représenté à la figure 8-28.

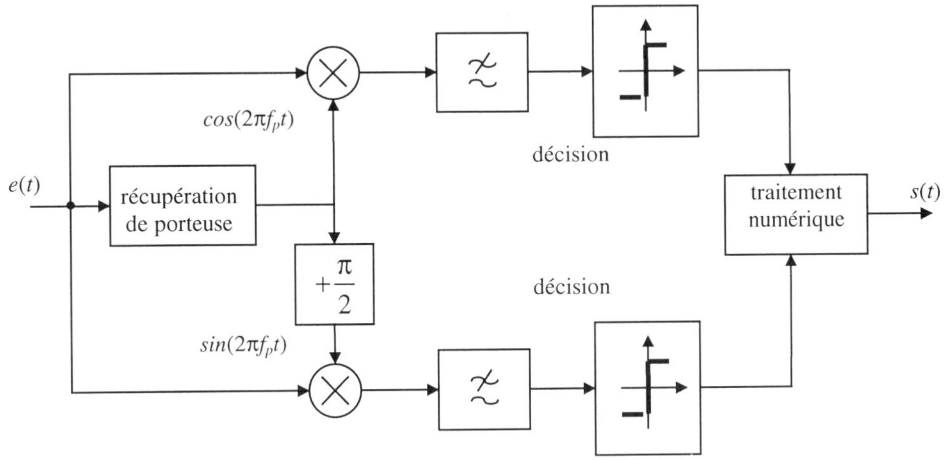

Figure 8-28

Le signal d'entrée est tout d'abord "projeté" sur chaque axe du repère de Fresnel construit à partir de la porteuse. Les blocs "décision" ont pour fonction la séparation des différents niveaux relevés sur chaque axe et attribuent un couple de coordonnée à chaque symbole reçu. Le bloc "traitement numérique" associe à chaque couple de coordonnées un symbole numérique codé en binaire.

- *Remarques :*

- Les schémas des figures 8-26 et 8-28 correspondent également aux modulateur et démodulateur PSK.
- La récupération de la phase de la porteuse pose les mêmes problèmes que pour la démodulation des signaux PSK. Là encore, le spectre ne contient aucune raie à la fréquence porteuse et il n'est pas possible d'utiliser directement une boucle à verrouillage de phase. Un procédé classique est la boucle de Costas (voir exercices).

6. Application : les modems

Les modems (abréviation de modulateur - démodulateur) permettent principalement le transfert de données numériques à travers le réseau téléphonique commuté ainsi que les lignes téléphoniques louées (à deux et quatre fils). La liaison entre un terminal (ETTD) et un modem (ETCD) se fait à travers une liaison V24.
On utilise également des modems dans le transfert de données entre radioamateurs (connexion du modem à l'entrée/sortie audio des émetteurs/récepteurs, par exemple), dans les liaisons numériques utilisant les réseaux de distribution de télévision câblée, etc.
Les modems sont des équipements devenus très courants depuis que la connexion individuelle au réseau Internet se développe. Comme tous les produits liés à l'informatique grand public, ils ont connu une évolution technique rapide. De nombreuses fonctionnalités implémentées il y a quelques années sous forme logicielle au niveau du terminal sont maintenant réalisées sous forme matérielle dans les modems (compression, détection d'erreurs...).
Le terme de "modem bande de base" est souvent utilisé pour désigner un "émetteur récepteur en bande de base" (ERBDB). On préférera ce dernier terme, moins ambigu. Le terme de modulation est en effet généralement associé à l'utilisation d'une onde porteuse, ce qui n'est pas le cas des ERBDB.

6.1. Architecture générale

L'architecture générale d'une liaison par modem comporte de nombreux points communs avec la liaison en bande de base décrite dans le chapitre 5. Elle est rappelée ci-dessous.

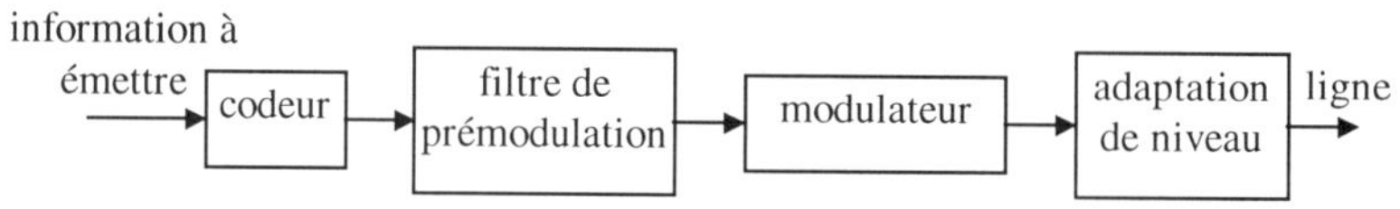

Figure 8-29

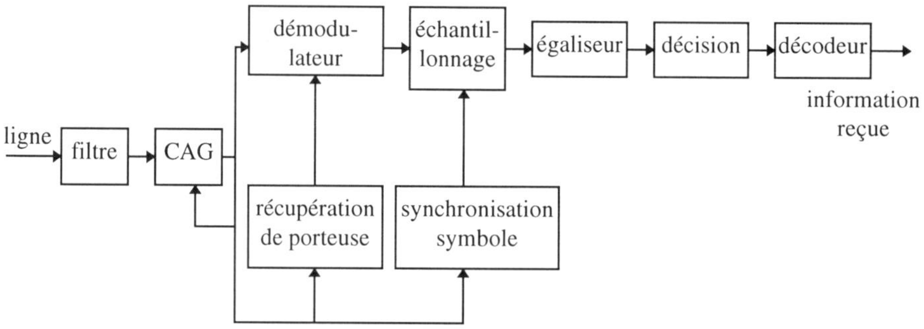

Figure 8-30

La plupart des fonctions implémentées ont été décrites dans les chapitres 5 et 7. Les parties propres à ce chapitre concernent évidemment la modulation. Cette description est sommaire et ne détaille pas les différentes fonctions citées ci-après.

6.2. Modes

a) Mode "simplex"

Le mode *simplex* désigne un fonctionnement unidirectionnel. Un modem est chargé d'émettre les données, l'autre de les recevoir.

b) Mode "semi-duplex"

Le mode *semi-duplex* (ou *half-duplex*) permet tour à tour à chaque modem d'émettre et de recevoir des données. Les transferts de données sont autorisés dans les deux sens mais jamais en même temps.

c) Mode "duplex simultané"

Le mode *duplex simultané* (ou *full-duplex*) désigne un fonctionnement bidirectionnel simultané. A tout moment, les deux modems peuvent recevoir et émettre des données. Cela est simple à réaliser sur une liaison spécialisée à quatre fils mais pose quelques problèmes spécifiques sur une liaison à deux fils.
Le mode duplex simultané peut être symétrique. Dans ce cas, les deux modems émettent au même rythme. Il arrive, cependant, que la liaison soit dissymétrique et offre des débits différents dans chaque sens. C'est typiquement le cas des liaisons entre un terminal et un serveur distant. Le débit nécessaire à la transmission de données issues d'un clavier est faible si on le compare au débit nécessaire au rafraîchissement de l'écran.

Une liaison bidirectionnelle simultanée peut être réalisée à l'aide d'un multiplexage en fréquence. L'établissement de la communication permet de désigner un modem appelant et un modem appelé. La répartition des fréquences se fait généralement ainsi : le modem appelant émet dans la bande de fréquences la plus basse et reçoit dans la bande la plus haute. Pour le modem appelé, c'est évidemment le contraire. L'inconvénient majeur de ce procédé est de diviser par deux la bande passante disponible pour chaque sens de transmission.
Il est également possible de simuler une liaison duplex simultanée à l'aide de modems semi-duplex équipés de mémoires tampon (buffers). Des procédures de contrôle de flux se chargent alors de commuter le sens de transmission des données selon les besoins. Le débit global de la liaison est, là encore, partagé entre chaque sens de transmission. Cette technique est peu performante dans le cas de transmissions sur le réseau téléphonique commuté à cause des temps de propagation qui ralentissent les changements de sens de transmission.
La méthode la plus efficace et la plus utilisée dans les modems à haut débit utilise l'annulation d'écho. Cette méthode permet de superposer sur une même paire de fils, au même instant et dans la même bande de fréquence un signal émis et un signal reçu.
Le principe est donné par le schéma ci-dessous.

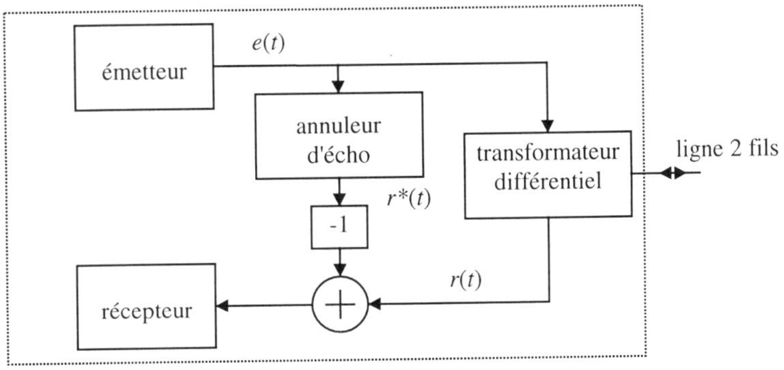

Figure 8-31

Le transformateur différentiel réalise l'interface entre la ligne 2 fils bi-directionnelle du réseau téléphonique et les deux circuits qui lui sont connectés (étage de sortie de l'émetteur d'une part, étage d'entrée du récepteur d'autre part). Il est, aujourd'hui, réalisé à l'aide de semi-conducteurs. Ce transformateur n'est pas parfait. $r(t)$ est appelé "écho". C'est la partie du signal $e(t)$ émise en direction du récepteur. $r(t)$ provient des imperfections du transformateur différentiel mais aussi des réflexions diverses issues du réseau.
L'annuleur d'écho réalise la synthèse du signal $r^*(t)$ à partir du signal émis $e(t)$ en synthétisant la fonction de transfert des éléments traversés par l'écho. Puisque ces éléments dépendent de chaque communication, l'annuleur d'écho doit s'adapter aux conditions de chaque communication (filtre numérique auto adaptatif).

6.3. Modulation

Toutes les modulations décrites dans ce chapitre sont utilisées dans les modems.
Les modems les plus rapides utilisent une modulation de type QAM avec codage en treillis des différents symboles.
Les taux d'erreurs de transmission sont notamment fonction de la qualité de la ligne et de la densité de points dans la constellation. Certains modems ajustent automatiquement, en fonction des évolutions momentanées de la qualité de la ligne, le nombre de symboles et, donc, le débit binaire fourni.

6.4. Brouillage

Les démodulateurs synchrones utilisent des boucles à verrouillage de phase asservies à la fréquence de l'onde porteuse. Cette détection de la porteuse risque de ne pas fonctionner dans le cas d'émission prolongée de bits (ou, plus généralement, de symboles) identiques.
Pour remédier à ce problème, on utilise des dispositifs appelés brouilleurs dont le fonctionnement est identique à ceux utilisés dans le cas des transmissions en bande de base.

6.5. Protocoles de transfert de données

Plusieurs protocoles de transfert de données peuvent être implémentés dans le modem lui-même. Ces protocoles complètent ou remplacent avantageusement les protocoles de transfert de fichier de type Xmodem.
Nous citerons ici les protocoles MNP (pour Microcom Networking Protocol) et LAP-M (Link Access Procedure for Modems). Ces protocoles effectuent la détection des erreurs grâce au calcul d'un code à redondance cyclique (CRC). En cas d'apparition d'erreurs, ils gèrent la réémission des trames erronées. Les protocoles MNP et LAP-M sont spécifiés dans les recommandations V42 et V42bis de l'ITU-T.

6.6. Compression de données

De nombreux modems intègrent un algorithme de compression de données. Il s'agit, le plus souvent, de l'algorithme LZ (pour Lempel et Ziv qui ont inventé cette technique).
Contrairement à certains algorithmes statistiques utilisés pour compresser des fichiers stockés, l'algorithme LZ n'a pas besoin de connaître l'ensemble des données à transmettre avant de commencer à fonctionner. Il effectue une compression des données "au vol", c'est-à-dire au fur et à mesure de leur apparition. Il s'agit, de plus, d'un algorithme efficace et rapide, aussi bien en compression qu'en décompression. Un algorithme de ce type est spécifié dans la recommandation V.42bis de l'ITU-T. Il permet alors des taux de compression de 3:1 à 4:1 pour des fichiers de texte.

6.7. Normes

Les modems permettent l'accès au réseau téléphonique commuté (RTC) ou à des liaisons spécialisées (LS). La série V de l'ITU-T regroupe l'ensemble des recommandations sur le sujet. Seules les principales sont regroupées dans le tableau ci-dessous.

Rec.	Mode	Débit (bit/s)	Modulation	Support	Réalisation du mode duplex
V21	duplex	300	FSK	RTC	multiplexage en fréquence
V22	duplex	1200	PSK	RTC / LS 2 fils	multiplexage en fréquence
V22bis	duplex	2400	QAM	RTC / LS 2 fils	multiplexage en fréquence
V23	semi-duplex	1200 / 75	FSK	RTC / LS 2 fils	voie de retour optionnelle
V29	-	9600	QAM	LS 4 fils	multiplexeur optionnel
V32	duplex	9600	QAM	RTC / LS 2 fils	annulation d'écho
V32bis	duplex	14400	QAM	RTC / LS 2 fils	annulation d'écho
V33	-	14400	QAM	LS 4 fils	annulation d'écho
V34	duplex	33600	QAM	RTC / LS 2 fils	annulation d'écho

Tableau 8-1

7. Exercices

8-1

Les fax utilisent une modulation de type V29 (télécopie rapide). Un rapport signal sur bruit a été mesuré et vaut : $(R_{S/N})_{dB} = 40\,dB$.

1. Calculer la capacité théorique de Shannon *C* de la ligne.
2. Rappeler pour la modulation V29 :
   - le débit binaire *D*,
   - la vitesse de modulation F_s.
3. Donner la bande passante d'une ligne téléphonique analogique. En déduire l'efficacité spectrale *Eff* de la modulation V29. NB : l'efficacité spectrale est le rapport du débit binaire sur la bande passante.
4. Le dernier symbole transmis correspond au point de cordonnées (3 ; 0) sur la constellation de la Figure 8-25. Calculer les amplitudes et phase de la porteuse pour la transmission du train de bits suivant : 10011000101001110101.

1. $C = 3100 \cdot \log_2\left(1 + 10^{40/10}\right) = 41{,}2$ kbit/s
2. $D = 9600$ bit/s ; $F_s = 2400$ Bd
3. $B = 3100$ Hz ; $Eff = \dfrac{9600}{3100} = 3{,}1$ b/Hz
4. Voir ci-dessous

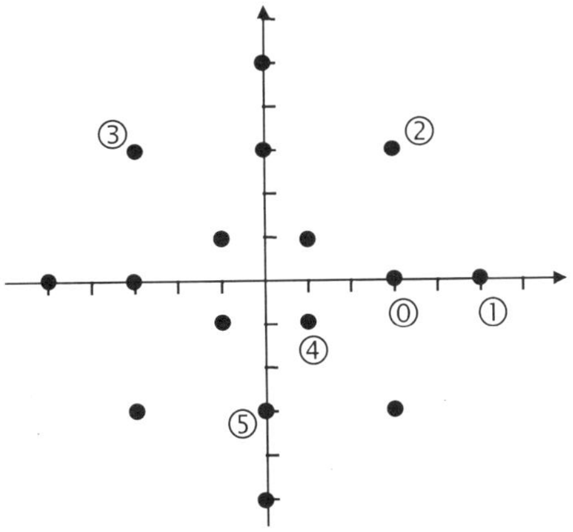

8-2

On suppose que le taux d'erreur observé dans une transmission numérique dépend uniquement de la valeur efficace du bruit et de l'espacement minimal entre deux points d'une même constellation. Ceci suppose un bruit additif et gaussien.

On se propose de comparer le comportement vis-à-vis du bruit des modulations suivantes :

- BPSK,
- OOK,
- QPSK,
- 8-PSK,
- 16-QAM V22bis,
- 16-QAM V29.

On rappelle les constellations des deux modulations QAM citées ci-dessus :

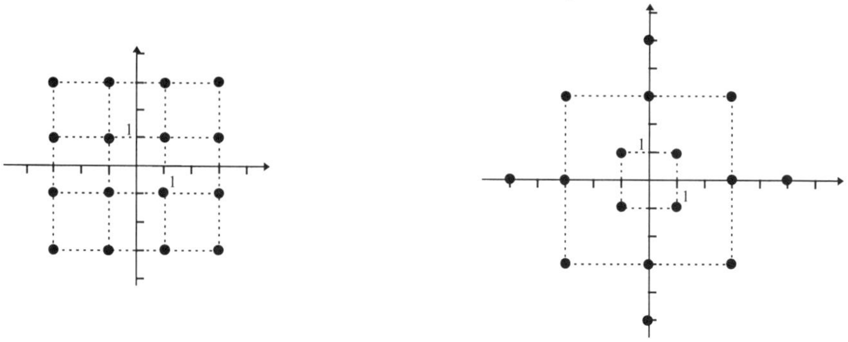

Figure 8-32

On peut montrer qu'un taux d'erreur de 10^{-6} et une valeur efficace de bruit de N_{eff} = 0,148 V, conduit à un espacement minimal entre deux points d'au moins 1 V.

Calculer, dans les conditions ci-dessus et pour chacune des modulations, la valeur efficace minimale de la porteuse notée C_{eff} (cette valeur sera donnée en V) et le rapport signal sur bruit correspondant. On supposera que tous les symboles sont équiprobables.

On détermine la valeur efficace moyenne de la porteuse associée à chaque modulation en calculant la racine carrée de la puissance moyenne, c'est-à-dire de la moyenne des puissances associées à chaque symbole.

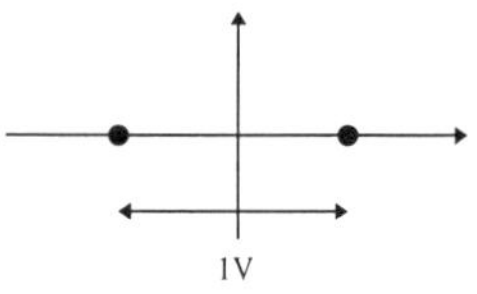

BPSK

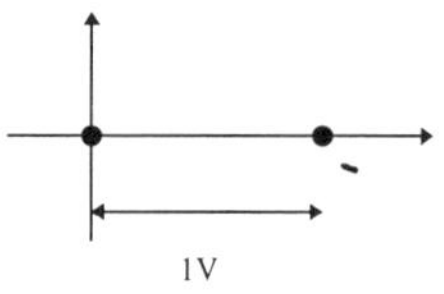

OOK

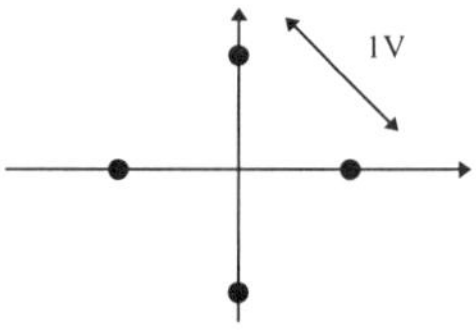

QPSK

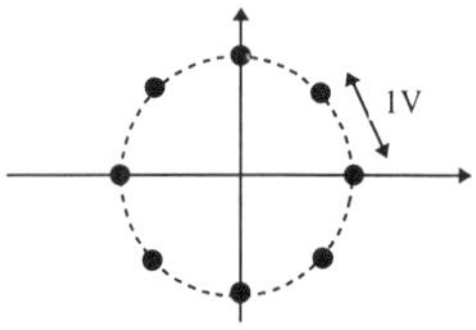

8-PSK

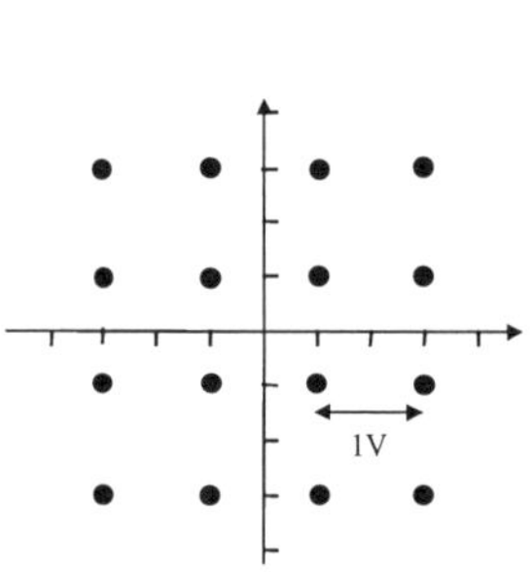

V22Bis

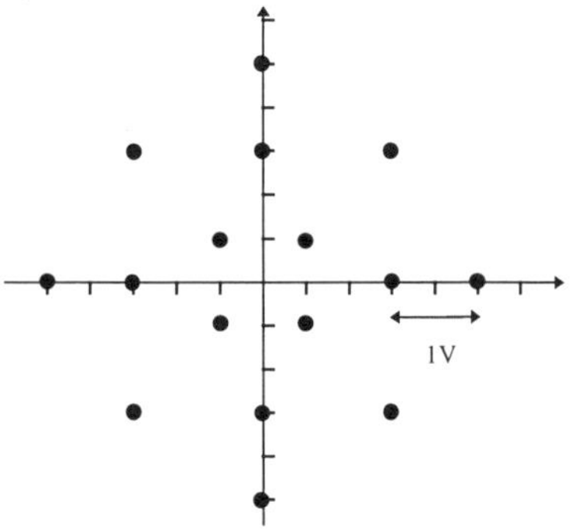

V29

Modulation BPSK :

$$C_{eff} = \sqrt{\frac{0{,}5^2 + 0{,}5^2}{2}} = 0{,}5 \text{ V d'où } \left(R_{C/N}\right)_{dB} = 20 \cdot \log\left(\frac{0{,}5}{0{,}148}\right) = 10{,}6 \text{ dB.}$$

Modulation OOK :

$$C_{eff}=\sqrt{\frac{1^2+0}{2}}=0{,}707\ \text{V d'où } \left(R_{C/N}\right)_{dB}=20\cdot\log\left(\frac{0{,}707}{0{,}148}\right)=13{,}6\ \text{dB.}$$

Remarque : la modulation OOK est plus exigeante au niveau du rapport signal/bruit admissible que la modulation BPSK.

Modulation QPSK :

$$C_{eff}=\sqrt{\left(\frac{\sqrt{2}}{2}\right)^2}=0{,}707\ \text{V d'où } \left(R_{C/N}\right)_{dB}=20\cdot\log\left(\frac{0{,}707}{0{,}148}\right)=13{,}6\ \text{dB.}$$

Modulation 8-PSK :

$$C_{eff}=\sqrt{\frac{1}{2-\sqrt{2}}}=1{,}31\ \text{V d'où } \left(R_{C/N}\right)_{dB}=20\cdot\log\left(\frac{1{,}31}{0{,}148}\right)=18{,}9\ \text{dB.}$$

Modulation V22Bis :

$$C_{eff}=\sqrt{\frac{\left(\frac{\sqrt{2}}{2}\right)^2+\left(\frac{3\sqrt{2}}{2}\right)^2+2\left(\frac{\sqrt{10}}{2}\right)^2}{4}}=1{,}58\ \text{V d'où } \left(R_{C/N}\right)_{dB}=20\cdot\log\left(\frac{1.58}{0{,}148}\right)=20{,}6\ \text{dB.}$$

Modulation V29 :

$$C_{eff}=\sqrt{\frac{\left(\frac{\sqrt{2}}{2}\right)^2+\left(\frac{3\sqrt{2}}{2}\right)^2+\left(\frac{3}{2}\right)^2+\left(\frac{5}{2}\right)^2}{4}}=1{,}83\ \text{V ; } \left(R_{C/N}\right)_{dB}=20\cdot\log\left(\frac{1.58}{0{,}148}\right)=21{,}9\ \text{dB.}$$

Remarque :

Utilisant une constellation uniformément répartie sur l'espace complexe, la modulation V22Bis est moins exigeante au niveau du rapport signal/bruit admissible que la modulation V29. On peut noter cependant que, dans ce dernier cas, les symboles sont répartis sur 8 phases différentes (12 pour la modulation V22Bis). Cette modulation est donc moins sensible aux variations de la phase de l'horloge de référence (gigue de phase).

8-3

Le signal $s_k(t)$ correspondant au codage du k^{ème} bit d'une modulation MSK peut s'écrire d'une manière générale $s_k(t)=A\sqrt{2}\cos(2\pi.f_k.t+\varphi_k)$.

Le déphasage φ_k intervient de manière à rendre le signal continu.

La fréquence f_k peut prendre deux valeurs : $f_p-\Delta f$ (émission du bit «0») et $f_p+\Delta f$ (émission du bit «1»). f_p est la fréquence de la porteuse, Δf est l'excursion en fréquence. A est la valeur efficace de la porteuse.

On considère le cas particulier de la modulation MSK pour laquelle la durée d'émission d'un bit vaut T et l'excursion en fréquence vaut $\Delta f=\frac{1}{4T}$.

On décide de représenter l'onde associée issue de cette modulation dans le plan de Fresnel associé à la fréquence f_p. A $t = 0$, les coordonnées du vecteur de Fresnel associé au signal sont (A ; 0).

1. Donner, en fonction des paramètres f_p, T et A, l'équation du signal $s_1(t)$ correspondant au premier bit émis dans le cas où celui-ci vaut « 1 », puis dans le cas où il vaut « 0 ». En déduire, dans un repère de Fresnel lié à la fréquence de la porteuse, la trajectoire du point dans chaque cas.
2. Quelles sont les trajectoires possibles pour les bits de rang impair ? pair ?
3. Donner la trajectoire du point associé au train de bits suivant : 10110011.

1. 1er bit égal à «1» :

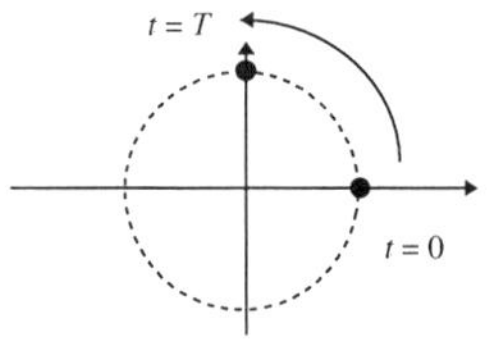

$$s_1(t) = A\cos\left(2\pi\left(f_p + \frac{1}{4T}\right)t + \varphi_1\right)$$

$$= A\cos\left(2\pi f_p t + \frac{\pi t}{2T} + \varphi_1\right)$$

à $t = 0$: $s_1(t) = A\cos(\varphi_1) = A$ d'où $\varphi_1 = 0$;

à $t = T$: $s_1(t) = A\cos\left(2\pi f_p T + \frac{\pi}{2}\right)$

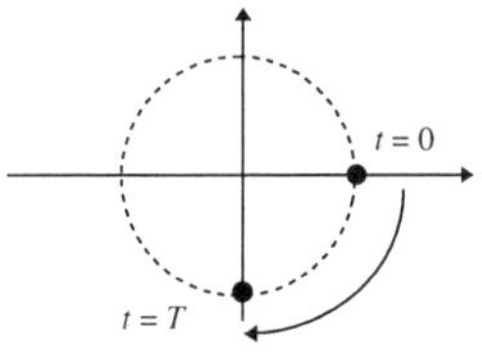

1er bit égal à «0» :

$$s_1(t) = A\cos\left(2\pi\left(f_p - \frac{1}{4T}\right)t + \varphi_1\right)$$

$$= A\cos\left(2\pi f_p t - \frac{\pi t}{2T} + \varphi_1\right)$$

à $t = 0$: $s_1(t) = A\cos(\varphi_1) = A$ d'où $\varphi_1 = 0$;

à $t = T$: $s_1(t) = A\cos\left(2\pi f_p T - \frac{\pi}{2}\right)$

2. Les bits de rang impair sont représentés par un point dont la trajectoire va de l'axe horizontal vers l'axe vertical. Pour les bits de rang pair, c'est exactement le contraire.

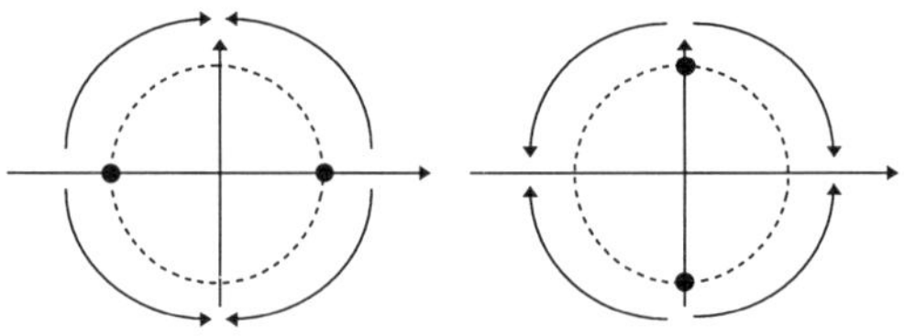

8-4

PARTIE 1

Le spectre des signaux issus de modulation PSK ou QAM ne comportent pas de raie à la fréquence de la porteuse. Le signal modulé à donc une puissance nulle à la fréquence de la porteuse : il n'est pas possible d'y « accrocher » une simple boucle à verrouillage de phase.

Deux systèmes sont étudiés et font appel aux notions sur les asservissements. L'objectif n'est pas, ici, de réaliser une étude complète des systèmes bouclés mais de

vérifier, à travers deux exemples classiques, l'existence d'une contre-réaction permettant de délivrer un signal asservi en phase.
Le premier système, décrit figure 8-33, permet la récupération de porteuse à partir d'un signal $s(t)$ issu d'une modulation BPSK. On note f_p la fréquence de la porteuse et V_0 son amplitude.

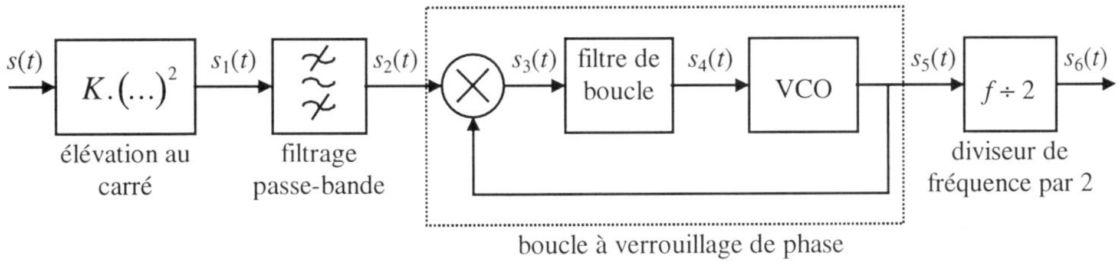

Figure 8-33

On suppose, par exemple, que l'émission du bit « 1 » correspond à $s(t) = A.\cos(2\pi f_p t)$

1. Donner l'expression de $s(t)$ correspondant à l'émission du bit « 0 ».
2. Donner l'expression de $s_1(t)$ puis de $s_2(t)$ sachant que le filtre passe-bande est centré sur la fréquence $2.f_p$.
3. Quelle la fréquence de $s_6(t)$? Quelle est l'incertitude sur la phase ? Comment peut-on s'affranchir de cette incertitude ?

Remarque :

Pour un signal « N-PSK », le même schéma peut être utilisé en remplaçant le bloc délivrant le signal $s_1(t) = (s(t))^2$ par un bloc délivrant le signal $s_1(t) = (s(t))^N$.

PARTIE 2

Le second système étudié est appelé *boucle de Costas*. Il est utilisé dans les démodulateurs PSK à 4 états (QPSK) ou plus et QAM.
Le schéma de la figure 8-34 concerne la démodulation de signaux N-PSK. Le signal correspondant au symbole de rang k s'écrit : $s(t) = A\cos(2\pi f_0 t + \varphi_k)$ avec $\varphi_k = n.\frac{2\pi}{N}$ (n peut prendre les valeurs 1, 2 ... N).
On suppose que la boucle de Costas est verrouillée sur la fréquence porteuse. On note $s_{10}(t) = A\cos(2\pi f_0 t + \varphi)$. Le but de l'exercice est de montrer que la boucle étudiée réalise un asservissement de phase.

1. Rappeler la relation entre le nombre de symboles N et le nombre de bits n de chaque symbole.
2. Donner l'expression des signaux $s_1(t)$ et $s_2(t)$.
3. La fréquence de coupure des deux filtres passe-bas est f_0. En déduire les signaux $s_3(t)$ et $s_4(t)$. φ est une grandeur aléatoire. Si sa valeur est suffisamment faible, les deux systèmes de décision associent respectivement à $s_3(t)$ et $s_4(t)$ les valeurs prédéfinies $s_5(t) = \cos(\varphi_k)$ et $s_6(t) = \sin(\varphi_k)$, ce qui permet de déduire φ_k puis le mot de n bits ainsi codé (décodage).

4. Exprimer $s_7(t)$ et $s_8(t)$. En déduire $s_9(t)$
5. En déduire que la consigne de l'oscillateur commandé en tension est bien fonction de la différence de phase entre porteuse et porteuse reconstituée.

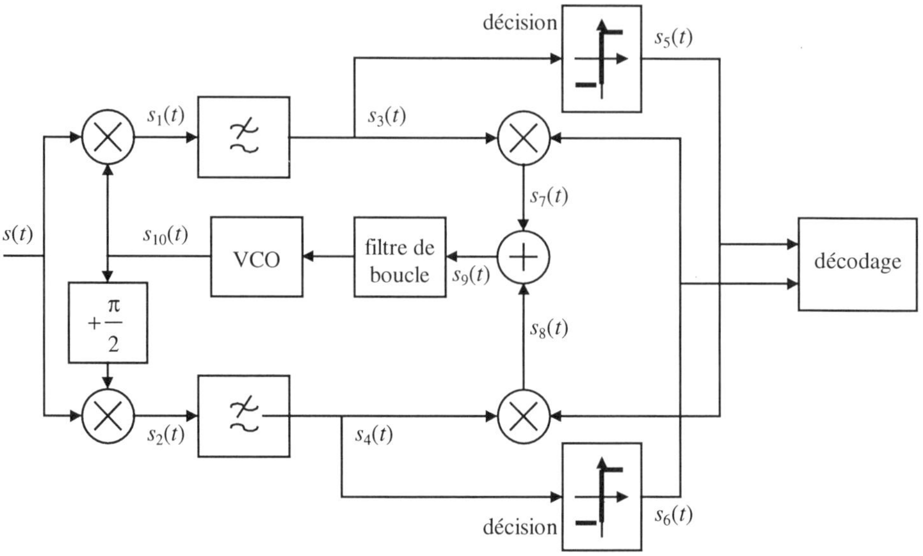

Figure 8-34

PARTIE 1

1. $e(t) = -A\cos(2\pi f_p t)$

2. $s_1(t) = K(\pm A\cos(2\pi f_p t))^2 = K.A^2.\frac{1}{2}(1+\cos(4\pi f_p t))$, d'où $s_2(t) = A'.\cos(4\pi f_p t)$

3. La fréquence de $s_5(t)$ vaut $2.f_p$, celle de $s_6(t)$ vaut donc f_p. La phase de $s_6(t)$ est asservie à la phase de la porteuse mais elle est connue à un angle de π.

Pour reconstituer exactement la phase de la porteuse, il suffit de connaître la valeur du premier bit émis. En pratique, on utilise un codage différentiel pour lequel une phase connue à π près suffit.

PARTIE 2

1. $N = 2^m$

2. $s_1(t) = A.\cos(2\pi f_0 t + \varphi_k).\cos(2\pi f_0 t + \varphi) = A'.(\cos(4\pi f_0 t + \varphi_k + \varphi) + \cos(\varphi_k - \varphi))$,

$A' = \frac{A}{2}$

$s_2(t) = A.\cos(2\pi f_0 t + \varphi_k).\sin(2\pi f_0 t + \varphi) = A'.(\sin(4\pi f_0 t + \varphi_k + \varphi) - \sin(\varphi_k - \varphi))$

3. $s_3(t) = A'.\cos(\varphi_k - \varphi)$ et $s_4(t) = A'.\sin(\varphi - \varphi_k)$

4. $s_7(t) = -A'.\sin(\varphi_k).\cos(\varphi_k - \varphi) = A''.(\sin(\varphi - 2\varphi_k) - \sin(\varphi))$, $A'' = \frac{A'}{2}$

$s_8(t) = A'.\cos(\varphi_k).\sin(\varphi - \varphi_k) = A''.(\sin(\varphi) + \sin(\varphi - 2\varphi_k))$

$s_9(t) = s_8(t) - s_7(t) = A'.\sin(\varphi)$

5. La différence de phase entre porteuse et porteuse reconstituée est φ. La consigne est du même signe que φ, on réalise bien un asservissement de phase.

8-5

Une liaison numérique via le réseau téléphonique commuté utilise deux modems. Le protocole utilisé s'appuie sur l'émission de trames de N bits. La probabilité de recevoir un symbole erroné est notée p_S. Elle dépend du type de modulation utilisée et du rapport signal sur bruit présent sur la ligne.
Dans un premier temps, la modulation est de type 16-QAM., ce qui correspond à $p_S = 2.10^{-3}$.

1. Exprimer en fonction de N le nombre N_S de symboles nécessaire à la transmission d'une trame complète.
2. Exprimer, en fonction de p_S , la probabilité p_T d'avoir au moins une erreur dans une trame (trame erronée).
3. Une erreur pendant la transmission d'une trame provoque la réémission de la trame complète. Calculer, pour la transmission d'une trame sans erreur, le nombre moyen de trames réellement émises sur la ligne.
4. La trame comporte 262 octets. Combien de trames sont émises en moyenne sur la ligne pour chaque trame transmise effectivement ?
5. Sachant que chaque trame comporte 256 octets utiles et 6 octets liés au protocole, calculer le débit binaire utile d'une telle liaison.

Le modem utilise maintenant une modulation QPSK. Dans les mêmes conditions de bruit que précédemment, le taux d'erreur par symbole est de 2.10^{-4}.

6. Sachant que la vitesse de modulation est inchangée, calculer le débit en bit/s. En déduire le débit binaire utile.

1. $N_s = \dfrac{N}{4}$

2. La probabilité que tous les symboles soient justes vaut $(1-p_S)^{N_S}$, d'où $p_T = 1-(1-p_S)^{\frac{N}{4}}$.

3. $\displaystyle\sum_{k=0}^{+\infty}(p_T)^k = \frac{1}{1-p_T} = \frac{1}{(1-p_S)^{\frac{N}{4}}}$

4. $\dfrac{1}{(1-2.10^{-3})^{\frac{8\times 262}{4}}} = 2{,}85$ trames

5. $\dfrac{9600}{2{,}85\times 262}\times 256 = 3290\ \text{bit/s}$

Chaque trame transmise correspond à l'émission à travers la ligne de $\dfrac{1}{(1-2.10^{-4})^{\frac{8\times 262}{2}}} = 1{,}23$ trame d'où un débit utile de $\dfrac{4800}{1{,}23\times 262}\times 256 = 3810$ bit/s. Le débit utile est plus important avec la modulation QPSK qu'avec la modulation 16-QAM. Dans la pratique, le modem basculera de lui-même vers la modulation offrant le meilleur débit.

Annexes

1. Propriétés de la transformation de Fourier

signal s(t)	*transformée* S(f)
Définition	
Transformée de Fourier directe	$\int_{-\infty}^{+\infty} s(t).e^{-j2\pi ft}\,dt$
$\int_{-\infty}^{+\infty} S(f).e^{j2\pi ft}\,df$	*Transformée de Fourier inverse*
Linéarité	
$\lambda.s_1(t)+\mu.s_2(t)$	$\lambda.S_1(f)+\mu.S_2(f)$
Dilatation temporelle	
$s(at)$	$\frac{1}{\lvert a\rvert}.S\left(\frac{f}{a}\right)$
Décalage temporel	
$s(t-a)$	$e^{-j2\pi fa}.S(f)$
Dérivation	
$\frac{d}{dt}s(t)$	$j2\pi f.S(f)$
Produit de convolution	
$(s_1 * s_2)(t)$	$S_1(f).S_2(f)$
Transformées usuelles	
$\delta(t)$	*1*
$e^{j2\pi at}$	$\delta(f-a)$
$\cos(2\pi at)$	$\frac{1}{2}(\delta(f-a)+\delta(f+a))$
$\sin(2\pi at)$	$\frac{1}{2j}(\delta(f-a)-\delta(f+a))$
$\Pi(t)=\begin{cases}1 \text{ si } \lvert t\rvert<1/2\\ 0 \text{ sinon}\end{cases}$	$\frac{\sin(\pi f)}{\pi f}$
$\Psi_T=\sum_{n=-\infty}^{+\infty}\delta(t-nT)=\frac{1}{T}\sum_{n=-\infty}^{+\infty}e^{j2\pi\frac{n}{T}t}$	$\frac{1}{T}\Psi_{\frac{1}{T}}(f)=\frac{1}{T}\sum_{n=-\infty}^{+\infty}\delta\left(f-\frac{n}{T}\right)$

2. Propriétés de la transformation de Laplace

signal s(t)	*transformée* S(p)
Définition	
Transformée de Laplace directe $\int_{-\infty}^{+\infty} S(p).e^{pt}dp$	$\int_{0}^{+\infty} s(t).e^{-pt}dt$ *Transformée de Laplace inverse*
Linéarité	
$\lambda.s_1(t)+\mu.s_2(t)$	$\lambda.S_1(p)+\mu.S_2(p)$
Dilatation temporelle	
$s(at)$; $a>0$	$\frac{1}{a}.S\left(\frac{p}{a}\right)$
Décalage temporel	
$s(t-a)$	$e^{-ap}.S(p)$
Dérivation	
$\frac{d}{dt}s(t)$	$p.S(p)-s(0^+)$
Primitive	
$\int_0^t s(x)dx$	$\frac{S(p)}{p}$
Produit de convolution	
$(s_1 * s_2)(t)$ avec $s_1(t)$ et $s_2(t)$ causales	$S_1(p).S_2(p)$
Transformées usuelles	
$\delta(t)$	*1*
$u(t)$	$\frac{1}{p}$
$e^{-at}u(t)$	$\frac{1}{p+a}$

3. Table des transformées en z usuelles.

signal s(t)	*transformée* S(z)
$\delta(t)$	*1*
$u(t)$	$\frac{z}{z-1}$
e^{-at}	$\frac{z}{z-e^{-at}}$
$1-e^{-at}$	$\frac{(1-e^{-aT_e})z}{(z-1)(z-e^{aT_e})}$
t	$\frac{T_e z}{(z-1)^2}$
te^{-aT_e}	$\frac{T_e z}{(z-e^{-aT_e})^2}$

4. Configuration matérielle de la liaison série d'un compatible PC.

a)

DB9	Signification	DB25
1	Connexion établie / Data Carrier Detect	8
2	Canal de réception / Receive Data	3
3	Canal de transmission / Transmit Data	2
4	Terminal prêt / Data Terminal Ready	20
5	Masse / Ground	7
6	Equipement prêt / Data Set Ready (DSR)	6
7	Demande à émettre / Request To Send (RTS)	4
8	Prêt à émettre / Clear To Send (CTS)	5
9	Indicateur d'appel / Ring Indicator	22

b) Adresses des différents registres

Adresse COM1/COM2	Lecture/ Ecriture	Signification
3F8/2F8	E	Registre d'attente de transmission
3F8/2F8	L	Réception des données
3F8/2F8	E/L	Registre Diviseur (Octet de poids faible)
3F9/2F9	E/L	Registre Diviseur(Octet de poids fort)
3F9/2F9	E	Registre d'interruption
3FA/2FA	E	Registre d'identification d'Interruption
3FB/2FB	E	Registre de contrôle de ligne
3FC/2FC	E	Registre de contrôle du modem
3FD/2FD	L	Registre d'état de ligne
3FE/2FE	L	Registre d'état du modem

c) Initialisation du registre diviseur

Le registre diviseur est un registre de 16bits utilisé pour fixer la vitesse de transmission. C'est un compteur que l'on charge lors de l'initialisation. Entre deux transmissions de bits, le compteur est décrémenté jusqu'à la valeur zéro, le passage par zéro déclenche la transmission du bit suivant. Cette méthode permet d'avoir un débit fixe. La méthode de calcul du débit est la suivante :

Débit (bauds)=115200/N , N : Nombre de 16 bits chargé dans le registre (poids fort et poids faible) diviseur. L'accès aux registres diviseur est réalisé par le registre de contrôle de ligne.

d) Registre de contrôle de ligne (Ecriture)

Adresse : COM1 → 3FB, COM2 → 2FB.

bit	Registre de contrôle de ligne
0 1	Mot Transmis 00→5bits, 01→6bits, 10→7bits, 11→8bits
2	Nombre de bits d'arrêt, 0→1bit d'arrêt, 1→2bits d'arrêt
3	bit de parité, 1→actif
4 / 5	Parité : 00→impaire 10→ paire
6	0 → mode normal
7	bit d'accès au registre diviseur (1→actif, 0→inactif)

Bibliographie

[BEL.89] M. Bellanger, **Analyse des signaux et filtrage numérique adaptatif**, Ed . Masson. ISBN 2-225-81515-1

[BOU.93] A. Boukelif, **Techniques numériques en télévision**, Ed Masson. ISBN 2-225-83901-8

[COM.88] P.F. Combes, **Transmission en espace libre sur les lignes**, Ed. Dunod Université.

[COU.93] L.W. Couch II, **Digital and analog communication systems**, Fourth Edition, Prentice Hall, ISBN 0-02-325281-2

[DUP.89] J. Dupraz, **Théorie du signal et transmission de l'information**, Ed. Eyrolles.

[FON.94] P.G. Fontolliet, **Systèmes de Télécommunications**, Ed. Presses Polytechniques et Universitaires Romandes. ISBN 2-88-074-269-2

[KUN.80] M. Kunt, **Traitement numérique des signaux**, Ed. Georgi. ISBN 2-604-00002-4

[LEC.92] P. Lecoy, **Télécommunications optiques**, Ed. Hermès. ISBN 2-8-6601-3050

[LEC.95] P. Lecoy, **Technologie des télécoms**, Ed. Hermès. ISBN 2-86601-490-1

[MAN.90] F. Manneville, **Systèmes bouclés linéaires de communication et de filtrage**, Ed. Dunod. ISBN 2-04-019633-1

[REF.93] M. Ph. Réfrégier, **Théorie du signal signal-Information-Fluctuations**, Ed. Masson. ISBN 2-225-84097-0

[SER.96] C. Servin, **Télécoms de la transmission à l'architecture de réseaux**, Ed. Masson. ISBN 2-225-85137-9

[SEV.73] Y. Sévely, **Systèmes et asservissements linéaires échantillonnés**, Ed. Dunod Université. ISBN 2-04-001443-8

[STE.91] M. Stein, **Les modems pour transmissions de données**, Ed. Masson.

[VEN.91] D.Ventre, **Communications analogiques**, Ed. Ellipses. ISBN 2-72-9891-617

Index

Imprimé en France
par MAME Imprimeurs à Tours
Dépôt légal Mars 1999 (N° 99022193)